Pesquisa
Qualitativa

Autor

Robert E. Stake, Ph.D., é diretor do Centro de Pesquisa Educacional e Avaliação Curricular da Universidade de Illinois em Urbana-Champaign. Sua abordagem de avaliação responsiva destaca o estudo das experiências em sala de aula, as interações pessoais e os processos e contextos institucionais, geralmente na forma de estudos de caso. Em 1988, recebeu o prêmio Lazarsfeld da American Evaluation Association por seu trabalho avaliativo e o Presidential Citation da American Education Research Association, em 2007. Possui doutorados honorários da Universidade de Uppsala, na Suécia, e da Universidade de Valladolid, na Espanha. Há muitos anos é uma voz importante em uma "universidade invisível" transatlântica de avaliadores que pensam de forma similar, questionam os contextos e as convenções da avaliação educacional e introduzem na avaliação adequação e valorização de experiências.

S775p   Stake, Robert E.
           Pesquisa qualitativa : estudando como as coisas funcionam / Robert E. Stake ; tradução: Karla Reis ; revisão técnica: Nilda Jacks. – Porto Alegre : Penso, 2011.
           263 p. : il. ; 23 cm.

           ISBN 978-85-63899-32-3

           1. Metodologia. 2. Métodos de pesquisa. I. Título.

           CDU 001.891

Catalogação na publicação: Ana Paula M. Magnus – CRB 10/2052

Robert E. Stake

Pesquisa Qualitativa
estudando como as coisas funcionam

Tradução:
Karla Reis

Consultoria, supervisão e revisão técnica desta obra:
Nilda Jacks
Doutora e Mestre em Ciências da Comunicação pela USP.
Pós-doutorado em Comunicação na Universidade
de Copenhage e Universidade Nacional da Colômbia.
Professora do Programa de Pós-graduação
em Comunicação e Informação da UFRGS.

2011

Obra originalmente publicada sob o título
Qualitative Research: Studying How Things Work
ISBN 978-1-60623-545-4

© 2010 The Guilford Press, a Division of Guilford Publications,Inc.

Capa: *Paola Manica*

Preparação de original: *Josiane Tibursky*

Leitura final: *Cristine Henderson Severo*

Editora sênior – Ciências Humanas: *Mônica Ballejo Canto*

Editora responsável por esta obra: *Lívia Allgayer Freitag*

Editoração eletrônica: *Formato Artes Gráficas*

Reservados todos os direitos de publicação, em língua portuguesa, à
ARTMED® EDITORA S.A.
Av. Jerônimo de Ornelas, 670 – Santana
90040-340 Porto Alegre RS
Fone (51) 3027-7000 Fax (51) 3027-7070

É proibida a duplicação ou reprodução deste volume, no todo ou em parte, sob quaisquer formas ou por quaisquer meios (eletrônico, mecânico, gravação, fotocópia, distribuição na Web e outros), sem permissão expressa da Editora.

SÃO PAULO
Av. Embaixador Macedo Soares, 10.735 – Pavilhão 5 – Cond. Espace Center
Vila Anastácio – 05095-035 – São Paulo SP
Fone (11) 3665-1100 Fax (11) 3667-1333

SAC 0800 703-3444 – www.grupoa.com.br
IMPRESSO NO BRASIL
PRINTED IN BRAZIL
Impresso sob demanda na Meta Brasil a pedido de Grupo A Educação.

Agradecimentos

Acho que dizem que é preciso uma aldeia inteira para escrever um livro. Talvez não seja exatamente isso, mas os nomes que coloquei aqui são de algumas das boas pessoas que fazem parte de minha aldeia. Agradeço por me ajudarem de tantas formas especiais a tornar este livro bom para seu conhecimento experiencial:

Meus alunos de pós-graduação, desde 2005.

C. Deborah Laughton, Iván Jorrín Abellán, Gordon Hoke, Terry Denny, Lizanne DeStefano, Stephen Kemmis, April Munson, Luisa Rosu, Rita Davis, Deb Gilman, Susan Bruce.

Parentes e amigos, nas palavras de *Tom Hastings*.

Todos que incentivaram opiniões e emprestaram palavras recentemente: *Ivan Brady, Holly Brevig, Rae Clementz, Joy Conlon, Norman Denzin, Svitlana Efimova, Frederick Erickson, Bent Flyvbjerg, Rita Frerichs, David Hamilton, Ernie House, Brinda Jegatheesan, Stephen Kemmis, Sarah Klaus, Eva Koncaková, Saville Kushner, You-Jin Lee, Robert Louisell, Linda Mabry, Barry MacDonald, Ivanete Maciente, Robin McTaggart, Juny Montoya Vargas, Chip Reichardt, Michael Scriven, Thomas Seals, Walênia Silva, Helen Simons, Natalia Sofiy* e *Terry Solomonson*.

Os outros revisores, *Silvia Bettez, Janet Usinger* e *Deborah Ceglowski*.

E, principalmente:

Bernadine Evans, que tornou a experiência possível.

Sumário

Introdução
Sinta-se à vontade 11

1 Pesquisa qualitativa: como as coisas funcionam 21
A ciência do particular 23
Conhecimento profissional 23
Experiência individual e conhecimento coletivo 27
Os métodos da pesquisa qualitativa 29
Causas 31
A coisa 35
Comparando as coisas 36
Os pontos fracos da pesquisa qualitativa 39
A essência da abordagem qualitativa 41

2 Interpretação: a pessoa como instrumento 46
Pesquisa interpretativa 46
Microinterpretação e macrointerpretação 49
Empatia 56
Descrição densa e *Verstehen* 57
Contexto e situação 60
Ceticismo 63
Ênfase na interpretação 65

3 Compreensão experiencial: a maioria dos
estudos qualitativos é experiencial 67
Os locais da atividade humana 68
Descrição "criteriosa" e descrição experiencial 69
Ênfase na experiência pessoal 74
Múltiplas realidades 77
Utilizando a experiência de outras pessoas 78

4 Formulação do problema: questionando como esta coisa funciona 83
Primeiro a questão, depois os métodos 84
Planejando seu estudo 89
O raciocínio de uma bibliotecária sobre um projeto 91
Projeto para estudar como este caso funciona 94
Levantando e respondendo a questões 98

5 Métodos: coletando dados 101
Observação 103
Entrevista 108
Questões expositivas 110
Questionário 111
Registro dos dados 112

6 Revisão de literatura: ampliando para enxergar o problema 118
Refinando o problema a ser estudado 118
Mapeamento do conceito 120
Representação do campo 123
Utilização de estudos próximos 126
Encontrando a literatura 129

7 Evidência: julgamento sustentado e reconsiderações 132
Tomada de decisões com base em evidência 135
A insustentável leveza da evidência 137
Triangulação 138
Métodos mistos e confiança 140
Verificação com os envolvidos 142
Painéis de revisão 143
Foco progressivo 144

8 Análise e síntese: como as coisas funcionam 149
Separando e reunindo 150
Trabalhando com fragmentos 153
Interpretação e classificação 166

9 Pesquisa-ação e autoavaliação: descobrindo
você mesmo como seu local funciona 174
Pesquisa-ação participante 175
Avaliação 178
Estudando seu local 180
Parcialidade 181
Assertivas 184

10 Narração de histórias: ilustrando como as coisas funcionam 187
Pequenas narrativas 188
Elementos da história 191
História *versus* colagem de fragmentos 196
Pesquisa de casos múltiplos 198

11 A elaboração do relatório final: uma convergência iterativa 200
   Síntese iterativa... 201
   O relatório da Ucrânia 205
   As dualidades e a dialética.. 209
   Assertivas particulares e gerais.. 210
   Generalizações com base em situações particulares 214
   A visão profissional.. 216

12 Defesa e ética: como fazer as coisas funcionarem melhor 218
   Toda pesquisa é defensora 218
   Uma voz para os menos favorecidos................................ 220
   Ética pessoal 222
   Proteção dos sujeitos 224
   A exposição das pessoas.. 228
   Fundamentos da pesquisa qualitativa 231
   O futuro.. 233

Glossário 237

Referências 243

Índice onomástico... 253

Índice remissivo 257

Introdução
Sinta-se à vontade

Minha intenção ao escrever este livro era ajudar a criar boas situações de ensino e aprendizado. Quero ajudar a tornar sua aula ou sua leitura uma experiência ainda melhor. Há muito mais a ensinar e a aprender além do conteúdo de um bom livro didático, mas a experiência é ainda melhor quando o livro corresponde ao que você quer fazer. Obviamente, outros professores e estudantes são diferentes de você e, por isso, o livro vai corresponder mais às expectativas de algumas pessoas do que às de outras.

Se você é professor, tem seu conteúdo para ensinar, e pode escolher a forma como quer fazer isso, algumas vezes com aulas expositivas (talvez com apresentações em projeção, talvez com um *clicker*) ou discussões com pequenos grupos. É possível combinar essas técnicas, é possível fazer tudo de forma *online*. Se nos conhecêssemos melhor, eu poderia ter escrito o livro de uma forma mais adequada para você. Parte do conteúdo deste livro precisará de explicações suas, e minhas também. Incorporei diversos peões (locais de amarração de um barco) para você amarrar suas explicações, exemplos e questões para os alunos. Espero que você goste de propor projetos grandes, pois tenho a impressão de que o conteúdo do livro fica mais relevante quando os projetos são discutidos e trabalhados. Tentei escrever este livro tendo você em mente, trabalhando a seu lado em um ritmo seguro e moderado.

Se você é aluno, está se comprometendo a aprender bastante sobre os métodos de pesquisa qualitativa. Você já sabe muito. Ainda não foi comprovado se esse aprendizado começa na concepção ou no nascimento, mas realmente começa cedo. E nunca termina. Parte das informações que você quer saber serão obtidas por experiências pessoais que ainda não aconteceram. Como em uma entrevista. Você tem feito perguntas sua vida toda, mas, para os projetos de pesquisa, você provavelmente precisará ser mais disciplinado, não necessariamente mais formal, mas mais direcionado aos temas de seu estudo. Você pode ler sobre o assunto nestes capítulos e em outras obras, porém, suas habilidades em entrevistas serão primoradas quando você as coloca em prática. É preciso estudar e praticar, praticar e estudar, repetidamente. Por esse motivo, espero que você esteja trabalhando em um projeto de pesquisa enquanto lê este livro.

Se você está lendo o livro sozinho e não tem um orientador nem colegas de turma, sinto muito por você, pois grande parte do aprendizado deste livro é uma experiência social. E dividir um chocolate quente tem um efeito muito melhor na mente do que tomá-lo sozinho. Como pode ver, meu estilo consiste em tentar fazer com que você se envolva pessoalmente. Sei que nem sempre isso funciona. Também estou tentando descobrir como as coisas funcionam.

Este livro é sobre como a compreensão dos mundos social e profissional que nos cercam deriva da observação do que as pessoas estão fazendo e dizendo. Parte do que elas fazem e dizem é inútil e tolo, mas precisamos saber disso também. Muito do que as pessoas fazem é motivado pelo amor por suas famílias e por um desejo de ajudar outras pessoas, e precisamos saber disso também. Não iremos simplesmente perguntar sobre isso. Observaremos de perto para ver como sua produtividade e seu amor se manifestam.

Coloquei "Estudando como as coisas funcionam" como subtítulo não com a intenção de orientar sobre como as coisas devem funcionar nem sobre quais fatores as fazem funcionar dessa forma, mas sim com a intenção de ajudá-lo a aprimorar suas habilidades ao examinar como as coisas estão funcionando. A maioria das coisas que tenho em mente é pequena – pequena, mas não simples, como salas de aula, escritórios e comitês – mas também coisas em andamento, cuidados, integração e levantamento de fundos em situações específicas. E algumas coisas especiais, como comprar cadeiras para uma sala de aula, o "trabalho de parto" e a privacidade pessoal. Aqui analisaremos como algo específico está funcionando em algum lugar com muito mais frequência do que como as coisas funcionam em geral. Trabalhar considerando generalizações amplas requer estudos amplos, e muitos desses exigem a utilização de métodos qualitativos e quantitativos. Uma dissertação pode ser um estudo amplo, mas nem todas o são. Os estudos qualitativos são excelentes para analisar as formas reais e existentes que as pessoas ou as organizações estão usando para funcionar.

Ao escrever este livro, preferi dar ênfase em compreender o que está acontecendo no momento em vez de aprimorar o que está acontecendo. Sei que muitos de vocês já analisaram bastante o que está acontecendo e não querem desperdiçar mais tempo antes de tentar fazer as coisas funcionarem melhor. Grande parte das pesquisas qualitativas está direcionada aos problemas da prática profissional. Elas observam a pobreza, a discriminação e os testes padronizados, todos bons problemas para um estudo crítico. Todos eles são problemas complexos que podem ser interpretados de formas diferentes em situações diferentes. Receio que os problemas sejam tratados de forma superficial se as complexidades não forem compreendidas. Podemos nos expressar contra o problema abertamente durante a pesquisa, mas assumir uma posição antecipadamente sobre uma solução específica às vezes pode afastar a pesquisa de percepções importantes. Você deve fazer a pesquisa de sua maneira, mas os capítulos a seguir pedirão que você tenha paciência antes de se tornar um especialista no funcionamento das coisas.

Com este livro, minha intenção é proporcionar a você uma experiência com a pesquisa qualitativa. Eu me preocupo muito com as palavras que escolhemos e com os métodos que usamos, mas, aqui, priorizo a ampliação de seu conhecimento experiencial. Ler, falar, visualizar, ser cético, trabalhar em projetos, refletir. Essas são experiências importantes com as quais este livro o ajudará. Você criará novas formas sobre as formas que você já usa para entender como as coisas funcionam. (Não é minha intenção tornar as pessoas o mais parecidas possível. Você verá meu ceticismo sobre a padronização nas páginas que se seguem.) A grande experiência aqui é contemplar a pesquisa, não tanto a coleta e o tratamento dos dados, que são importantes, mas principalmente o pensar em um estudo do começo ao fim.

Obviamente, suas experiências com este livro dependem de palavras e conceitos. Para compor a experiência, recomendo que você investigue o significado das palavras desconhecidas. Do contrário, elas podem impedir que você compreenda os conceitos mais amplos. Isso não funcionou durante toda sua vida? Quando precisar, consulte o glossário no final do livro.

Os conceitos deste livro foram moldados por minha experiência de muitos anos como avaliador de programas educacionais. Comecei minha carreira profissional há muito tempo como professor, pesquisador educacional e desenvolvedor de testes educacionais. Descobri que meus métodos quantitativos não forneciam respostas a muitas das perguntas dos desenvolvedores de programas e especialistas em treinamento. Por isso, gradativamente mudei meu foco para métodos de pesquisa qualitativa.

Continuo incorporando o pensamento quantitativo em meus projetos, mas, ao longo das semanas e dos anos, cerca de 90% de minha pesquisa e de meu ensino destacaram as atividades detalhadas das pessoas, a investigação experiencial e a grande atenção ao contexto da ação. Tento evitar estereótipos, e isso inclui o que penso sobre você e sobre mim mesmo.

PASSOS

Aqui estão diversos passos que podem ajudá-lo a testar alguns dos conceitos e métodos apresentados nos 12 capítulos a seguir.

Passo A

A partir de agora, se já não faz isso, leve sempre consigo um diário. Esse é um passo extremamente importante para você como pesquisador qualitativo. O diário deve ser, em parte, um registro de seus pensamentos, observações, referências e reflexões pessoais no momento em que você os tem. Anote tudo que for interessante, como endereços de *e-mail* e títulos de livros. Comece agora e sempre leve o diário com você (abrir e anotar no *laptop* não é tão rápido). De tempos em tempos, quando uma ideia parecer especialmente interessante, desenvolva-a em um ou mais parágrafos. Você está escrevendo para si mesmo por enquanto, mas usará parte do que escrever, mais tarde, para outras pessoas.

Passo B

Leia pelo menos um livro escrito por um pesquisador qualitativo. Pense no que o autor já fez para ser capaz de escrever o livro. Pense no planejamento, no acesso, no trabalho de campo, nas distrações, na triangulação, nos obstáculos encontrados para escrever, etc. Veja alguns livros que considero clássicos:

>Henry Adams: *The education of Henry Adams* (autobiografia)
>Howard Becker: *Boys in white* (faculdade de medicina)
>Ronald Blythe: *Akenfield* (vilarejo inglês)
>Bruce Chatwin: *The songlines* (territórios aborígenes na Austrália)
>Robert Coles: *Chidren of crisis* (educação urbana)
>Ivan Doig: *Winter Brothers* (expansão social do noroeste dos Estados Unidos)
>Mitchell Duneier: *Slim's table* (homens negros pobres)

Elizabeth Eddy: *Becoming a teacher* (educação de professores)
Robert Edgerton: *Cloak of competence* (educação especial)
David Halberstam: *The coldest winter* (a Guerra da Coreia)
Jonathan Harr: *A civil action* (ativismo legal)
Diana Kelly-Byrne: *A child's play life* (pré-escolas)
A. L. Kennedy: *On bullfighting* (valores culturais)
Jonathan Kozol: *Savage inequalities* (escolas urbanas)
Saville Kushner: *A musical education* (um conservatório)
Halldor Laxness: *Under the glacier* (administração de igreja)
Oscar Lewis: *La vida* (uma família mexicana)
Elliot Liebow: *Tally's corner* (gangues)
Sarah Lightfoot: *The good high school* (retrato da educação)
Barry MacDonald e Saville Kushner: *Bread and dreams* (dessegregação escolar)
John McPhee: *The headmaster* (biografia)
Alan Peshkin: *God's choice* (comunidade e educação)
Eric Redman: *The dance of legislation* (elaboração de leis federais)
Margit Rowell: *Brancusi vs. United States* (definição de arte)
Louis Smith e William Geoffrey: *Complexities of an urban classroom* (ensino)
Studs Terkel: *Working* (entrevistas com trabalhadores)
James Watson: *The double helix* (descoberta científica)
Harry Wolcott: *The man in the principal's office: an ethnography* (gestão)

Avalie a estrutura conceitual do livro escolhido. Leve em consideração o que não é possível aprender sobre a estrutura conceitual da pesquisa por meio do livro no qual ela é descrita. Observe as táticas de escrita que você pode usar no futuro. Escreva sobre isso em seu caderno de anotações.

Passo C

Depois de ler "O caso das cadeiras desaparecidas" (Quadro 2.1), leia novamente e procure a parcialidade que David Hamilton, o pesquisador, pode ter apresentado. Escreva alguns parágrafos sobre essa possível parcialidade. Guarde suas observações até depois de ler a seção sobre o assunto no Capítulo 9 deste livro. Em seguida, escreva mais alguns parágrafos revisando sua análise original sobre a possível parcialidade de Hamilton.

Passo D

Observe por pelo menos três horas um evento social grande e organizado (por exemplo, uma reunião de família, um festival, um funeral, um *workshop*) que seja de interesse profissional para você. Se não puder observar o evento inteiro, tente descobrir o que aconteceu enquanto você não estava lá. Obtenha o máximo de informações que puder sobre como o evento foi planejado e executado. Suponha que seu relatório possa ser usado para ajudar pessoas que estejam muito distantes a entender o que aconteceu. Identifique um ou mais pontos importantes. Discuta essa atividade e seus problemas com alguém e elabore um relatório de cerca de mil palavras.

Passo E

Depois de refletir sobre o Passo D (talvez usando no máximo uma página), crie pelo menos seis regras ou lembretes para tornar uma observação de campo adequada para ser incluída em um relatório mais amplo. Mostre, em sua forma de escrever, que você pensou no assunto.

Passo F

Assista ao filme *Histórias de cozinha* (Salmer fra Kjøkkenet), de 2003. Qual é a mensagem sobre relações pessoais entre os pesquisadores e as pessoas que eles estudam?

Passo G

Em pequenos grupos, discuta: Por que os três itens presentes ao fim da seção "Questionário" no Capítulo 5 devem ser combinados em uma única classificação? E por que não devem?

Passo H

Leia o Capítulo 5 e conheça o National Youth Sports Program (NYSP, Programa Nacional de Esporte Juvenil) como ele era na época. Digamos que um dos pesquisadores retorne do Metropolis Campus, um dos *campi* anfitriões, e faça um resumo sobre o programa naquela unidade (Tabela 1). Os membros da equipe de pesquisa devem se reunir para decidir como esse relatório se relaciona às outras informações sobre o NYSP apresentadas no Capítulo 5. Estudem essas informações e depois formem pequenos grupos para discutir o que deve ser feito. Elaborem um relatório de uma página para o diretor do projeto de avaliação, sugerindo quais medidas devem ser tomadas.

Tabela 1 Resumo sobre o NYSP no Metropolis Campus

Características pré-especificadas	Necessidade	Classificação	Peso	Pontos de mérito
Adolescentes e crianças				
Qualidade da experiência para adolescentes	Alta	8	8	64
Conhecimento adquirido pelos adolescentes				
Esportes	Moderada	3	6	18
Saúde pessoal	Alta	3	7	21
Campus/comunidade	Moderada	6	6	36
Equipe				
Competência para as tarefas atribuídas	Alta	4	6	24
Dedicação e lealdade da equipe	Alta	9	4	36
Qualidade da interação entre a equipe e os alunos	Alta	8	9	72
Compromisso com a estrutura e a disciplina	Moderada	9	7	63
Administração				
Coordenação das atividades	Alta	6	8	48
Conformidade com as normas do NYSP	Alta	8	4	32
Responsividade aos patrocinadores e pais	Alta	7	5	35
Ação em emergências	Alta	8	6	48
Supervisão e desenvolvimento da equipe	Moderada	3	5	15
Envolvimento da equipe na administração	Baixa	3	4	12
Atenção às crianças com necessidades especiais	Moderada	5	5	25
Gerenciamento de custos adicionais	Moderada	7	3	21
Contabilidade	Moderada	6	3	18
Totais			96	588

Nota: As classificações variam entre 0 e 10, sendo 10 a nota máxima. A pontuação da avaliação de resumo para o Metropolis Campus foi de 588. Com as pontuações de todos os 170 programas como grupo de referência, o Metropolis Campus obteve o 45º lugar e foi identificado com 84 outros programas em um grupo classificado como "Elogiável com oportunidade de aprimoramento".

Passo I

Elabore uma breve proposta com pelo menos 800 palavras para a realização de um projeto de pesquisa qualitativa sobre um assunto que seja de seu interesse. Descreva cuidadosamente a questão de pesquisa, um ou dois problemas de indicação antecipada, os contextos relevantes, os dados a serem coletados, as fontes em que esses dados serão coletados, outras atividades de pesquisa previstas, duas ou três obras relevantes nas quais você pode se basear, seu cronograma e sua verba. Pense com atenção nas informações mais necessárias para seu orientador ou anfitrião.

Passo J

Passe cerca de uma hora traçando dois mapas de conceito, um sobre a "comunidade de prática" e outro sobre "*old boys network*"* (ou outros dois conceitos de múltiplas realidades). Escreva um breve artigo sobre as semelhanças e as diferenças entre os dois conceitos.

Passo K

Elabore uma questão de pesquisa qualitativa que seja de seu interesse. Crie cinco questões que farão parte de uma entrevista com uma pessoa importante para aprofundar seu conhecimento ou uma assertiva sobre a questão de pesquisa. Parta do pressuposto de que você não precisa dos sentimentos ou das opiniões do entrevistado, mas que sua experiência, suas observações ou suas relações irão ajudar você a compreender melhor. Uma dessas questões deve ser uma questão expositiva. Reflita bastante ao desenvolver as cinco questões que devem tentar tornar o problema mais compreensível, levando possivelmente à solução de um problema. Pressuponha que outras questões serão incluídas depois para descrever o entrevistado como uma pessoa importante. Pense nas respostas que podem ser dadas pelo entrevistado e em como você as investigaria. Teste suas cinco perguntas pedindo que outra pessoa represente o papel do entrevistado e depois revise as perguntas. Quando estiver satisfeito com todas as perguntas, entreviste alguém que tenha experiência relevante ou que possa fazer uma encenação. Faça um relatório mostrando as perguntas planejadas e as perguntas feitas. Reavalie suas perguntas para saber o que mais poderia ter feito para aprimorar a compreensão do problema. Escreva cerca de 500

---

* N. de R.: Rede informal de relacionamento que liga membros de uma mesma classe social, profissão ou organização a fim de fornecer contatos, informações e favores (especialmente políticos ou profissionais).

palavras sobre a tentativa, especificando o problema, as perguntas e o que você aprendeu sobre fazer entrevistas.

Passo L

Digamos que você estivesse incluindo em um relatório o experimento do chiclete, como descrito na seção "Trabalhando com fragmentos" do Capítulo 8, e ficou sabendo que poderia incluir quatro fotografias para ajudar o leitor a compreender esse fragmento sobre o chiclete. Suponha que todas as fotografias tenham tenham sido fornecidas. Quais cenas você poderia selecionar?

Passo M

Procure trechos do estudo na Ucrânia (seções "Elementos da história", no Capítulo 10, e "O relatório da Ucrânia", no Capítulo 11) que exemplifiquem cada uma das principais características da pesquisa qualitativa identificadas no Quadro 1.2.

Passo N

Escreva uma pequena narrativa a partir de seus próprios dados de observação ou de entrevista. Em uma breve nota anexa, identifique o problema desenvolvido na narrativa e uma assertiva que ela possa ajudar você a elaborar.

Passo O

Digamos que um pesquisador tenha incluído em seu relatório a narrativa de Ana e Issam presente na seção "O futuro", no Capítulo 12. O objetivo seria ilustrar uma questão ou uma assertiva. Qual pode ser a declaração do problema do pesquisador? Escreva sobre isso em seu diário.

Passo P

Em pequenos grupos, discuta o problema sobre invasão e permissões descrito nas seções "Ética pessoal", "Proteção dos sujeitos" e "A exposição das pessoas", no Capítulo 12.

Passo Q

A seguir, veja algumas palavras problemáticas que raramente devem ser usadas em um relatório formal – seja muito cauteloso para que o uso delas não se torne um clichê: *muito, nunca, genuíno, autêntico, compartilhar*. Por que você deveria questionar o uso dessas palavras? Inclua outras palavras na lista, como: *definitivamente, sempre* e *paradigma*. E que tal "*porque*"?

Passo R

Prepare uma apresentação de 15 minutos sobre um assunto relevante para seu curso, como múltiplas realidades, os cinco mal-entendidos do estudo de caso de Flyvbjerg ou o conceito de foco progressivo de Parlett e Hamilton. A apresentação pode ser sobre os obstáculos enfrentados para obter acesso ou a iteração dos tópicos do relatório com os fragmentos e a pergunta de pesquisa (seção "Síntese iterativa", no Capítulo 11). Se a apresentação for feita com projetor, considere-a uma forma ruim de fazer leitura na tela. Considere a apresentação uma oportunidade de ensinar algo que você conseguiu compreender.

1

Pesquisa qualitativa
como as coisas funcionam

Costuma-se dizer que a ciência nos indica como tudo funciona e que ciências mais exatas, como as quantitativas, nos indicam com mais precisão como tudo funciona. Isso é verdade. Pelo menos se *precisão* realmente significa *precisão*.

A ciência é uma compilação de ótimas explicações sobre coisas físicas, biológicas e sociológicas. É a explicação para o funcionamento das coisas em geral, desde a química e o sistema solar até as culturas. A pesquisa científica é quantitativa de muitas formas. *Quantitativa* significa que seu raciocínio se baseia fortemente em atributos lineares, medições e análises estatísticas.

Cada uma das divisões da ciência também possui um lado qualitativo em que a experiência pessoal, a intuição e o ceticismo trabalham juntos para ajudar a aperfeiçoar as teorias e os experimentos. *Qualitativa* significa que seu raciocínio se baseia principalmente na percepção e na compreensão humana.

A história da ciência está repleta de pensamento qualitativo, como os pensamentos de Newton, Curie, Watson e Crick. Galileu foi um dos maiores cientistas da história. Usando o telescópio que ele mesmo inventou, ele fez muitos cálculos relacionados ao movimento da Terra. Como é descrito no Quadro 1.1, confiou em seus instintos, em seu conhecimento sobre a consistência e na observação de determinados casos para chegar a suas explicações. Heresias e "eurecas" também fazem parte da história. As pesquisas antigas e modernas são qualitativas e quantitativas.

Quadro 1.1 A situação de Galileu

A rejeição de Galileu à lei da gravidade formulada por Aristóteles não foi baseada em "muitas" observações, e as observações não foram "baseadas em alguns números". A rejeição consistiu principalmente em um experimento conceitual e, posteriormente, em um experimento prático. Esses experimentos, que contaram com o auxílio da visão retrospectiva, dispensam explicações. No entanto, a visão de Aristóteles sobre a gravidade que dominou a investigação científica por quase 2 mil anos foi contestada.

Em seu pensamento experimental, Galileu apresentou o seguinte argumento: se dois objetos de mesmo peso forem jogados da mesma altura e ao mesmo tempo, eles atingirão o solo ao mesmo tempo por terem caído com a mesma velocidade. De acordo com a visão de Aristóteles, se dois objetos são unidos, o novo objeto terá o dobro de peso e, por isso, cairá mais rápido do que os dois objetos separados. Essa conclusão funcionava de maneira contraintuitiva para Galileu. A única forma de evitar a contradição era eliminar o peso como fator determinante para a aceleração em queda livre, e foi exatamente isso que fez Galileu.

Os historiadores da ciência ainda questionam se Galileu realmente conduziu o famoso experimento na torre inclinada de Pisa ou se o experimento é um mito. Em todo caso, o experimentalismo de Galileu não envolveu uma ampla amostra de testes aleatórios com objetos caindo de diversas alturas selecionadas aleatoriamente sob diversas condições de vento, como seria necessário de acordo com o pensamento de Campbell e Giddens. Pelo contrário, trata-se de um único experimento, ou seja, um estudo de caso, se é que algum experimento foi de fato realizado.

Contudo, a visão de Galileu continuou sendo questionada, e a visão de Aristóteles não foi completamente rejeitada até meio século depois, com a invenção da bomba de ar. A bomba de ar tornou possível realizar o experimento definitivo, conhecido por qualquer aluno, em que uma moeda ou pedaço de chumbo dentro de um tubo a vácuo cai na mesma velocidade que uma pena. Depois desse experimento, a visão de Aristóteles teve que ser descartada. Entretanto, vale a pena observar principalmente que o assunto foi resolvido com uma única experiência e a brilhante escolha de extremos, metal e pena. Esse caso pode ser chamado de *caso crítico*: se a tese de Galileu se aplica a esses materiais, pode-se esperar que a tese seja válida para todos ou para muitos materiais. Amostras aleatórias e grandes não foram incluídas nesse cenário em momento algum. Os cientistas mais criativos não trabalham dessa forma com esse tipo de problema.

Fonte: Flyvbjerg (2001, p. 74). Direitos reservados de Cambridge University Press, 2001. Reproduzido com autorização.

A CIÊNCIA DO PARTICULAR

Pode ser capcioso dizer que o pensamento qualitativo oferece um fundamento ou uma disposição para o pensamento quantitativo. O pensamento qualitativo é muito mais e está misturado com todas as etapas do trabalho científico. Mesmo quando milhões de cálculos estão sendo processados por um bom computador, as verificações sobre o progresso e a credibilidade de enumeração agregadora foram programadas na operação por cientistas visionários e céticos, ou seja, a interpretação qualitativa tem sido programada. Todo o pensamento científico é uma mescla dos pensamentos quantitativo e qualitativo. A pesquisa sobre o funcionamento das coisas nos quadro mais geral do conhecimento é uma tarefa quantitativa e qualitativa (Roth, 2008). Pesquisa é investigação, um estudo deliberado, uma busca pela compreensão.

As pessoas estão interessadas principalmente no funcionamento das coisas em situações específicas. Um relógio é uma magnífica combinação de mecanismos e peças que parecem funcionar da mesma forma independentemente da pessoa, do lugar e da direção do vento. Entretanto, os melhores relógios da Suíça não funcionavam bem o bastante em alto-mar para que os marinheiros conduzissem seus navios, até que, no século XVI, John Harrison inventou um relógio para calcular a longitude. Posteriormente, precisamos de um cronômetro para corridas curtas e de temporizadores para cozinha. Como se pode ver, até o funcionamento dos relógios depende da situação.

Quanto mais estudamos as relações humanas (em comparação aos mecanismos físicos), mais esperamos que as coisas funcionem de formas diferentes em situações diferentes. A forma como um médico trata um ferimento, por exemplo, depende de uma sequência de eventos, dos recursos disponíveis e das prioridades estabelecidas pela triagem.

CONHECIMENTO PROFISSIONAL

O trabalho profissional depende da ciência. Porém, cada profissão possui seu próprio conjunto de conhecimentos. O conhecimento profissional se sobrepõe, mas é diferente do conhecimento científico. Representa a sabedoria obtida pelo trabalho com outras pessoas que passaram por treinamentos parecidos e têm praticamente o mesmo nível de experiência. O que mais caracteriza o conhecimento profissional é o foco em como o funcionamento das coisas varia de acordo com a situação. O médico, o advogado e o chefe de departamento são especialistas em pensar sobre a situação e em tomar decisões (baseadas na observação e na investigação, no treinamento e na experiência) sobre quais regras e teorias usar.

O conhecimento clínico é uma forma de conhecimento profissional. É o conhecimento adquirido por um professor, uma enfermeira, um orientador ou alguém que esteja envolvido com serviços sociais por meio da experiência direta com as pessoas que procura ajudar. Geralmente, o clínico é um profissional treinado que age de acordo com os padrões da profissão e a ética. A pesquisa clínica pode ser qualitativa, quantitativa ou ambas.

Os conhecimentos profissional e clínico se baseiam principalmente na investigação qualitativa. Sejam os instrumentos usados refinados ou não, espera-se que as escolhas feitas por esses profissionais não sejam definidas de uma forma mecânica, mas que tenham base na interpretação dos fatos. Essas interpretações dependem da experiência do pesquisador, da experiência das pessoas que são alvo do estudo e da experiência dos receptores das informações. O conhecimento profissional baseia-se muito na experiência pessoal e geralmente em um cenário organizacional.

Quando analisamos as práticas de ensino, de enfermagem e de trabalho social, podemos observar que as características da pesquisa qualitativa se aplicam perfeitamente. Nosso objetivo não é separar o conhecimento da prática, do conhecimento clínico nem do conhecimento profissional. Para todos eles, a investigação qualitativa é interpretativa, experiencial, situacional e personalística. Essas características são mais detalhadas no Quadro 1.2.

O fato de toda pesquisa ser quantitativa e qualitativa não significa que os dois tipos de pesquisa sejam relevantes em todo e qualquer projeto de pesquisa. Muitos projetos tendem a parecer qualitativos ou quantitativos, e os estudos que enfocam a experiência pessoal nas situações descritas são considerados qualitativos.

Neste livro, "estudando como as coisas funcionam" não significa o funcionamento das coisas em geral. Este livro trata de métodos de estudo sobre como coisas relacionadas aos humanos funcionam em determinadas situações. Algumas vezes, generalizamos além da situação específica, mas nos concentramos em como as coisas funcionam em determinados contextos e períodos e com determinadas pessoas.

Mais especificamente, consideramos como as coisas funcionam nos mundos dos profissionais, como educadores, profissionais de saúde treinados e gerentes organizacionais. Isso não se deve a sua capacidade de raciocínio ser diferente da capacidade de outros cientistas e pessoas leigas, mas à complexidade e ao conteúdo de seu raciocínio compartilhado com outros colegas de profissão e não com muitas outras pessoas.

Muitas pessoas que conduzem pesquisas qualitativas querem melhorar o funcionamento das coisas. A empatia e a defesa* são e devem ser parte do estilo de vida do pesquisador. No entanto, enfocar em fazer o bem pode interferir na compreensão do funcionamento das coisas e, por fim, pode minimizar as melhoras ao esquematizar os trabalhos de forma muito simples. Já a defesa pode ameaçar a pesquisa ao atrapalhar o ceticismo (mais detalhes sobre isso podem ser encontrados no Capítulo 12).

Quadro 1.2 Características especiais do estudo qualitativo

(Neste caso, o glossário do livro pode ser útil.)

1. **O estudo qualitativo é interpretativo.** Fixa-se nos significados das relações humanas a partir de diferentes pontos de vista.
   Os pesquisadores se sentem confortáveis com significados múltiplos.
   Eles respeitam a intuição.
   Os observadores em campo se mantêm receptivos para reconhecer desenvolvimentos inesperados.
   Esse tipo de estudo reconhece que as descobertas e os relatórios são frutos de interações entre o pesquisador e os sujeitos.

2. **O estudo qualitativo é experiencial.** É empírico e está direcionado ao campo.
   Enfoca as observações feitas pelos participantes e leva mais em consideração o que eles veem do que o que sentem.
   Esforça-se para ser naturalístico, para não interferir nem manipular para obter dados.
   Sua descrição oferece ao leitor do relatório uma experiência indireta (vicária).
   Está em sintonia com a visão de que a realidade é uma obra humana.

3. **O estudo qualitativo é situacional.** É direcionado aos objetos e às atividades em contextos únicos.
   Defende que cada local e momento possui características específicas que se opõem à generalização.
   É mais holístico do que elementalista, não analítico de forma redutiva.
   Seu planejamento raramente destaca comparações diretas.
   Seus contextos são descritos em detalhes.

4. **O estudo qualitativo é personalístico.** É empático e trabalha para compreender as percepções individuais. Busca mais a singularidade do que a semelhança e honra a diversidade.

continua

---
* N. de R.T.: Ver nota na p. 218.

Quadro 1.2 *continuação*

Busca o ponto de vista das pessoas, estruturas de referência, compromissos de valor.

Os problemas retratados geralmente são *emic* (surgem das pessoas) e não *etic* (levantados pelos pesquisadores).

Mesmo nas interpretações, prefere-se o uso da linguagem natural, em vez de construções mais elaboradas.

Os pesquisadores são éticos, evitando intromissões e riscos aos sujeitos.

O pesquisador geralmente é o principal instrumento de pesquisa.

5. Quando o estudo qualitativo é bem conduzido, também é provável que seja...

...bem triangulado, com grandes evidências, assertivas e interpretações redundantes.

Antes de elaborar o relatório, os pesquisadores tentam propositalmente desmentir suas próprias interpretações.

Os relatórios fornecem muitas informações para que os leitores também possam fazer suas interpretações.

Os relatórios auxiliam os leitores a identificar a subjetividade e os pontos de vista dos pesquisadores.

...bem informado sobre as principais teorias e compreensões profissionais relacionadas à investigação.

Os pesquisadores são metodologicamente competentes e instruídos em relevantes disciplinas.

Os relatórios referem-se à literatura relevante, mas não tentam ensinar essa literatura.

6. Os pesquisadores qualitativos têm opções estratégicas, tendendo mais para uma ou outra, ...

7. com a finalidade de gerar conhecimento ou auxiliar no desenvolvimento da prática e da política.
8. com a finalidade de representar casos comuns ou maximizar a compreensão de casos únicos.
9. com a finalidade de defender um ponto de vista seu ou de outrem.
10. com a finalidade de destacar a visão mais lógica ou mostrar múltiplas realidades.
11. com a finalidade de trabalhar com a generalização ou com a particularização.
12. com a finalidade de interromper o trabalho depois de suas descobertas ou continuar a promover melhorias.

A pesquisa atrai diferentes tipos de personalidades. A formação de uma comunidade de pesquisa requer diversas personalidades. O excesso de comprometimento em promover mudanças ou o excesso de ceticismo na comunidade irão talhar o escopo e o ritmo da pesquisa. Todo pesquisador tem a obrigação de pensar sobre o ativismo e a reticência e de reconhecê-los em si, além de ser receptivo às diferenças das outras pessoas pelo bem da comunidade.

EXPERIÊNCIA INDIVIDUAL E CONHECIMENTO COLETIVO

Em nível pessoal ou individual, sabemos como muitas coisas funcionam. Podemos ter contato com o funcionamento na forma de episódios em uma situação. É fácil subir na árvore de meu quintal. Além disso, também obtemos conhecimentos de forma coletiva, como generalizações de episódios e situações. Coletivamente, sabemos que as árvores fáceis de subir possuem troncos baixos e fortes e com pouca distância entre os galhos. É assim que minha árvore funciona. É assim que subir em árvores em geral funciona. Esses dois fragmentos de conhecimento, o pessoal e o coletivo, representam duas áreas da epistemologia (estudo do conhecimento). Um deles é o conhecimento sobre situações particulares e o outro, sobre situações gerais. Quando o principal objetivo é compor teorias, uma forma qualitativa respeitada de passar do conhecimento individual para o conhecimento coletivo é a "teoria fundamentada" (Strauss e Corbin, 1990). No entanto, neste livro, o principal objetivo é construir o conhecimento individual.

Outra forma de se referir às áreas do conhecimento no cérebro é como generalização e particularização. Essas duas áreas também podem ser consideradas, em linhas gerais, como áreas de investigação, sendo áreas da ciência e do trabalho profissional. Os cientistas tentam descobrir o que é verdade de modo geral. Os profissionais tentam descobrir o que é verdade sobre clientes, salas de aulas ou comunidades individuais. Obviamente, os profissionais também têm interesse no conhecimento geral. Eles não poderiam lidar de forma eficaz com as situações individuais se não tivessem amplo conhecimento da ciência, da tradição e de outros tipos de conhecimento geral. Além disso, os cientistas (como Galileu, por exemplo) estão interessados na observação individual, mas seu principal esforço está relacionado à melhor compreensão das relações gerais e à criação de melhores teorias. Essas duas áreas se sobrepõem, mas os epistemólogos consideram útil pensar sobre elas separadamente.

Queremos saber mais sobre as árvores do que saber se são boas para subir. Queremos saber sobre as características das árvores em geral: mais do que se pode aprender com uma árvore e mais do que se pode aprender com uma pessoa. O conhecimento individual é o conhecimento sobre algo em seu tempo, em seu próprio local e sobre seu funcionamento. Do ponto de vista epistemológico, dizemos que podemos abraçar a árvore. Não apenas para sensações táteis, mas para conhecê-la pessoalmente. Pode importar ou não quem é a pessoa que teve a experiência. Para generalizações sobre as árvores que são boas para subir, podemos não nos importar com a origem do conhecimento ou com o fato de ser útil ou uma verdade universal.

Isso não é tudo que podemos aprender sobre as árvores. Há muito mais do que aquilo que você aprendeu sozinho. Qualquer generalização sobre todas as árvores precisa ser verdadeira também para uma pessoa na Islândia, onde as árvores são baixas demais para subir.

Duas realidades existem simultânea e separadamente em todas as atividades humanas. Uma é a realidade da experiência pessoal, e a outra é a realidade do grupo e da relação social. As duas realidades se conectam, se sobrepõem, se unem, mas são visivelmente diferentes. O que acontece coletivamente (para um grupo) raramente é a combinação da experiência pessoal. O furacão Katrina foi uma experiência coletiva para o mundo, mas não a soma de experiências pessoais em Nova Orleans e em outros lugares. O assassinato de Abraham Lincoln foi, em primeiro lugar, uma experiência pessoal para ele e não um fato que se originou do choque entre diferentes sociedades. O que acontece no campo pessoal é muito mais significativo do que a separação das relações coletivas. Podemos compreender o pessoal e, assim, compreender um pouco mais sobre o geral, mas não muito. Podemos tentar aplicar o conhecimento geral em um caso pessoal, mas não haverá muitas melhorias na compreensão desse caso. A transformação do conhecimento individual em coletivo e coletivo em individual está repleta de plenitude. As duas realidades existem e com algum grau de separação.

Os sociólogos e outras pessoas às vezes diferenciam macroanálise de microanálise.[1] Os estudos sobre culturas e sistemas sociais são macropesquisas; já os estudos sobre comunidades locais e sobre pessoas são micropesquisas. A criação de teoria e os estudos de análise política que utilizam o conhecimento coletivo são macropesquisas, enquanto os estudos relacionados ao indivíduo são micropesquisas. A visão geral *versus* o detalhe. Em geral, os microestudos são estudos qualitativos. Os macroestudos em geral são baseados na combinação de dados quantitativos. Os microestudos tendem a procurar casos pessoais, enquanto os macroestudos tendem a analisar grupos grandes à distância.

Nós que estudamos a atividade humana constantemente nos deparamos com visões macrocósmicas e microcósmicas até mesmo sobre casas e *motorhomes* (autocaravanas). Em qualquer estudo, os pesquisadores qualitativos geralmente decidem enfocar no micro e não no macro. Os pesquisadores qualitativos geralmente preferem enfocar detalhes. Nós, pesquisadores, pegamos um caso para estudar que seja exclusivo em alguns aspectos e enfatizamos a natureza desse caso. Ou, de acordo com Harvey Sacks (1984), escolhemos generalizar em relação à natureza de outros casos não estudados. Assumimos ambas as posturas, mas geralmente não no mesmo estudo.

Se os pesquisadores decidem coletar dados experimentais e não medidas, sua pesquisa é chamada de "qualitativa", mas, mesmo assim, podem enfocar ou o individual ou o geral. Se as descobertas forem baseadas principalmente na combinação de muitas observações individuais, o estudo é chamado de "quantitativo", mas o pesquisador pode escolher enfocar ou o particular ou o geral. Se os pesquisadores estabelecem normas formais para avaliar as descobertas, operam mais com os mecanismos das ciências sociais, mas ainda assim podem enfocar ou o particular ou o geral. Os pesquisadores mesclam os métodos (Creswell e Plano Clark, 2006), mas a maioria é consistente, pendendo ao experiencial ou métrico. Muitos de nós temos métodos favoritos, mas, até certo ponto, buscamos compreender o individual e o coletivo.

OS MÉTODOS DA PESQUISA QUALITATIVA

Nossos métodos são amplamente compartilhados em muitos campos de pesquisa; da antropologia à biografia; da cerâmica à zoologia. Ainda assim não há um único campo em que seja possível encontrar todos os métodos de pesquisa qualitativa usados normalmente. O estudo com crianças e o estudo crítico têm um bom conjunto de métodos, mas escrever editoriais de jornais e música *country* também contribui para a variedade de métodos. Nos métodos qualitativos, em todos os campos, é possível encontrar as características identificadas no Quadro 1.2.

Como indicado anteriormente, a diferença entre os métodos quantitativo e qualitativo é mais uma questão de ênfase do que de limites. Em cada estudo etnográfico, naturalístico, fenomenológico, hermenêutico ou holístico (ou seja, em qualquer estudo qualitativo), as ideias quantitativas de enumeração e reconhecimento de diferenças em tamanho têm seu espaço. Em cada pesquisa estatística e experimento controlado (em cada estudo quantitativo), espera-se encontrar uma descrição em linguagem natural e a interpretação do pesquisador (Ercikan e Roth, 2008). Talvez as diferenças metodológicas mais importantes entre qualitativo e quantitativo sejam duplas: a diferença entre (1) tentar explicar e (2) tentar compreender e a diferença entre (1) um papel pessoal e (2) um papel impessoal para o pesquisador. Ambas serão diferenças vagas, que podem variar ao longo do tempo, feitas geralmente pelo pesquisador.

O significado de *explicação* e *compreensão* será desenvolvido na seção a seguir (e também no começo do Capítulo 3 e na seção "Assertivas particulares e gerais" do Capítulo 11). A diferença entre os papéis do pesquisador é importante, uma questão de gradação do impessoal para o pessoal. Para a pesquisa qualitativa, como indicado anteriormente, o próprio pesquisador é um instrumento ao observar ações e contextos e, com frequência, ao desempenhar intencionalmente uma função subjetiva no estudo, utilizando sua experiência pessoal em fazer interpretações. O pesquisador quantitativo faz escolhas metodológicas e de outros tipos com base, em parte, em suas preferências pessoais, mas geralmente tenta coletar os dados de forma objetiva, e não subjetiva.

A observação, a entrevista e a análise dos materiais (inclusive de documentos) são os métodos* de pesquisa qualitativa mais comuns. Retomaremos esses métodos no Capítulo 5. É quase o mesmo que ocorria no passado ao satisfazer a sua curiosidade conhecendo alguém ou comprando sapatos. Este livro deve ajudá-lo a tornar os métodos utilizados mais disciplinados e confiáveis. Antes de fazermos isso, precisamos pensar um pouco sobre os significados da pesquisa qualitativa; não só sobre a definição, mas sobre o possível significado da forma de investigação.

Os métodos de pesquisa qualitativa são embasados na compreensão experiencial, que retomaremos no Capítulo 3. Os métodos serão diferentes, conforme a particularização ou a generalização da nossa orientação. Esse tópico será retomado no Capítulo 11. Mas, muito antes disso, teremos uma boa noção da diferença entre a pesquisa que enfoca o entendimento de uma situação específica *versus* a pesquisa feita para explicar situações em geral.

---

* N. de R.T.: Ver nota na p. 101.

CAUSAS

Nesta seção, trato de escrever com cautela. Tenho um pouco de receio, mas não é medo de dizer algo errado. Farei minha lição de casa e pedirei a pessoas experientes que a verifiquem. Não é porque o conteúdo é excessivamente político e isso possa me trazer problemas. O conteúdo é político, e a visão oficial (no momento em que estou escrevendo) é a de que a pesquisa de causalidade é o "padrão ouro", enquanto a pesquisa qualitativa é considerada inferior. Porém, tendo 80 anos, estou a salvo. Não se trata de não conseguir escrever de uma forma que faça você querer ler sobre esse assunto. Há algo que eu possa fazer para que você realmente queira ler esta seção?

Também não se trata de o assunto não ser útil. Quase tudo que fazemos deve ter um efeito. Escovamos os dentes para protegê-los. Assistimos aos eventos esportivos para ficarmos a par de nossos times favoritos (o meu é o Chicago Cubs). Enviamos nossos filhos para a escola para que recebam instrução. Causa e efeito.

O poeta Ralph Waldo Emerson (1850) disse que "Homens fracos acreditam na sorte. Homens fortes acreditam em causa e efeito". Muitos pesquisadores acreditam que a principal finalidade da ciência é pesquisar a causa e o efeito. Partes da ciência não estão relacionadas à pesquisa da causa e do efeito (como a taxonomia), mas boa parte da ciência sim. A ciência teórica e aplicada bem como o pensamento profissional buscam explicações e influências de forças de qualquer tipo, incluindo cultura, personalidade e economia. Para determinados efeitos, pesquisamos as causas. Para determinadas intervenções, pesquisamos os efeitos. Queremos explicar o que possibilita o funcionamento das coisas. Como podemos tornar o sistema de saúde melhor? O que a gordura trans faz com nossos corações? Como podemos perder peso?

O filósofo australiano J. L. Mackie (1974) descreve a causalidade como "o cimento do Universo", o que significa que tudo funciona, pois é induzido ao funcionamento. Geralmente pensamos que se conhecemos as causas, podemos ajustar o que não está funcionando. No entanto, descobrir as causas deixa perplexos os filósofos, os cientistas e as pessoas responsáveis pelos ajustes. Em parte, isso acontece porque as causas podem ser sutis, pois podem funcionar de formas diferentes em situações diferentes e porque as pessoas podem não concordar com o que é uma causa.[2] Por que minha neta não cumpriu sua tarefa? Falta de motivação? Ela está muito ocupada? Ela se diverte irritando os mais velhos? Pergunte a ela e a resposta será

"Não sei". Isso provavelmente é verdade, e podemos estudá-la por um longo tempo sem descobrir as causas que a levaram a não cumprir suas tarefas, nem os efeitos resultantes.

É possível não existir causas para o comportamento de uma criança? É possível não existir causas para nada? Há explicações para tarefas não cumpridas, pelas falhas de uma escola ou pelo aumento de uma dívida nacional? Ou há muitas causas a serem levadas em consideração? É possível que o cimento do universo não forneça explicações suficientes? Tudo isso é absurdo? No livro *Guerra e paz*, o cético escritor Leon Tolstói argumentou exaustivamente contra a identificação simplista das causas:

> Uma maçã cai quando está madura. Por quê? É porque o peso a faz cair? Ou porque seca o pé, porque o sol a queima, porque se tornou pesada demais, porque o vento a sacudiu ou, muito simplesmente, porque um garoto junto da árvore estava morrendo de vontade de comê-la? (1869/1978, p. 719)

Aparentemente, há muitas condições coexistentes que podem contribuir para a queda da maçã. As influências mudam com o clima e o apetite do garoto. Até mesmo um violento vendaval divide a causalidade com a condição do tronco.

O filósofo John Stuart Mill disse: "Se uma pessoa come um determinado prato e, em consequência disso, morre, ou seja, ela não teria morrido se não tivesse comido aquilo, as pessoas poderiam dizer que comer aquele prato foi a causa de sua morte" (1843/1984, Livro III, Capítulo 5, Seção 3). Isso faz sentido. Mas as pessoas também podem se interessar pelos cogumelos que o cozinheiro usou. E pelo fato de a esposa dele tê-lo servido diversas vezes. Não precisamos presumir que todas as condições devem ser consideradas de maneira igual. Mas podemos estar deixando fatos importantes de lado se mencionarmos apenas uma causa.

Tolstói disse que é errado pensar em causas principais, pois prometem mais do que podem oferecer, portanto, seria melhor observarmos as condições em transformação. Para importantes assuntos humanísticos, em vez de atribuir os efeitos a algumas causas principais, Tolstói nos aconselha a descrever o evento da melhor maneira possível. Alguns dos eventos são declarações de pessoas daquilo que acreditam ser a causa. Talvez o menino esfregue seu anel da sorte enquanto puxa o galho.

A estratégia de Tolstói poderia funcionar para ele, pois seu trabalho era contar a história da invasão da Rússia por Napoleão. Ele não tinha de aconselhar o General Kutuzof sobre como defender Moscou. Tolstói não precisava estabelecer uma política. Em tempos de invasão iminente, e em todos os tempos, as pessoas devem fazer escolhas entre ações alternativas, incluindo a escolha de não agir de maneira alguma. Gostaríamos de ver mais escolhas baseadas em pesquisas.

Temos pesquisas básicas que nos dizem que muitas coisas funcionam de maneira genérica. As descobertas nos ajudam a estabelecer uma estrutura de pensamento. Geralmente, estudos básicos não vão além de nos apontar tópicos importantes que merecem atenção. E as pesquisas básicas nos dizem que nada funciona o tempo todo e que existem muitos possíveis obstáculos para o sucesso. Métodos experimentais são úteis para nos mostrar efeitos pequenos, mas persistentes, de uma ação específica em um grande número de situações[3].

Normalmente, no estudo das relações humanas, experimentos de larga escala, bem monitorados e que procuram por causas são dispendiosos, geralmente muito acima dos recursos de pesquisas de doutorado. Nos estudos do campo social, controlar as condições (como seriedade dos participantes, uso de materiais da maneira descrita, obtenção adequada de medidas) é muito difícil. A maioria dos pesquisadores quantitativos realiza estudos diretos de comparação e correlação, misturando um pouco de experimentação e prestando atenção em como as condições, frequentemente, muitas condições, mudam juntas. Os estudos correlacionais, incluindo o modelo causal, contribuem muito pouco para se determinar causa ou efeito, mas fornecem sugestões sobre como lidar com um problema ou criar um novo programa (Scriven, 1976).

Os pesquisadores qualitativos raramente se envolvem no estabelecimento de políticas sociais importantes, mas entendem que as pessoas que estabelecem políticas podem se beneficiar do fato de estarem familiarizadas com estudos etnográficos, de avaliação de programas e outros estudos qualitativos. Como discutido no Capítulo 11, eles alegam que, ao conhecerem uma determinada ação de uma família ou clínica, por exemplo, aqueles que estabelecem as políticas e aqueles que as praticam podem compreender melhor as funções fundamentais de uma situação complexa, mesmo que seja uma situação muito diferente da que estão acostumados. Haverá situações em que o leitor pensará em maneiras de usar técnicas de um estudo qualitativo, mas geralmente se espera que o leitor obtenha um maior senso de experiência com situações complexas.

O pesquisador qualitativo usa algumas palavras de conexão causal, verbos como *influencia, inibe, facilita* e mesmo *causa*, mas (se feito adequadamente) faz referência ao lugar e tempo limitados, locais e particulares de uma atividade. Mesmo assim, o pesquisador qualitativo normalmente tenta assegurar o leitor de que o objetivo não é alcançar uma generalização, mas fornecer exemplos situacionais à experiência do leitor.

Guerra e paz é uma história experiencial sobre o exército derrotado de Napoleão depois de um rigoroso inverno no qual o exército russo não lutou, apenas se manteve fora de alcance. Kutuzov recuou e recuou, evitando ser dominado pelas forças superiores francesas. Finalmente, os franceses desistiram e voltaram para casa com menos de 10% de seus soldados vivos, um breve contratempo para o imperialismo francês. Como isso começou? Podemos ver como Tolstói lida muito bem com a questão "O que realmente causou esta guerra?".

> Apesar de Napoleão, naquela época, em 1882, estar mais convencido do que nunca de que derramar ou não derramar o sangue de seu povo – *verser ou ne pas verser le sang de ses peuples*, como o Czar Alexandre falou em sua última carta para ele – dependia totalmente de sua vontade, ele nunca tinha estado tão dominado por aquelas leis inevitáveis que o compeliam, embora pensasse estar agindo por sua própria vontade, a apresentar para o mundo em geral – para a história – o que estava destinado a acontecer.
> As pessoas do oeste se mudaram para o leste para seguir seu companheiro. E, pela lei das coincidências, milhares de pequenas causas se uniram e coordenaram para produzir aquele movimento e aquela guerra: ressentimento em relação à falta de cumprimento do Sistema Continental, os erros do Duque de Oldenburg, o avanço das tropas em direção à Prússia – uma medida tomada (como Napoleão pensava) com o único propósito de manter a paz armada – e a paixão do imperador francês pela guerra, além do hábito de lutar que tomou conta dele, coincidindo com as inclinações de seu povo, que se deixava levar pela grandiosidade das preparações, pelas despesas com esses preparativos e pela necessidade de recuperar esses gastos. Além disso, havia o efeito inebriante das honrarias prestadas ao imperador francês em Dresden, as negociações diplomáticas que, na opinião dos contemporâ-neos, eram conduzidas com o desejo genuíno de alcançar a paz, embora apenas instigassem o *amour propre* de ambos os lados, e milhares e milhares de outras causas coincidentes que se adaptaram ao evento predestinado. (1869/1978, p. 718)

Sem dúvida, essa invasão da Rússia foi muito mais importante e complexa do que a organização de um centro de serviços familiar ou a decisão de matricular o filho em uma escola particular. Mas todas essas escolhas têm diversas causas e pré-condições. E aqueles que estão tomando a decisão reconhecem as pressões, mas, assim como Napoleão, pensam que estão livres para escolher a ação.

O pesquisador que estuda a decisão pode procurar identificar a causa principal ou as causas mais importantes, mas não poderá alegar que, sem aquela causa, o efeito (a organização, a decisão) não teria acontecido. Os recursos necessários para a pesquisa são muitos, e gostaríamos de poder prometer que encontraremos as causas, mas não podemos fazer isso, nem com certeza, nem tampouco com algum grau de convicção.

Procuramos compreender como algo funciona. Sejamos pesquisadores quantitativos ou qualitativos, precisamos procurar por causas, influências, pré-condições, correspondências. Nossas descobertas e histórias podem instruir aqueles que buscam entender a história ou o problema, ou aqueles que desejam alterar a política. Mas dados, independentemente da forma como são analisados, não resolvem sozinhos o problema. É a interpretação dos dados, das observações e das medidas que irá vigorar, não como prova, mas como a escolha de um significado em detrimento de outro. Pensamos sobre causas porque isso nos ajuda a disciplinar nossa pesquisa. Porém, devemos ter em mente a obsessão de Tolstói com a ideia de inúmeras diferentes causas.

Ainda assim, trabalhamos com pessoas que pensam simplesmente em causa e efeito. Está claro para elas que as coisas são causadas. Provavelmente será inútil tentarmos convertê-las à religião de múltiplas coincidências de Tolstói. Devemos tentar minimizar o excesso de expectativas em relação à causalidade, mas, às vezes, precisamos falar sua língua.

Para um futuro imediato, devemos tentar editar nossas frases cuidadosamente para diminuir as "referências à causa". Não devemos dizer "O diretor cancelou a política porque estava chateado", em vez disso, devemos dizer "O diretor cancelou a política. Ele disse que estava chateado". Não devemos dizer "O rio Dnieper congelou porque a temperatura caiu abaixo de zero grau Celsius", mas "O rio Dnieper congelou à medida que a temperatura caía abaixo de zero grau Celsius". Não devemos dizer "O programa para deficientes físicos foi interrompido porque ficou sem financiamento", mas "Depois de ficar sem financiamento, o programa para deficientes físicos foi interrompido". Ou é importante reduzir as implicações que fazemos sobre causalidade? Você precisa decidir. (Portanto, na minha opinião, a seção não foi tão chata.)

A COISA

A palavra *coisa* não é um termo técnico. Mas precisamos dela como uma palavra técnica para melhor aproveitar este livro. Vamos usar a palavra *coisa* para identificar o objetivo do projeto de pesquisa. Não existe um termo técnico para o objetivo, e é preciso haver. Portanto, aquilo que os pesquisadores estão estudando é "a coisa", que pode ser uma organização, como uma agência de empregos ou uma creche. A coisa pode ser uma política, como uma política de triagem ou uma política de direitos civis. Pode ser a relação entre as igrejas de uma comunidade. Pode ser um fenômeno como o uso de telefones celulares na China rural. A coisa é o que está sendo estudado: uma pessoa, uma família, uma desordem pública, uma fusão de empresas. Um projeto de pesquisa pode ter mais de uma coisa, ou nenhuma, mas a maioria dos estudos qualitativos terá uma *coisa*. O título do livro significa: *Pesquisa qualitativa: estudando como as coisas funcionam*. Tenha sempre em mente a palavra *coisa* durante a leitura deste livro.

A comunidade de pesquisadores estimula cada pesquisador a escolher quais coisas irá estudar. É claro que, se o pesquisador trabalha para outra pessoa, ele terá menos poder de escolha, mas, mesmo nas organizações mais controladas, ele terá alguma oportunidade de definir o conteúdo a ser estudado. Outras pessoas podem criticar as escolhas feitas pelos pesquisadores, mas, em geral, há uma concordância de que a qualidade da pesquisa depende de dar aos pesquisadores a liberdade de escolher o que estudar.

Os benefícios da pesquisa não são igualmente distribuídos entre o pesquisador, a comunidade de pesquisa, a instituição ou corporação em questão, o público e outros interessados. A ciência e as profissões às vezes lutam, umas contra as outras, para obter os benefícios da pesquisa. A política e a prática podem ser melhoradas por boas pesquisas e prejudicadas por pesquisas ruins. Alguns benefícios são obtidos ao se estudar o que as pessoas sentem sobre algumas coisas; podemos chamar isso de pesquisa de levantamento ou sondagem. A maioria das pesquisas sociais não pergunta como as pessoas se sentem, mas como as coisas funcionam. Normalmente, ajuda pedir às pessoas que descrevam como elas veem as coisas funcionando, mas a maioria dos bons dados é obtida com as observações que os pesquisadores fazem de processos, produtos e seus artefatos. Essas ideias sobre "a coisa estudada" são desenvolvidas na seção "Entrevista" no Capítulo 5.

COMPARANDO AS COISAS

A ciência procura explicações sobre como as coisas normalmente funcionam, explicações de causas e efeitos. Isso inclui relações funcionais como "Quanto maior for a ênfase no desempenho que o aluno obtém nas notas dos testes, maior será a instrução para o teste". Uma das maneiras mais comuns de se chegar a esse tipo de generalização é comparando as coisas, como comparar os estados que têm melhores notas em testes com estados que têm notas inferiores, de acordo com o quanto da instrução é voltada para o conteúdo padrão dos testes de desempenho. O pesquisador também poderia, em diversas escolas, analisar os níveis de ênfase nas notas dos testes e os níveis de instrução para os testes e ver como isso se correlaciona. Outra possibilidade seria fazer estudos de caso com alguns professores, observando suas percepções sobre as pressões de se aumentar as notas dos testes e, separadamente, observar o quanto eles se afastam das orientações curriculares. Tanto métodos quantitativos quanto qualitativos podem ser usados para buscar uma relação funcional.

Dos três métodos – comparação, correlação e estudo de caso – o mais rudimentar é a comparação, pois ignora grandes diferenças dentro dos dois grupos. Os estudos de caso são simplistas, pois observam apenas uma ou poucas salas de aula, mas podem analisar com mais cuidado a ênfase nos testes e a instrução. Os estudos de correlação prestam atenção à gradação, mas geralmente dão pouca importância às atividades de sala de aula.

Muitos pesquisadores qualitativos abrem pouco espaço para grandes comparações (como a diferença de idade dos grupos) em seus projetos de pesquisa. Ainda assim, sempre é dada uma atenção à comparação em quase todas as interpretações. Quando afirmamos algo, também pensamos sobre o que mais está implícito. Quando dizemos que havia três pessoas na sala, quase não podemos evitar uma comparação mental do quão cheia a sala estaria com quatro pessoas e como seria menos interativa com apenas uma. Comparamos como três pessoas cabem bem na sala, mas pensamos o que aconteceria se usássemos *laptops* ou se tocássemos bateria, por exemplo. A comparação está muito próxima da descrição e é essencial para auxiliar na interpretação. No entanto, não é a fundamentação mais forte para se compreender como as coisas funcionam.

Muitas pesquisas qualitativas têm como objetivo entender bem uma coisa: uma pracinha, uma banda, um grupo de Vigilantes do Peso. Ou um fenômeno, como a relação entre irmãos no que se refere à escolha de roupas. Sempre haverá pequenas comparações no caminho, mas entender como as coisas funcionam depende, em grande parte, de observar de maneira ampla como algumas coisas específicas funcionam, em vez de se comparar um grupo com outro. Essa é a maneira como normalmente os pesquisadores qualitativos trabalham, pois é consistente com suas prioridades de singularidade e contexto.

Alguns pesquisadores estudam a reincidência, ou seja, quebrar as regras novamente depois de já ter sido punido por quebrá-las anteriormente. Um pesquisador qualitativo pode (1) estudar uma única pessoa que costuma quebrar as regras ou (2) escolher um grupo de pessoas e analisar rigorosamente as complexidades de suas motivações, o grupo de amigos e as atitudes em relação às regras. Muitos pesquisadores iniciantes irão propor comparar, de acordo com diversos critérios, alguns reincidentes com algumas pessoas que não repetiram o delito. Esse é um modelo muito fraco. Essa comparação pode mostrar algumas diferenças, possivelmente com importância estatística, mas provavelmente essas descobertas não seriam tão informativas sobre as situações mais complexas como os dois modelos mencionados anteriormente. Qual é o objetivo aqui? Por que a comparação é tão ineficiente?

Em parte, porque atende às vontades de defensores e noticiários, a maioria das notícias mundiais e das descobertas científicas é baseada em comparações. A queda que aconteceu na bolsa de valores ontem. As mortes nos campos de refugiados em 2007. Os países comparam seus sistemas educacionais com base em testes padronizados. Isso é simplista, mas acontece. Os Estados Unidos ficaram em 28º lugar no teste do PISA (Programa Internacional de Avaliação de Alunos), uma comparação constrangedora (McGaw, 2007). Muito mais critérios, muito mais fatores, muito mais histórias deveriam ser relatados e exigidos. Todo esse constrangimento para os EUA deve estar na medida certa, mas deveríamos saber mais daquilo que um indicador afirma. Seja a estatística válida ou não, qualquer interpretação baseada em uma única estatística é um convite para interpretações inválidas.

Os estudos chamados de comparativos frequentemente abrangem uma perspectiva macro: comparação entre nações, culturas ou comunidades. É difícil evitar a redução de diferenças complexas em estereótipos.

Um estereótipo é uma representação simplista, geralmente uma representação errônea. Muitas vezes é ele que é lembrado depois que os detalhes são esquecidos. Quando estudamos a pergunta "Como alguma coisa funciona?", enxergamos maneiras de simplificar os entendimentos. Mas corremos o risco de simplificar demais. Também corremos o risco de enfatizar demais as nuances da complexidade, tornando as coisas difíceis de compreender. Precisamos usar os métodos de pesquisa qualitativa de forma a evitar simplificar ou complicar demais a compreensão dos leitores. Criar painéis de revisão da pesquisa pode ajudar.

A pesquisa qualitativa contribui para a criação de estereótipos, mas também luta contra isso. Ao enfatizar uma experiência, um diálogo, um contexto específicos e múltiplas realidades, o pesquisador pode diminuir as chances de compreensões simplistas. Mas ele também reduz a chance de melhorar compreensões mais generalizadas. Enfatizar a comparação pode nos ajudar a descobrir aquilo que mais queremos saber, dando pouca importância para a complexidade. É possível que, ao conhecermos melhor pessoas específicas, passamos a saber menos sobre as pessoas em geral? Talvez sim, talvez não. Existe um grande poder intuitivo dentro de cada um de nós para generalizarmos. Então passamos a nos preocupar, como fazemos nos Capítulos 7 e 11, sobre a qualidade de nossas generalizações.

OS PONTOS FRACOS DA PESQUISA QUALITATIVA

Os estudos qualitativos têm seus defensores e seus opositores. Eu sou um grande e profundo defensor. No entanto, há muito tempo observo a decepção de alguns patrocinadores e colegas. Os pontos fracos são basicamente o que os opositores dizem ser. A pesquisa qualitativa é subjetiva. É pessoal. Suas contribuições para tornar a ciência melhor e mais disciplinada são lentas e tendenciosas. Novas perguntas surgem com mais frequência do que novas respostas. Os resultados contribuem pouco para o avanço da prática social. Os riscos éticos são importantes. E os custos são altos (consulte Silverman, 2000, p. 9).

No entanto, o esforço entre os profissionais para promover um paradigma de pesquisa subjetiva é grande (Lagemann, 2002). A subjetividade não é vista por eles (e por mim) como uma falha, algo que deve ser eliminado, mas como um elemento essencial para se compreender a atividade humana. Sim, entender alguma coisa, às vezes, pode significar entendê-la de maneira errada, tanto para nós pesquisadores quanto para os leitores. Os equívocos ocorrem, em parte, porque nós, pesquisadores-intérpretes, não conhecemos nossas próprias deficiências intelectuais; e também, em parte, porque tratamos as interpretações contraditórias como dados úteis. Os pesquisadores qualitativos têm uma preocupação respeitosa em relação à validação das observações; temos rotinas de "triangulação" (consulte o Capítulo 7) que têm objetivos parecidos com aquelas dos campos quantitativos, mas não temos regras de procedimentos que testam rigorosamente equívocos subjetivos.

Os fenômenos que são estudados pelos pesquisadores qualitativos geralmente são longos, casuais e envolventes. Normalmente demora muito tempo até se entender o que está acontecendo, como tudo funciona. A pesquisa requer muito trabalho, e os custos são altos. Para muitos estudos, isso é um trabalho de amor mais do que de ciência. Algumas descobertas são esotéricas. Os mundos do comércio e do serviço social se beneficiam pouco com esses investimentos. Melhores resultados podem ser obtidos por aqueles que estudam suas próprias lojas e sistemas usando esses métodos, mas poucos deles levam em consideração as visões disciplinadas de um especialista.

Esses são estudos pessoais. As questões de outros sujeitos rapidamente se tornam as questões da pesquisa. A privacidade está sempre em risco. As armadilhas são sempre uma possibilidade, à medida que o pesquisador levanta questões e opiniões que não foram previamente consideradas pelo entrevistado (consulte o Capítulo 12). Uma pequena fraqueza de conduta próxima a nós pode se tornar uma ética questionável em uma narrativa distante. Alguns de nós preferem se tornar "nativos", concordando com os pontos de vista e os valores das pessoas pesquisadas, para depois reagir de maneira mais crítica entre os colegas acadêmicos (Stake, 1986).

Normalmente, o que se ganha em perspectiva compensa esses custos. O valor de estudos intensivos e interpretativos é muito claro. É importante lembrar que por muitos anos as descobertas eram consideradas indignas de total respeito por muitos acadêmicos e agências de pesquisa, e ainda são, por alguns. Os pesquisadores têm motivação própria para o questionamento. Eles são controlados por seus hábitos, pelas regras de financiamento e por suas disciplinas. Essas forças controlarão se eles irão, ou não, relatar seu uso de métodos qualitativos. Todos os pesquisadores dependem do pensamento qualitativo, como demonstrado nestas palavras do psicometrista Robert Mislevy:

> Todos os modelos quantitativos que discutimos estão sobrepostos sobre algum modelo substantivo que diz respeito aos conceitos, entidades, relações e eventos de que devem tratar. Eles são ferramentas que nos ajudam a entender padrões nesses termos. Na Figura 1.1, há um diagrama que às vezes usamos em sala de aula para falar sobre isso. (Mislevy, Moss e Gee, 2008, p. 282)

Quando observamos o mundo real, seja com olhos quantitativos ou qualitativos, concebemos o mundo novamente com base nos conceitos e nas relações de nossa experiência. Existem momentos em que todo pesquisador será interpretativo, holístico, naturalístico ou desinteressado em relação à causa e, nesses momentos, por definição, ele será um pesquisador qualitativo (consulte o Glossário). Porém, alguns de nós, que valorizam os entendimentos que podem ser alcançados por meio dos estudos qualitativos, são pesquisadores qualitativos na maior parte do tempo.

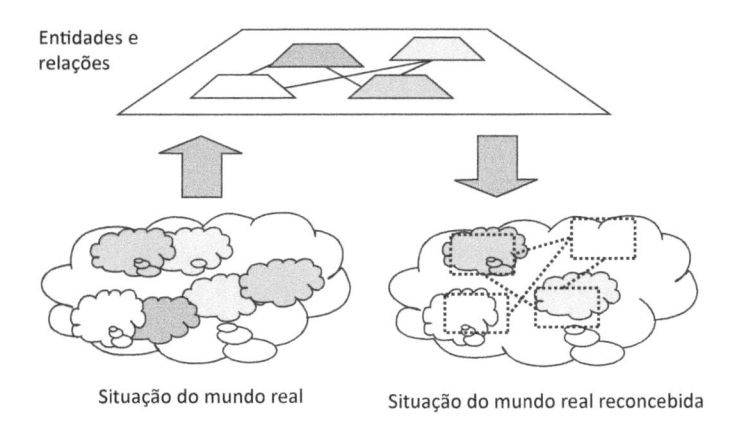

Figura 1.1 Ilustração do conhecimento geral.
Fonte: Mislevy et al., 2008. Direitos reservados de Routledge. Reproduzido com autorização.

A ESSÊNCIA DA ABORDAGEM QUALITATIVA

É comum que as pessoas suponham que a pesquisa qualitativa é marcada por uma rica descrição de ações pessoais e ambientes complexos, e ela é, mas a abordagem qualitativa é igualmente conhecida, como mencionei anteriormente neste capítulo, pela integridade de seu pensamento. Não existe uma única forma de pensamento qualitativo, mas uma enorme coleção de formas: ele é interpretativo, baseado em experiências, situacional e humanístico. Cada pesquisador fará isso de maneira diferente, mas quase todos trabalharão muito na interpretação. Eles tentarão transformar parte da história em termos experienciais. Eles mostrarão a complexidade do histórico e tratarão os indivíduos como únicos, mesmo que de modos parecidos com outros indivíduos.

Galileu não revelou todas essas características em suas anotações sobre astronomia, mas seu pensamento enfatizou que mesmo os eventos mais regulares, o movimento da terra e das estrelas, podiam ser reinterpretados. Ele confiava em sua própria experiência e respeitava os contextos. Ele não estudava formalmente os sujeitos, portanto, não enfatizava o lado humanístico da pesquisa qualitativa.

A pesquisa qualitativa removeu a pesquisa social da ênfase na explicação de causa e efeito e a colocou no caminho da interpretação pessoal. A pesquisa qualitativa é conhecida por sua ênfase no tratamento holístico dos fenômenos (Silverman, 2000). Já mencionei a epistemologia dos pesquisadores qualitativos como existencial (não determinista) e construtivista. Essas duas visões estão correlacionadas com uma expectativa de que os fenômenos estão intrinsecamente relacionados a muitas ações coincidentes e que compreendê-los exige uma ampla mudança de contextos: temporal e espacial, histórica, política, econômica, cultural, social, pessoal.

Portanto, o caso, a atividade, o evento, a coisa são vistos como únicos, assim como comuns. Entender o caso exige a compreensão de outros casos, coisas e eventos, mas também uma ênfase em sua singularidade. Essa singularidade é estabelecida, não particularmente, por sua comparação em diversas variáveis (existem poucas maneiras nas quais esse caso se diferencia da norma), mas o conjunto de características e a sequência de acontecimentos são vistos pelas pessoas próximas como (de muitas maneiras) sem precedentes, uma singularidade importante. Os leitores podem ser facilmente atraídos para esse senso de singularidade quando fornecemos relatos experienciais.

Devido a todas as invasões aos *habitats* e assuntos pessoais, a maioria dos pesquisadores qualitativos é não intervencionista: (você consegue esquecer esse estereótipo?) eles evitam instigar uma atividade e preferem estudar a coisa. A maioria dos pesquisadores qualitativos tenta não chamar a atenção para si ou para seu estilo de trabalho. Além de se posicionarem, evitam criar situações "para testar suas hipóteses". Tentam observar o comum e tentam fazer isso por tempo suficiente para entender o que significa "comum" para essa coisa. Para eles, a observação naturalística é o principal meio de familiaridade. Quando não conseguem ver por si mesmos, pedem ajuda a outros que já enxergaram. Quando há registros formais, eles procuram os documentos. No entanto, preferem uma captação pessoal da experiência, para que possam interpretá-la, reconhecer seus contextos, desvendar os diversos significados e compartilhar um relato experiencial, naturalístico, para que os leitores possam participar da mesma reflexão. (É claro que os pesquisadores qualitativos são diferentes uns dos outros.)

No Quadro 1.3, temos uma pequena narrativa escrita a partir de uma visita de uma hora a uma sala de aula de uma universidade na Cidade do México. Depois de lê-la, pense novamente sobre a essência da abordagem qualitativa. Esse relato não precisava ter sido escrito de maneira tão informal, mas tinha a intenção de capturar a experiência de ter estado lá. A descrição das pessoas, do lugar e da passagem do tempo foi incluída para tornar esse relato experiencial, situacional e pessoal. Nada foi dito sobre o objetivo da observação, sobre o uso que se pode fazer disso. Sem dúvida, na chegada, o observador tinha algumas dúvidas, curiosidades, e partiu com ainda mais dúvidas. Uma pesquisa só se torna qualitativa quando esse tipo de descrição é encaixado em uma questão de pesquisa. O que pode haver aqui? A busca por aprendizado? As idiossincrasias do ensino? O desejo por uma revolução? Você é o intérprete.

Você pode encontrar essa narrativa em um relatório de pesquisa qualitativa. Ele enfatiza as experiências pessoais, a situação específica e o conhecimento da turma, como um professor pode observá-lo. Os dados estão lá para uma microanálise e interpretação. Tentei fazer um diagrama para mostrar os principais conceitos deste capítulo, principalmente as ligações entre a pesquisa qualitativa e a experiência pessoal, o aprendizado particular e situacional, o conhecimento profissional e a microanálise. O melhor que consegui fazer é a Figura 1.2, uma figura não muito fácil de entender. Talvez você consiga fazer um gráfico melhor para ilustrar isso. Queria mostrar essas fortes ligações, mas também que a pesquisa qualitativa tem ligações com o conhecimento científico e o coletivo, com a generalização e com a microanálise. As linhas mais fortes e mais fracas que conectam os círculos têm o objetivo de distinguir as ligações fortes das fracas. As pesquisas qualitativas e quantitativas têm diferenças importantes, mas, como indica o cata-vento, elas também têm muitas sobreposições e conexões.

Quadro 1.3 Anotações de sala de aula, 23 de outubro, Cidade do México

> A temperatura irá chegar a 21ºC hoje, mas agora está bem frio nesta sala de aula de tijolos e azulejos brancos. Onze alunos (dos 29 que ainda estão na lista) estão presentes, todos com casacos e blusões. Sem dúvida, estava mais frio quando saíram de casa. O professor, Señor Pretelin, lembra-os do assunto, as origens do capitalismo, e seleciona uma pergunta para a qual eles prepararam uma resposta. Surge uma resposta do fundo da sala. Mais dois alunos chegam. Já se passaram 10 minutos do horário de início da aula. Agora mais quatro alunos. O Sr. Pretelin faz a correção da resposta, mas solicita outras respostas. Seu estilo é casual. Ele dá uma longa tragada em um cigarro. Sua audiência é atenta. Marx está presente, seu nome é sempre mencionado e sua imagem está na capa do livro. Dois livros estão à vista. Diversos alunos têm fotocópias do
>
> *continua*

Quadro 1.3 *continuação*

capítulo estudado. O quadro continua cheio de símbolos de lógica da aula passada, agora sem atenção. Alguns alunos leem suas respostas; a maioria se concentra no que Pretelin diz sobre as respostas dadas. As primeiras respostas foram fornecidas por homens, agora uma veio de uma mulher. O professor a incentiva, quer saber mais sobre suas ideias, depois ele mesmo aprimora a resposta.

O frio do ambiente é aquecido pelas trocas. Lá fora um cortador de grama crepita, lutando contra uma grama mais espessa do que pode aguentar. Já se passaram 20 minutos do início da aula. Outro aluno chega. A maioria tem aproximadamente 20 anos, todos têm cabelos pretos. Eles são calouros no programa de estudos sociais e humanos, estão matriculados no curso de sociologia sobre doutrinas políticas. Mais uma aluna chega. Ela fecha a porta e a tranca com uma cadeira para impedir que o ar frio entre. Sr. Pretelin está expandindo uma resposta. Então ele passa para outra pergunta e acende outro cigarro enquanto espera por um voluntário. Novamente pede uma explicação mais completa, recebe algumas tentativas e, finalmente, responde a pergunta como deseja. Outra pergunta. Ele espera pacientemente a iniciativa dos alunos. Os alunos parecem ler para eles mesmos o que escreveram anteriormente.

A névoa da Cidade do México cobre o centro da cidade por muitos quilômetros ao sudeste. O aguaceiro de ontem não limpou o céu por muito tempo. Silêncio novamente enquanto se aguarda um voluntário. A primeira jovem arrisca uma resposta. Ela é a única mulher dos sete ou oito alunos que ofereceram respostas até agora. Cabeças acenam diante de sua referência aos camponeses (trabalhadores rurais). Se existem defensores do capitalismo nesta sala, eles não se manifestam. Já se passou meia hora. O recital continua. Apenas alguns alunos estão corrigindo suas anotações (ou criando-as tardiamente), a maioria tenta ler ou ouvir. As mentes estão funcionando, não estão ociosas. Finalmente uma pequena demonstração de humor.

A atmosfera pode ficar um pouco mais relaxada. Quatro observadores estão distribuídos pela sala, que são pouco notados, mesmo enquanto escrevem. O professor mantém sua tarefa, não parando nem para fazer a chamada. Pretelin é um homem franzino, deve ter uns 40 anos. Ele veste um casaco elegante, uma camisa escura abotoada até em cima, uma corrente de ouro. Seus dedos são longos e expressivos. Por alguns minutos, o arrastar de objetos pesados fora da sala de aula atrapalha. Pela última vez, os alunos são direcionados a suas perguntas, o professor pede para irem além. Poucos têm livros. Então, ele pede aos alunos que façam perguntas. A troca se torna mais amigável, mas ainda assim parece uma reunião de negócios. A participação continua, as mentes são "preenchidas", provocadas socialmente, cabeças acenam em aprovação. Camponeses mais próximos, agora 17 milhões nas ruas próximas, compõem os ruídos da cidade. Um cartaz reprova: "Adman. Vota. Platestda". Perto da porta, uma pichação começa com "La ignorancia mata...". A aula se aproxima do fim, um último cigarro, um resumo, um sorriso caloroso.

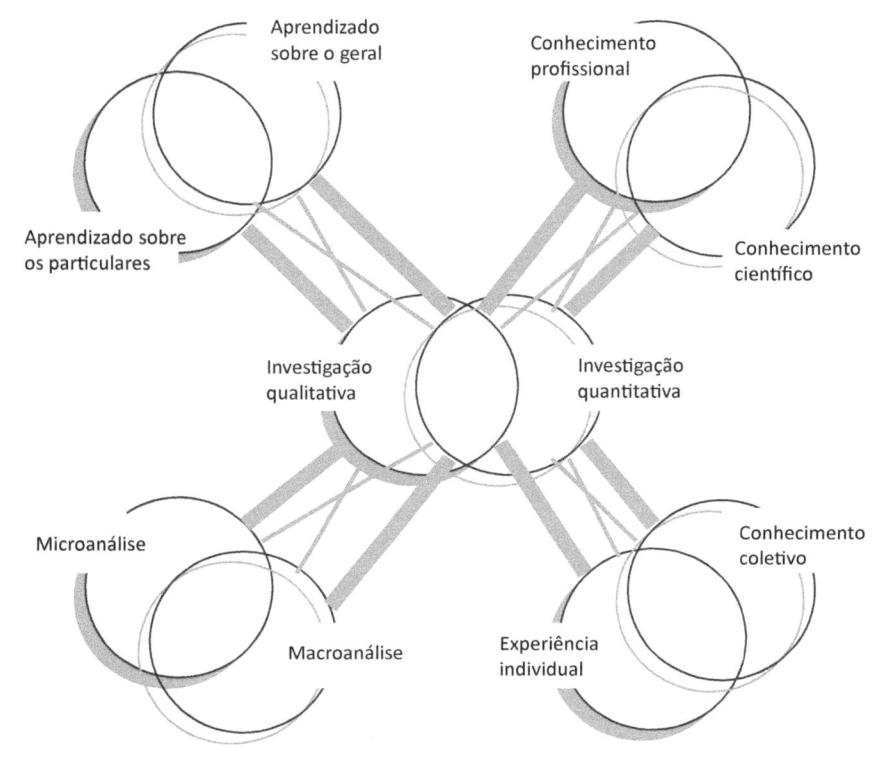

Figura 1.2 Um cata-vento das ligações epistemológicas mais fortes e mais fracas da pesquisa qualitativa.

NOTAS

1 Os *macrocosmos* são coisas grandes, como o mundo e o universo como um todo. Os *microcosmos* são comunidades pequenas ou pessoas, que às vezes representam coisas maiores, mas geralmente não.
2 Ao revisar esta seção, o metodólogo quantitativo Charles Reichart me repreendeu por falar tanto sobre procurar por causas e tão pouco sobre procurar por efeitos. Ele disse ser de conhecimento geral que causas não serão encontradas. Procurar por efeitos de uma causa específica, segundo ele, seria um objetivo mais comum, principalmente em relação à avaliação de programas.
3 Muitos dos que defendem testes randômicos controlados (RCT), com grupos experimentais comparados a grupos-controle, se impressionaram com o (grande, mas não universal) sucesso da ciência farmacêutica nos últimos anos. (E eles reconhecem a fraude que pode haver quando os testes não são feitos de maneira adequada; consulte House, 2006. Há mais sobre a natureza das evidências no Capítulo 7.)

2

Interpretação
a pessoa como instrumento

A pesquisa não é uma máquina que processa fatos. A máquina mais importante em qualquer pesquisa é o pesquisador. Ou uma equipe de seres humanos. Na pesquisa qualitativa, os seres humanos têm muitas tarefas, como planejar o estudo, providenciar as situações a serem observadas, entrevistar as pessoas, avaliar as informações, reunir os fragmentos de ideias, escrever os relatórios. Quando pensamos em usar instrumentos em uma pesquisa, é necessário incluir os seres humanos como alguns dos principais instrumentos.

Os seres humanos são os pesquisadores. Os seres humanos são os sujeitos do estudo. Os seres humanos são os intérpretes e nesse grupo estão incluídos os leitores dos nossos relatórios.

PESQUISA INTERPRETATIVA

A pesquisa qualitativa é, algumas vezes, definida como *pesquisa interpretativa*. Todas as pesquisas exigem interpretações e, na realidade, o comportamento humano exige interpretações a cada minuto. Mas a pesquisa interpretativa é a investigação que depende muito da definição e da redefinição dos observadores sobre os significados daquilo que veem e ouvem. Se não há uma pessoa ferida, um acidente de carro pode significar praticamente o mesmo para as pessoas, apenas uma colisão e alguns amassados, mas quanto mais elas pensam sobre isso, algumas podem ver o acidente como negligência, outras como destino e outras como a necessidade de leis mais rígidas. As interpretações dessas pessoas não são apenas o que elas pensam depois que param um momento para refletir, mas são parte do que elas veem. Nossas percepções dos objetos, eventos e relações são simultaneamente interpretativas. Elas recebem reinterpretações contínuas. A pesquisa qualitativa utiliza muito a interpretação dos pesquisadores e também a interpretação das pessoas que eles estudam e dos leitores dos relatórios da pesquisa.

Como você deve saber, as interpretações podem ser falhas. Parte de aprender a realizar uma pesquisa qualitativa é aprender a reduzir as falhas em nossas observações e assertivas. Devemos "triangular" os dados para aumentar a certeza de que interpretamos corretamente como as coisas funcionam. Em alguns casos, nossas visões são falhas porque são muito simplistas. Um acidente de carro apresenta diversas causas. Assim como uma bronca severa. O funcionamento das coisas pode ser mais complicado do que aparenta ser à primeira vista. A triangulação ajuda a reconhecer que as coisas precisam de uma explicação mais elaborada do que pensamos inicialmente.

Vamos analisar o seguinte exemplo: Digamos que você se inscreva para uma bolsa de estudos e esteja curioso sobre o que os outros candidatos, seus concorrentes, estão fazendo para deixar a redação interessante. Você pede a opinião de algumas pessoas e conclui que as redações vencedoras serão as que mostram uma "personalidade equilibrada e com interesses variados". Aí está, você acabou de realizar um pequeno estudo qualitativo fazendo uma pergunta complexa e interpretando as respostas. Você pode ter refletido bastante para chegar a essa interpretação dos dados, mas, para seu objetivo, ela é falha. As evidências eram poucas. Talvez os juízes não estejam atribuindo as notas mais altas para as redações mais equilibradas e com interesses variados, mas optando por focar em certas atividades incomuns, como competições de debate e replantação de árvores frutíferas. Se você tivesse analisado mais, triangulado suas descobertas, talvez perguntando às pessoas que venceram anteriormente e pesquisando na internet os princípios do concurso, talvez você tivesse alcançado uma interpretação melhor. Mas você diria que isso é senso comum. Sim, a pesquisa qualitativa é exatamente isso, o senso comum disciplinado.

Além disso, as interpretações da pesquisa qualitativa destacam os valores e as experiências humanas. Norman Denzin, defensor do interacionismo interpretativo, afirma:

> O interacionismo interpretativo tenta tornar os significados que circulam no mundo das experiências vividas acessíveis para o leitor. Ele tenta capturar e representar as vozes, as emoções e as ações das pessoas estudadas.

O foco da pesquisa interpretativa são aquelas experiências de vida que alteram e moldam radicalmente os significados que as pessoas atribuem a elas mesmas e às suas experiências. (2001, p.1)

Assim, essa é uma maneira de fazer uma pesquisa qualitativa: encontrar os significados das experiências pessoais que transformam as pessoas. Descobrir os momentos marcantes na vida de alguém.

Mas outros pesquisadores qualitativos estão mais focados em compreender o comportamento comum, como levar seu filho à pré-escola a pé ou trocar um pneu. Geralmente o importante não é a caminhada ou a troca em si, mas o que essas ações dizem sobre proteger a família e ser autossuficiente. Muitos antropólogos recomendam que os pesquisadores estudem não o extraordinário, mas o comum. Aqui temos novamente a rivalidade entre o interesse da ciência social no generalizável e no previsível e o interesse da ação social e do serviço profissional no caso exclusivo, no circunstancial. A pesquisa qualitativa pode ser útil para esses dois interesses.

Denzin (2001) também fala sobre o estudo interpretativo "crítico", com o significado de "importante", obviamente, mas também com o sentido de "interpretar os elementos a partir de compromissos de valores específicos" (algumas vezes ideológicos, como crenças feministas, cristãs ou de justiça social) com o objetivo de contribuir para a melhoria da condição humana. Ser um ativista social ou evangelizador pode ser parte da pesquisa, ou pode ser um papel presumido durante a pesquisa e mantido em separado. O pesquisador tem uma opção a escolher. Os pesquisadores têm tantas opções quanto o trabalho deles permitir. Algumas vezes essas escolhas são, até certo ponto, decididas para eles. As opções de ponto de vista sempre foram parte das pesquisas.

Essas são opções para todos os pesquisadores. O interacionismo interpretativo não é a única maneira de realizar uma pesquisa qualitativa, não é nem mesmo uma forma muito comum. Os adversários de qualquer ação social específica ou da reforma em termos gerais também podem realizar uma pesquisa qualitativa. Os métodos estão disponíveis para serem usados por qualquer pessoa, mas é comum ver a maioria dos pesquisadores qualitativos inclinados a interpretar o funcionamento das coisas mais nos termos da política de esquerda do que da política de direita. Essa é a forma como as pessoas têm se organizado, mas não faz parte da definição.

Não há uma divisão óbvia entre a interpretação de senso comum, a interpretação política e a interpretação de pesquisa. A interpretação de pesquisa geralmente é ponderada, conceitual e erudita. Quando os procedimentos de ponderação são formalizados, apresentados em todas as etapas, podemos usar letras maiúsculas e chamá-la de Pesquisa Interpretativa para diferenciá-la do pensamento cotidiano. Um bom projeto de pesquisa qualitativa lida em detalhes com algumas das complexidades da experiência humana. Ele tem como base os melhores pensamentos e as melhores obras escritas, do passado e do presente, e, portanto, é erudito. Por essa razão, analisamos a literatura de pesquisa. Mas talvez a característica mais marcante da pesquisa qualitativa seja o fato de ser interpretativa, uma batalha com os significados.

MICROINTERPRETAÇÃO E MACROINTERPRETAÇÃO

A batalha de um pesquisador com os significados ocorre em diversos lugares e assume formas variadas, mas uma distinção importante em relação às interpretações é aquela entre as interpretações pequenas voltadas para as pessoas e as grandes voltadas para a sociedade. Assim também é o pensamento circunstancial *versus* o pensamento universal. Na seção "Experiência individual e conhecimento coletivo", no Capítulo 1, fizemos a distinção entre macropesquisa e micropesquisa. Agora faremos uma distinção semelhante entre microinterpretação e macrointerpretação. A maneira como as coisas geralmente funcionam é uma macrointerpretação. A maneira como uma coisa particular funciona em uma determinada situação é uma microinterpretação. As duas usam a pesquisa qualitativa, mas, na maioria das vezes, a pesquisa qualitativa resulta em uma microinterpretação.

Microinterpretar é atribuir significado à experiência que um indivíduo pode viver, como subir em uma determinada árvore, ouvir o movimento de abertura de um concerto no caminho de volta para casa ou se informar sobre o curso de culinária que um amigo fez. Você pode considerar isso como um evento único, algo como uma "medida" única, complicada ou não, na forma de experiência humana. Se você analisasse o diálogo entre dois fuzileiros navais, poderíamos chamar a análise de *microanálise* e os significados atribuídos às expressões dos fuzileiros de microinterpretação. Muitas pesquisas qualitativas boas se baseiam na microinterpretação[1].

Macrointerpretar é atribuir significado às ações de grandes grupos de pessoas (ou máquinas ou outras entidades), como eleger um presidente, preparar-se para a faculdade ou amamentar bebês. Os indivíduos, obviamente, votam, se preparam para a faculdade e amamentam bebês, mas, quando pensamos nessa experiência em relação a grandes quantidades de pessoas, ela é generalizada, adquirindo um modo especial de interpretação.

Isso cria um tipo de conhecimento diferente. Nos Estados Unidos, formulam-se conceitos de estados azuis e estados vermelhos, estados com maioria de votos democráticos ou republicanos. Formulam-se conceitos sobre os aumentos gerais das mensalidades escolares. Não pensamos tanto na incrível proximidade entre uma mãe e seu bebê durante o ato de amamentar, mas em uma generalização, como o início da intolerância à lactose. Podemos chamar o estudo dessas experiências que ocorrem muitas vezes de "macroanálise" e a interpretação das observações, de "macrointerpretação".

É fácil pensar que existe uma fusão entre os dois tipos, micro e macro, de uma quantidade pequena para uma quantidade grande de experiências, mas é difícil alcançar o conhecimento geral partindo do conhecimento específico, independentemente do número de pessoas envolvidas. Os padrões de imigração não são fáceis de entender com o estudo de imigrantes individuais. Existe uma fusão gradual ou uma alteração distinta do conhecimento geral para o conhecimento específico? E do específico para o geral? É algo para se refletir.

Neste livro, o interesse maior são as pesquisas de ocorrências, eventos, casos, narrativas, situações e episódios sobre como as coisas individuais funcionam. A pesquisa qualitativa exige principalmente microanálises e microinterpretações. No exemplo a seguir, da década de 1970, o pesquisador apresenta os acontecimentos em uma escola recém-equipada para melhorar o ensino e o aprendizado, incluindo o fornecimento de cadeiras. O episódio precisava de uma microinterpretação, mas o pesquisador, David Hamilton, também estava determinado a fazer uma generalização, uma macrointerpretação. Ele queria que o leitor pensasse sobre a política geral de abastecimento das escolas e como isso se relaciona aos métodos de ensino utilizados nessas salas de aula.

Para contar esta história, Hamilton (sem data) recorreu ao papel do pesquisador como detetive, levantando hipóteses, descobrindo motivos para a prática e investigando mitos e dogmas. O texto reproduzido no Quadro 2.1 é um resumo de seu estudo aprofundado sobre uma escola escocesa de área aberta[*]. Ele apresenta "O caso das cadeiras desaparecidas"[2] e, no processo, descobre diversas relações, fragmentos, microinterpretações e macrointerpretações.

Analisaremos este relatório como um exemplo de microanálise de uma escola de ensino fundamental, mas as interpretações do autor em relação à política da escola e sua empatia com as opiniões dos professo-

---

[*] N. de R.: Escolas sem paredes, em locais abertos, sem lugares marcados. O conceito tornou-se popular em Portugal nas décadas de 1960 e 1970, mas hoje poucas escolas no país mantêm esse modelo. Países como a Escócia mantêm esse tipo de escola.

res colocam a macroanálise em destaque. O relatório também nos ajudará a refletir sobre a dificuldade de expressar toda a experiência do pesquisador no local do estudo nas poucas palavras de um relatório.

Quadro 2.1 "O caso das cadeiras desaparecidas"
David Hamilton, *Scottish Council for Research in Education*

> Existe uma corrente de pensamento no ensino fundamental que afirma que não há necessidade de fornecer uma cadeira ou uma superfície de trabalho para todas as crianças. O apoio para essa ideia vem de fontes diversas. As correntes novas acham que o conceito é aceitável financeiramente porque libera dinheiro de uma verba normalmente fixa para a compra de outros itens, como telas de projeção, armários e carrinhos móveis para os materiais escolares. Os arquitetos apoiam a ideia porque o resultado disso é mais espaço livre, o que permite que eles criem projetos mais flexíveis. E, por fim, os educadores contribuem dando seu apoio à ideia já que ela visivelmente enfraquece uma longa tradição de ensino de aula simultânea (todo o grupo).
>
> A força desses argumentos econômicos, arquitetônicos e educacionais é significativa. Segundo uma avaliação inglesa recente, "as novas escolas construídas com área aberta raramente possuem cadeiras para mais de 70% das crianças". Nem todos os especialistas, porém, consideram essa inovação tão aceitável. Consequentemente, assim como muitos outros itens na escola fundamental moderna, as mesas e as cadeiras tornaram-se objeto de um longo e, geralmente, controverso debate. Aparentemente, os argumentos e contra-argumentos referem-se à distribuição de recursos financeiros e à utilização do espaço disponível. Em uma análise mais profunda, entretanto, eles também interagem com preocupações mais importantes relacionadas à teoria e à prática da educação fundamental. Em resumo, as discussões sobre as mesas e as cadeiras também são debates sobre os métodos e os currículos escolares.
>
> A primeira parte deste artigo explora as origens e as suposições desses debates. A segunda parte relaciona a lógica dos debates à experiência do estudo de caso de uma escola. Durante todo o artigo, duas questões são consideradas:
> 1. Quais são as mudanças no pensamento educacional que deram origem a essas discussões?
> 2. Como essas mudanças estão relacionadas a uma quantidade menor de cadeiras?
>
> A resposta padrão para essas questões é que a necessidade de menos cadeiras é o resultado inevitável de uma ênfase mais fraca no ensino baseado em classes e cadernos. A experiência da escola em estudo (e o argumento deste artigo) sugere que os motivos de defesa dessa inovação são fracos e inconclusivos.

continua

Quadro 2.1 *continuação*

CADEIRAS: UM RECURSO EM EXTINÇÃO?

Em algum momento do fim da década de 1960, começou a circular a ideia de que uma escola fundamental poderia ser mobiliada de modo eficaz com uma quantidade de cadeiras menor que 100%. A origem dessa noção ainda permanece desconhecida. O fato de não existirem referências a isso no Relatório Plowden (1967) ou no "Primary Memorandum" (1965) do Ministério da Educação da Escócia sugere que pode ter sido uma ideia proveniente do povo ou até mesmo importada (norte-americana?).

A justificativa para limitar a quantidade de cadeiras em uma escola vem de três suposições:
1. A unidade básica de ensino deve ser o indivíduo e não o grupo todo.
2. É possível organizar planos de estudo em que as crianças participam de atividades diferentes.
3. Nem todas as atividades de aprendizado precisam de uma cadeira.

Existem dois problemas nesse raciocínio. Em primeiro lugar, nenhuma dessas suposições exige especificamente que o fornecimento de cadeiras seja uma quantidade fixa menor que 100%. Na realidade, seria possível um professor aceitar essas três ideias e ainda querer, de forma lógica, a quantidade total de cadeiras. Isso aconteceria, por exemplo, se o professor incluísse uma quarta suposição: as crianças devem ser livres para escolher sua própria sequência de atividades entre as diversas atividades disponíveis em seu plano de estudo. E, certamente, se um professor considerasse essa última suposição como a mais importante, isso definitivamente descartaria a possibilidade de uma quantidade menor de cadeiras. A liberdade de escolha individual incluiria, inevitavelmente, a liberdade para todas as crianças de escolher uma atividade que precise de cadeira. Portanto, limitar a quantidade de cadeiras em uma escola é limitar automaticamente a quantidade de opções no currículo escolar disponíveis para os professores e seus alunos. Obviamente, um aumento no número de cadeiras também pode causar falta de espaço. Esse, porém, não é um problema equivalente. É mais fácil criar espaço do que cadeiras adicionais.

O segundo problema refere-se às porcentagens geralmente consideradas como realistas (isto é, de 60 a 70%). A origem desses valores é tão obscura quanto as origens da ideia inicial. Às vezes, o índice de 66% de cadeiras (ou seja, dois terços) é mencionado afirmando que ele se encaixaria facilmente nas turmas que são subdivididas em três grupos. Nesses casos, a expectativa é que dois terços dos alunos precisem de cadeiras enquanto um terço participa de atividades que não precisam de cadeiras ou que sejam fora da sala de aula. Em geral, essa explicação é inadequada. Ela não justifica a opção por três grupos nem mostra como

continua

Quadro 2.1 *continuação*

uma política de grupos corresponde à suposição de que o indivíduo deve ser a unidade básica de ensino. (De acordo com essa mesma indicação, seria igualmente lógico dividir os alunos em quatro grupos e ter 75%, ou até mesmo 50%, das cadeiras).

Considerando a fragilidade educacional do argumento mencionado anteriormente, uma origem alternativa para esses valores é a de que eles são resultado da aplicação de uma fórmula padrão de arquitetura. Com esse método, a necessidade ideal de cadeiras de uma escola é calculada da mesma forma que se calcula o tamanho do pátio de recreio e da sala de professores. Entretanto, essa necessidade não pode ser prevista de forma precisa. Ela também depende do tipo de política educacional que a escola segue. O valor ideal em uma situação pode ser completamente inadequado em outra.

DISSEMINAÇÃO ACIDENTAL?

A natureza híbrida dessas ideias sobre a quantidade de cadeiras sugere que elas passaram a existir com o único propósito de chamar a atenção para os procedimentos ultrapassados nas salas de aula. Ou seja, elas foram criadas essencialmente para destacar as deficiências da prática educacional, e não como um modelo para mudar essa prática.

Se essa última explicação estiver mesmo correta, nesse caso, a adoção inicial de quantidades menores de cadeiras pode ter sido acidental: um ato relutante ou desinformado de um consultor administrativo pressionado por questões financeiras. Seja qual for a origem, a rápida disseminação dessas ideias pode ser atribuída, quase sem dúvidas, à grande pressão de administradores, acadêmicos e arquitetos: três grupos poderosos na educação fundamental. Embora esses grupos ajam por motivos diferentes (conveniência, convicção ou utilidade prática), o apoio combinado deles é significativo.

NA ESCOLA

No início da década de 1970, os professores da escola deste estudo de caso participaram de cursos no centro de treinamento de professores local para obter o certificado Froebel (educação infantil). Durante esses anos, eles conheceram pela primeira vez a ideia de que uma turma de escola fundamental poderia ser organizada com menos de 100% das cadeiras. Nessa época, entretanto, o problema era mais uma preocupação acadêmica que prática, uma questão a ser discutida na sala dos professores, e não uma decisão para toda a escola.

Em 1973, a situação mudou. Os planos para os novos prédios menores do ensino fundamental culminaram no momento de decidir a quantidade de cadei-

continua

Quadro 2.1 *continuação*

ras. Chegar a um consenso entre a equipe foi difícil, porque cada uma das pessoas reagiu de maneira diferente à ideia de reduzir a quantidade de cadeiras para menos de uma por criança. Basicamente, três pontos de vista foram expostos. Um grupo (pequeno) de professores estava disposto a testar suas crenças e experimentar a ideia. Um segundo grupo (provavelmente a maioria) aceitou a noção geral de uma quantidade menor, mas achava que a situação específica deles constituía um caso especial. Uma professora, por exemplo, argumentou que preferia ensinar redação com tarefas feitas na sala de aula. Um terceiro grupo de professores foi mais difícil de ser convertido. Eles estavam hesitantes em abandonar o princípio ou a prática de fornecer uma quantidade total de cadeiras para seus alunos. Uma característica marcante desse último grupo era que eles achavam importante, em termos educacionais, que cada criança tivesse sua "própria" cadeira.

Para resolver a questão, pediram que o diretor da escola fosse o mediador. De acordo com sua decisão, a quantidade de cadeiras foi devidamente fixada em 60%. Na teoria, essa ação encerrou o debate. Na prática, entretanto, os professores tinham uma alternativa possível: se a quantidade de cadeiras determinada se mostrasse inadequada, ela poderia ser completada com a mobília infantil remanescente dos prédios antigos. A flexibilidade desse acordo ficou evidente quando parte da mobília encomendada não foi entregue a tempo para a inauguração do novo prédio. As mesas e as cadeiras antigas foram imediatamente utilizadas e, em uma completa inversão do objetivo original, foram "completadas" pela nova mobília quando ela chegou. Após algum tempo, havia um excesso de cadeiras, o que significava que todos os professores poderiam colocar em funcionamento suas próprias políticas em relação às cadeiras. Alguns optaram por usar o índice de 60%, enquanto outros continuaram com, no mínimo, uma cadeira por criança.

Esse esquema não durou por muito tempo. Antes do fim do semestre, todos os professores tinham aumentado suas quantidades de cadeiras para, no mínimo, 100%. O reabastecimento de cadeiras, no entanto, não foi uma indicação do retorno ao ensino de turmas. Pelo contrário: marcou um reconhecimento de que uma quantidade adequada de cadeiras era necessária para o currículo escolar equilibrado e individualizado que os professores do estudo de caso estavam tentando colocar em prática. Assim, apesar de um certo sentimento de fracasso público entre os professores que tentaram trabalhar com uma quantidade menor, a experiência intermediária ensinou-lhes muito sobre a relação entre os métodos de ensino e a necessidade de cadeiras.

NA SALA DE AULA

Os professores que não conseguiram trabalhar com menos cadeiras relataram as experiências a seguir. No início, todos acharam impossível evitar ocasiões

continua

Quadro 2.1 *continuação*

em que toda a turma estava sentada nas cadeiras. Em algumas vezes, isso ocorria pela decisão do professor; em outras, ocorria pelas ações das crianças. Embora a frequência desses eventos fosse rara e a duração deles fosse curta, os professores os consideravam uma parte importante para seu trabalho. Como essas experiências serviam a objetivos educacionais que nunca seriam atingidos de outra forma, os professores estavam hesitantes em abandonar as experiências por causa de algumas cadeiras.

Uma segunda experiência referia-se ao uso das cadeiras como um recurso móvel. Os professores concordaram que poderia ser possível usar menos de 100% das cadeiras em grande parte do dia, mas constataram que, para isso, geralmente era necessário mover uma determinada quantidade de cadeiras constantemente de um lugar para outro. Os professores achavam que a movimentação das cadeiras criava uma interrupção que poderia ser evitada e que a falta de cadeiras limitava a escolha de atividade de seus alunos.

Uma terceira observação (feita pelos professores das crianças mais novas) era a de que uma quantidade limitada de cadeiras poderia interferir no princípio educacional de que determinadas áreas ou atividades muito utilizadas (como tomar leite, costurar e ler) deveriam ter uma quantidade fixa de cadeiras. A justificativa para essa política era a de que a presença das cadeiras ajudaria as crianças a realizar as atividades que, sem as cadeiras, seriam muito difíceis. Outro ponto a favor dessa política é que ela ajudava a evitar alguns problemas práticos (como derramar leite, perder agulhas de costura, danificar os livros). Nesses casos, a importância combinada das vantagens educacionais e administrativas era suficiente para convencer os professores da necessidade de cadeiras extras.

Por fim, todos os professores relataram que estavam hesitantes em permitir que as crianças escrevessem de pé sobre uma área de trabalho ou deitadas no chão. A noção de que as crianças tinham permissão para escrever nessas posições é uma das consequências do debate sobre as cadeiras. Sem exceção, os professores do estudo de caso reagiram de forma desfavorável à ideia. Assim como o ex-diretor da St. Andrew's Grammar School, eles achavam que as crianças que estavam aprendendo a escrever deveriam ser incentivadas a usar uma superfície adequada e uma cadeira confortável.

CONCLUSÃO

Este artigo analisa a curiosa discrepância entre a teoria e a prática. Ele foca uma corrente de pensamento que afirma que uma escola de ensino fundamental moderna pode ser equipada adequadamente com menos de uma cadeira por aluno. De modo geral, o artigo questiona a prática em que as cadeiras são com-

continua

Quadro 2.1 *continuação*

> partilhadas, e não um recurso garantido. Na realidade, isso significa que as cadeiras foram rebaixadas ao mesmo *status* que os cavaletes de pintura, os reservatórios de água e as caixas de areia. Como resultado, regras especiais são necessárias para controlar o acesso dos alunos às cadeiras. Essas regras, por sua vez, têm impacto sobre o tipo de métodos e currículos escolares que podem ser usados pelos professores.
>
> Pode ser conveniente aumentar a quantidade de cavaletes de pintura à custa das cadeiras. Mas, no processo, certamente não é preciso obter uma vantagem educacional em cima de uma necessidade econômica.

Fonte: Hamilton (sem data). Reproduzido com autorização do *Scottish Council for Research in Education*.

EMPATIA

Como mostrado no Quadro 1.2, característica 4, a pesquisa qualitativa é especial em sua orientação personalística, baseando-se na empatia com os empreendimentos e os sujeios estudados para compreender como as coisas funcionam. Um dicionário definiria "ter empatia" como observar atentamente, ficar sensibilizado, até mesmo vivenciar indiretamente sentimentos, pensamentos e acontecimentos.

Empatia é diferente de simpatia, que é um sentimento de proximidade pessoal, afeto e conforto, um sentimento de concordância emocional. Com empatia, que é uma questão mais de percepção que de emoção, é mais fácil, acredito eu, realizar negociações e solucionar problemas. É improvável que a empatia e a simpatia existam completamente separadas, mas a maioria dos pesquisadores qualitativos tenta ser empática, menos orientada pela simpatia. A empatia é uma parte da pesquisa qualitativa, mas, certamente, as obras de alguns pesquisadores mostrarão empatia mais que os trabalhos de outros pesquisadores.

Em seu livro *Medicine and the family: a feminist perspective* (Medicina e família: uma perspectiva feminista), de 1995, Lucy Candib definiu a pesquisa qualitativa como "conhecimento conectado". Conhecimento conectado é a manifestação da empatia, a utilização de experiências e relações pessoais para investigar como as outras pessoas enxergam o funcionamento das coisas. Ele se baseia em uma percepção deliberada das situações em contexto, trabalhando, dessa forma, para obter credibilidade e respeito.

Um dos sinais da investigação empática é o fato de o indivíduo ser uma pessoa complexa, semelhante em muitos aspectos a outras pessoas, mas singular em personalidade e situação de vida. Em suas tentativas de entender como os elementos sociais funcionam, a maioria dos pesquisadores qualitativos trata cada ser humano e o grupo de todos os seres humanos como estando além de uma compreensão total. Eles não pretendem obter uma compreensão total, supondo que a vida das pessoas fique ainda mais complexa mesmo enquanto fazemos novas descobertas. Estudamos as relações humanas sem esperar determinar precisamente sua natureza essencial, porque o conhecimento para isso está muito além da construção daquilo que podemos saber.

O antropólogo Ivan Brady (2006, p. 982) escreveu:

> Existe um denominador comum que possa ser captado pelas pás, pincéis e peneiras dos sentidos que pode nos dar uma impressão realista da vida em lugares antigos e, assim, lidar com as preocupações de nosso entorno? Somos uma espécie, uma subespécie em forma biológica, incorporada praticamente da mesma forma em todos os lugares e, como seres conscientes, precisamos saber (ou achamos que sabemos) onde estamos antes de sermos capazes de decidir quais rumos tomar. A estrutura comparativa fornecida por essa postura nos dá acesso a outros humanos por meio da simpatia e da empatia, isto é, usando o "sentimento de solidariedade" com especulação e imaginação em ação, duas partes essenciais da equação interpretativa.

Para ter acesso aos seres humanos, para entender suas histórias, Brady nos desafia a usar a simpatia e a empatia. Os pesquisadores decidirão sozinhos o quão simpáticos querem ser. Um pesquisador qualitativo não tem opção, ele só pode ser empático.

DESCRIÇÃO DENSA E *VERSTEHEN*

Os pesquisadores baseiam suas interpretações sobre como as coisas funcionam na compreensão, às vezes, compreendendo medidas e modelos. Os pesquisadores qualitativos, ao contrário, chegam a muitas (talvez a maioria) de suas interpretações por meio da compreensão experiencial. Pode ser uma compreensão a partir de sua própria experiência pessoal, ou das lembranças e objetos da experiência pessoal de outras pessoas. Eles, às vezes, chamam a compreensão experiencial de *verstehen*.

A palavra alemã para compreensão pessoal, *verstehen* (*vair stay'em*), talvez se torne uma das palavras mais importantes para você como pesquisador qualitativo. De forma persuasiva, o filósofo William Dilthey argumentava que o conhecimento nas ciências humanas é muito diferente do conhecimento nas ciências físicas, porque, nestas, ele é formado pelas explicações impessoais de como as coisas funcionam, e, nas ciências humanas, pelo que os seres humanos pensam e sentem sobre como as coisas funcionam. Isso não é porque as pessoas tiram conclusões com poucas provas, o que geralmente é verdade, mas porque não importa o quão tímidas ou quietas elas sejam, elas compreendem os eventos como se, de alguma forma, fossem participantes deles. *Verstehen* é a compreensão experiencial das ações e dos contextos.

Gabriel García Márquez escreveu *Cem anos de solidão* sobre os acontecimentos na família de Arcadio Buendía no decorrer de um século. Na pesquisa qualitativa, escrevemos sobre o que realmente aconteceu, não sobre ficção, mas também escrevemos sobre aquilo que as pessoas dizem que viveram. Há mais que uma pitada de ficção no que as pessoas dizem e no que nós, autores das pesquisas, dizemos também.

Somente discutiremos como escrever os relatórios muito mais adiante no livro. Este capítulo é sobre interpretação, mas as interpretações que escrevemos são extremamente moldadas por nossas experiências. Escrever não é imprimir com a impressora, não é apenas colocar no papel o que estava guardado na memória. Os textos das pesquisas são cheios de interpretações, e as interpretações são moldadas por uma necessidade de escrever sobre tudo que vemos. O colunista James Reston afirmou: "Como eu sei o que eu penso até ler o que eu escrevo". Escrever é uma forma de pensar.

Para ajudar a compreensão dos nossos leitores, descrevemos a ação, o diálogo, as pessoas, os contextos e a passagem de tempo. Fornecemos descrições detalhadas e tentamos fazer com que seja fácil para o leitor incorporar nossas descrições em suas próprias experiências. Sabemos que eles farão interpretações diferentes porque também têm suas próprias experiências para usar como base. E a experiência dos leitores se torna mais complexa conforme vivenciam indiretamente a ação que descrevemos.

Quase no fim de *Cem anos de solidão*, Gabriel García Márquez (1970)[3] descreve como Úrsula, aos 100 anos, lidava com sua cegueira, prestando atenção na rotina das outras pessoas, aprendendo a cronometrar o tempo para aquecer o leite, a colocar linha na agulha. O autor refletiu sobre os significados da idade avançada e da cegueira, mas não fez relação alguma com as diversas pesquisas sobre esses assuntos ou qualquer estudo científico sobre a interdependência familiar. Ele não estava escrevendo um artigo de pesquisa de ciência social. A descrição de García Márquez é detalhada, mas não é o que chamamos de *descrição densa*.

A descrição densa é um conceito criado pelo antropólogo Clifford Geertz, um dos grandes nomes da pesquisa qualitativa. Em 1993, ele escreveu a monografia *Thick description, toward an interpretative theory of culture* (Uma descrição densa: por uma teoria interpretativa da cultura). Observe a ênfase na interpretação, não exigindo apenas uma descrição detalhada, mas exigindo, também, que pensemos na teoria. O objetivo dele era ver a coisa como parte da ciência sociocultural. Podemos considerar o que significa para Úrsula ter 100 anos: Visão limitada? Acesso limitado? Dependência? Uma descrição é rica se ela fornece detalhes interconectados e abundantes e possivelmente complexidade cultural, mas ela se torna uma descrição densa se oferece uma conexão direta à teoria cultural e ao conhecimento científico.

A recomendação de Geertz é que os pesquisadores qualitativos devem descrever a situação em detalhes, ter compreensão empática e comparar as interpretações atuais com as interpretações presentes na bibliografia da pesquisa. Segundo ele, devemos avaliar atentamente o que está ocorrendo bem diante de nossos olhos para podermos refletir profundamente sobre os significados e oferecer experiências indiretas (vicárias) pertinentes para nossos leitores. Mas, principalmente, ele recomenda que devemos questionar a teoria. A seguir, temos um exemplo de descrição densa emprestado de Rob Walker (1978) sobre um professor de ciências em uma escola de ensino médio progressiva há mais de 30 anos.

> [Daniel] acredita que é importante abordar a experiência com os materiais pela estética em vez de usar a explicação. Ele destaca o fato de muitos dos objetos utilizados serem comuns: amido, bolhas de sabão, embalagens de leite. Ele afirma que "os professores devem se sentir seguros o bastante para manipular os materiais porque devem se sentir seguros o bastante para colocar os materiais nas mãos dos estudantes e permitir que estes brinquem com os materiais".
> Distribuídas pela sala estão algumas amostras do trabalho que está sendo feito nas aulas de Daniel. Uma bandeja com amido completamente seco mostrando linhas rachadas características: "Elas parecem aleatórias à primeira vista, mas existem alguns padrões interessantes. Observe como as linhas são, em sua maioria, perpendiculares entre si". Em um balde de plástico, está uma roda hidráulica feita de caixas de leite. Quando a roda

gira, ela iça um guincho: "Primeiro, você só brinca um pouco com ela e depois se pergunta se ela içará mais despejando uma xícara de areia de forma rápida ou devagar ou se duas xícaras içariam duas vezes mais que uma xícara. Depois que você começa a mexer com isso, suas opções são infinitas". [Para ele,] o problema com a maioria dos cursos de treinamento para professores, e com os cursos de aprimoramento e atualização, é a visão implícita que eles têm dos professores. Daniel afirma: "A maioria dos institutos para treinamento de professores com os quais eu não trabalhei está preocupada em promover ou utilizar alguns currículos escolares já formulados. É muito raro as pessoas que administram esses institutos descobrirem em que ponto o professor está e partir daí". (p. 11-33)

Walker percebeu a implicação teórica das palavras de Daniel para o ensino de métodos de projeto, para a instrução dos professores e para os padrões comuns.

Em suas próprias interpretações no trabalho de campo, algumas vezes você pode atribuir alta prioridade à descrição densa, mas, outras vezes, buscar a descrição densa pode distrair você de interpretar uma experiência pessoal. Quando sua interpretação deve passar da experiência pessoal para a geral? A descrição densa relata a experiência pessoal, mas nos força a pensar sobre as generalizações. Perguntamos e observamos, esperando que as palavras e as ações das pessoas revelem a participação delas nas situações. Até certo ponto, essas palavras e ações são ficcionais, mas, para a pesquisa, nós as valorizamos porque, depois de observá-las inúmeras vezes, fornecem *verstehen,* compreensões sobre como as coisas funcionam para essas pessoas.

CONTEXTO E SITUAÇÃO

O contexto e a situação estão em segundo plano. Eles são importantes para a história, mas não são o foco da pesquisa. Nossas interpretações dependem de uma boa compreensão das condições, contexto e situação relacionados. A pesquisa é sobre uma atividade, grupo ou relação. Esse é o conteúdo da pesquisa, mas não o contexto. O conteúdo é o primeiro plano, e o contexto é o segundo plano.

Digamos que você esteja estudando alguém como Madeleine. Você não a está estudando somente porque ela pode render uma história interessante, mas porque quer compreendê-la melhor. Sua questão de pesquisa revela o que torna Madeleine interessante a ponto de ser estudada.

O contexto será algumas das circunstâncias mais úteis para compreendê-la. Na realidade, existem diversos contextos, como o contexto da família, o contexto da escola e o contexto da religião de Madeleine. Isso não indica o modo como ela interage com a família, a escola e a igreja, mas o que devemos tentar entender sobre a família, a escola e a religião de Madeleine como segundo plano para as ações dela.

Digamos que em seguida você decida estudar seu próprio grupo (sala de aula, departamento). Você pode chamar de pesquisa-ação ou autoestudo*. Você pode lidar com um problema pessoal, como falta de comunicação ou sua reputação, ou alguém do grupo que não está se adaptando muito bem. Você precisa entender melhor a situação. Quais são as condições relacionadas? Quais são as prioridades? Quais são os problemas? Como essas prioridades e problemas são vistos de maneiras diferentes? Você sabe algumas dessas respostas, mas precisa saber mais. Podem existir mais informações de segundo plano, histórico, político, econômico ou estético que você ainda não sabe. Questionar sobre os contextos pode ajudar a aumentar sua compreensão. A solução de problemas algumas vezes precisa ser adiada até que haja uma compreensão melhor.

No Capítulo 8, discutiremos sobre o experimento do chiclete em que havia diversos contextos importantes. Ela ocorreu em uma escola com grande ênfase na atualização contínua dos professores, principalmente nas matérias de arte e matemática. A escola localizava-se em um bairro pobre, e os pais dos alunos apoiavam muito a instituição. Era uma época de ênfase nacional em melhorar as notas dos exames, mais do que em realmente viver as experiências, como realizar experimentos em sala de aula. No relatório completo, esses contextos estão mais desenvolvidos do que no trecho que você acompanhará. Alguns contextos importantes são lembrados pelo pesquisador ao pensar nas áreas de estudo dos seres humanos: psicologia, cultura, história, economia e política. No caso do experimento do chiclete[4], havia também um contexto ético. A professora, Srta. Grogan, interrompeu o experimento para descobrir quem havia roubado chiclete. O contexto era importante, como mostrado no seguinte parágrafo:

> Essa escolha quase inconsciente entre a possibilidade de aprendizado acadêmico e a possibilidade de ética social não era incomum nas escolas de ensino fundamental em geral, mas raramente era discutida. Era o senso de decência do professor que decidia isso, e a escolha feita pela Srta. Grogan era constantemente apoiada pelos outros professores e pelos

---

* N. de R.T.: Ver nota na p. 174.

pais. Quando questionadas sobre isso, diversas crianças das escolas deste distrito também expressaram seu apoio em manter o decoro e punir o mau comportamento, mesmo que à custa de boas atividades de aprendizado. (Stake, 2000, p. 24)

O pesquisador achou que seria útil ajudar o leitor a entender qual era a lição da Srta. Grogan ao interromper a história para falar sobre a grande prioridade de decoro ético em sala de aula. A compreensão do leitor sobre o que aconteceu naquela aula de matemática é provavelmente influenciada pelos esforços da professora em punir o ladrão e, de modo mais geral, pelo contexto ético.

O "contexto" é geralmente considerado algo mais estável, algo que não muda muito de um dia para o outro. A "situação" é um segundo plano mais imediato, os eventos que estão ocorrendo naquele momento junto com as principais atividades de estudo. Com frequência, não haverá limites claros entre o que está em primeiro plano e o que está em segundo plano; os eventos acabam se misturando. O episódio do experimento do chiclete (esse fragmento) era mais compreensível porque ocorreu no final do ano letivo, após os exames finais, quando a ênfase rígida nas diretrizes do currículo escolar era menor. Isso era parte da situação em que veremos os estudantes da Srta. Grogan fazendo o experimento do chiclete.

As situações são muito importantes para a pesquisa qualitativa. Os teóricos inventaram a palavra "situacionalidade", referindo-se à atenção dada a determinados lugares, períodos, cenários sociais, estilos de comunicação e outros aspectos para as atividades e relações em estudo. A situação fornece parte do significado para os fenômenos qualitativos.

A pesquisa qualitativa difere de muitas pesquisas quantitativas ao estudar cuidadosamente os contextos. Algumas variáveis de contexto são incluídas em muitos estudos quantitativos, mas muitas outras são tratadas como se não tivessem importância, como se não contribuíssem para a maior compreensão dos principais efeitos. Alguns estudos quantitativos podem focar na expectativa dos pais de um "retorno à normalidade" para as crianças com autismo. Os estudos qualitativos também podem focar na expectativa dos pais de um retorno à normalidade, avaliando relativamente poucos casos, dando atenção à existência ou não de irmãos, à idade dos pais, ao conhecimento geral deles sobre a doença, à opção religiosa, às perspectivas dos professores, aos recursos médicos, aos serviços sociais para as pessoas com deficiência, ao movimento de integração de crianças com deficiência em escolas normais e a outras características de segundo plano. Os estudos quantitativos podem incluir medidas dessas variáveis de segundo plano, e alguns deles fazem isso, mas há uma diferença importante. Os pesquisadores qualitativos esperam dedicar grande parte de suas interpretações ao contexto e à situação. Isso é parte da noção deles sobre como as coisas funcionam. Os pesquisadores quantitativos se concentram nas diferenças, como a idade dos pais, que podem ser consideradas como parte da explicação sobre a expectativa dos pais entre a população de famílias de crianças com autismo. Esses pesquisadores lidam com menos influências por vez. Isso é parte da noção deles sobre como as coisas funcionam.

Tudo isso não significa que um estudo não possa ter partes que sejam quantitativas e partes que sejam qualitativas. E isso não significa que você precise decidir a qual estudo você é mais fiel.

Os contextos são importantes. Eu não ficaria surpreso se alguns pesquisadores qualitativos incluíssem em seus relatórios um "índice de contextos" além de um índice de conteúdo.

CETICISMO

As pessoas de todo tipo de personalidade devem ser envolvidas na pesquisa qualitativa. Isso não é só uma questão de oportunidades iguais; é importante coletar dados de pessoas com diferentes disposições psicológicas. Todas as pessoas adicionarão algo diferente para a compreensão de uma questão de pesquisa. A compreensão muda de acordo com o desempenho de um grande número de pessoas, embora algumas possam ser, de formas especiais, mais especialistas que outras. E o desempenho da comunidade de pesquisa é medido pelo desempenho de todas as pessoas que estudam os processos humanos.

Uma das características pessoais necessárias, ao menos em parte do tempo, para quase todos os pesquisadores, é o ceticismo. Na maioria das vezes, porém, os pesquisadores se sentem obrigados a se sentirem insatisfeitos com o que sabem e com as evidências disponíveis. Essa postura deve ser constantemente vista como inadequada, pois a compreensão e as evidências disponíveis geralmente terão que ser suficientes, já que os problemas precisam ser solucionados. Esperar mais tempo raramente aumenta a compreensão e as evidências de forma significativa para poder solucionar esses problemas. Discutiremos mais sobre evidências no Capítulo 7.

Alegria, fé e confiança são desejáveis em todos os nossos colegas pesquisadores, homens e mulheres, e não seria possível criar bons serviços sociais sem essas características, mas a dúvida também é uma grande virtude. A dúvida que paralisa pode ser prejudicial, mas ela pode ser um escudo protetor. A dúvida pode provocar a busca por uma melhor compreensão.

Você não quer que seu cônjuge, pais ou filhos sejam compulsivamente céticos. Você quer que seu médico, mecânico e vereador sejam consistentemente céticos. Essas pessoas, responsáveis por cuidar de outras pessoas, devem procurar persistentemente aquilo que pode estar errado.

E enquanto você planeja sua pesquisa, coleta dados, interpreta o que funciona e explica para as outras pessoas suas descobertas, você precisa ter uma inclinação para a dúvida. Você precisa supor que não está entendendo o significado corretamente e precisa investigar mais. A estratégia geral usada pelos pesquisadores qualitativos para expressar dúvida é chamada de *triangulação*, algo que discutiremos no Capítulo 7. Ao aumentar o cuidado durante a coleta de dados e a interpretação desses dados, aumentamos a certeza de que estamos no caminho certo e diminuímos a tolerância à negligência.

O ceticismo pode nos fazer enxergar as complicações e as múltiplas realidades, mas muitas pessoas não querem saber de complexidade e preferem pensar que "a coisa" é simples.

Dúvidas

Quanto mais você duvida da questão,
menos você é enganado.
Ao questionar a missão,
você é liberado de qualquer obrigação.
Quanto mais tempo somos céticos,
mais possibilidades são imaginadas.
Mas, por mais que falemos nossas dúvidas,
a maioria das simplicidades permanece como verdade.

Em alguns casos, é necessário ser mais cético do que em outros. No momento em que se está coletando dados de uma pessoa, é melhor tentar entender e respeitar aquilo que está sendo dito. É melhor tratar esse fato ou história como uma percepção importante. Mas, logo em seguida, você deve fazer anotações sobre o que precisa ser verificado mais profundamente. E tanto as visões mais amplas quanto as visões mais específicas devem ser analisadas diversas vezes para conseguir pistas de outros significados sobre o que faz as coisas funcionarem.

ÊNFASE NA INTERPRETAÇÃO

Pesquisadores qualitativos como Frederick Erickson, Yvonna Lincoln e eu nos baseamos muito na interpretação direta dos eventos e menos nas medidas interpretadas. Todas as pesquisas dependem de interpretação, mas, nos projetos quantitativos padrão, há um esforço para limitar o papel da interpretação pessoal durante o período entre o momento em que o projeto é criado e o momento em que os dados são coletados. Os projetos qualitativos padrão exigem que as pessoas mais responsáveis pelas interpretações estejam em campo fazendo observações e interpretações repetidamente.

Em um excelente resumo sobre a natureza do estudo qualitativo, o antropólogo Frederick Erickson (1986) declarou que a principal característica da pesquisa qualitativa é a prioridade atribuída à interpretação. Ele afirmou que as descobertas não são apenas descobertas, mas "assertivas", que são os significados mais desenvolvidos que nós damos às coisas mais importantes, incluindo "como elas funcionam". Considerando as interações próximas do pesquisador com as pessoas no campo, a orientação construtivista ao conhecimento, a atenção à intenção do participante e seu senso sobre si mesmo, independentemente de quão descritivo é o relatório, o pesquisador, no fim, colocará uma interpretação pessoal, uma assertiva. Erickson ressaltou a ênfase tradicional dos etnógrafos aos problemas *emic*, às preocupações e aos valores reconhecidos no comportamento e no idioma das pessoas estudadas. A descrição densa, as interpretações alternativas e as múltiplas realidades são prováveis de ocorrer. A atenção contínua aos significados complexos é muito mais difícil quando os instrumentos de coleta de dados são listas de verificação interpretáveis de maneira objetiva, como as usadas em questionários. O papel interpretativo, subjetivo e contínuo do pesquisador é comum no trabalho da pesquisa qualitativa.

A interpretação é um ato de composição. O intérprete seleciona descrições e as torna mais complexas, utilizando algumas relações conceituais. O pesquisador pode tomar o termo *trabalho* e atribuir a ele músculo, durabilidade, remuneração e respeito próprio. Esses podem ser alguns dos significados mais amplos de *trabalho*. O pesquisador pode selecionar um evento ocorrido no local de trabalho e atribuir a ele personalidade, história, tensão e implicação. As melhores interpretações serão extensões lógicas de uma simples descrição, mas também incluirão a extensão contemplativa, especulativa e até mesmo estética. O leitor seria enganado se o deixassem pensar que essas interpretações foram acordadas, certificadas de alguma forma. Elas são contribuições do pesquisador, escritas de forma que fique evidente que são interpretações pessoais. Todas as pessoas fazem interpretações. Todas as pesquisas precisam de interpretações. A pesquisa qualitativa se baseia muito nas percepções interpretativas feitas durante todo o planejamento, a coleta de dados, a análise e a elaboração do texto do estudo.

NOTAS

1 Em seu *Dictionary of terms* (Dicionário de termos), Thomas Schwandt (1997, p. 94) define um método chamado de microetnografia como: "um tipo específico de investigação qualitativa especialmente interessada na avaliação abrangente e minuciosa de: uma unidade muito pequena dentro de uma organização, grupo ou cultura (por exemplo, uma determinada turma de alunos em uma escola); uma atividade específica dentro de uma unidade organizacional (por exemplo, como os médicos se comunicam com os pacientes idosos em um pronto-socorro); ou uma conversa comum do cotidiano".

2 A leitura é longa, mas é um bom momento neste livro para pensar na pesquisa como sua materialização em um relatório. As várias ideias (como particularização, interpretação, subjetividade e causalidade) expressas nas páginas anteriores serão encontradas neste relatório. A leitura deve ajudar a esclarecer a distinção entre micro e macrointerpretação. Mas, para mim, sua experiência ao ler o relatório de Hamilton é mais importante do que seu conteúdo. Compreender o funcionamento das coisas é uma questão de experiência.

3 Se quiser, você pode procurar esse trecho. A citação está no início de um capítulo que começa com as palavras "No aturdimento dos últimos anos, Úrsula...". No meu exemplar de 383 páginas, isso está na página 230. O autor não numerou os capítulos.

4 Mais detalhes sobre o experimento do chiclete podem ser vistos na Seção "Trabalhando com fragmentos" no Capítulo 8.

3

Compreensão experiencial

a maioria dos estudos qualitativos é experiencial

A investigação qualitativa e a investigação quantitativa algumas vezes se parecem, mas elas são separadas essencialmente (se nem sempre evidentemente) por seus objetivos. É uma distinção epistemológica, baseada na percepção do conhecimento como "construído" pessoalmente *versus* a percepção do conhecimento como "descoberta" do que o mundo é. Subir em árvores é um conhecimento construído pessoalmente. A função das raízes das árvores é parte do mundo descoberto por meio dos livros ou transmitido por outras fontes. A distinção mais importante entre pesquisa qualitativa e pesquisa quantitativa não é baseada na distinção entre descrição verbal e dados numéricos. É, na verdade, uma diferença entre o estudo do conhecimento pessoal e o estudo de medidas objetivas.

Uma distinção semelhante existe entre a investigação para obter explicações e a investigação para promover compreensão. Essa distinção foi bem desenvolvida pelo filósofo Georg Henrik von Wright no livro *Explanation and Understanding* (Explicação e compreensão, 1971). Ele reconheceu que as explicações têm o objetivo de promover a compreensão geral e que a compreensão é frequentemente expressa a partir da explicação, mas que elas são epistemologicamente diferentes. Von Wright destacou a diferença entre o pensamento de causa e efeito (explicação) e a apreciação informal de uma experiência (compreensão).

É uma distinção ligeiramente parecida com a distinção feita entre medicar o paciente e cuidar do paciente. Obviamente, fazemos os dois, mas são ações bem diferentes, uma muito mais pessoal do que a outra.

É uma distinção parecida com a distinção feita entre ensino centrado no professor e ensino centrado no aluno. Preparar-se para ensinar de forma didática é diferente de organizar oportunidades experienciais para os alunos. Obviamente, muito professores utilizam os dois métodos.

A pesquisa quantitativa geralmente é uma tentativa de melhorar a compreensão teórica dos pesquisadores, que, por sua vez, apresentam a pesquisa a seus colegas e estudantes, e, para uma aplicação prática, a diversos públicos. A pesquisa qualitativa geralmente é uma tentativa de obter descrições e interpretações situacionais de fenômenos que o pesquisador pode fornecer a seus colegas, estudantes e outras pessoas para modificar as percepções delas sobre esses fenômenos (Stake e Trumbull, 1982).

Um pesquisador qualitativo tenta relatar algumas experiências situacionais, geralmente não em grande quantidade e não necessariamente utilizando as mais influentes. O pesquisador seleciona as atividades e os contextos que oferecem possibilidade de compreender uma parte interessante sobre como as coisas funcionam. A amplitude e a totalidade da experiência estudada não são tão importantes quanto selecionar experiências que possam ser consideradas revelações perspicazes, uma boa contribuição para a compreensão pessoal.

OS LOCAIS DA ATIVIDADE HUMANA

Seja em tempo integral, em tempo parcial ou temporariamente, você e eu somos "pesquisadores qualitativos profissionais". Somos pessoas que realizarão estudos formais sobre objetos sociais, educacionais e similares, geralmente sobre programas e pessoas. Durante toda a vida, tentaremos melhorar nossa capacidade de compreender como tais coisas funcionam.

Os profissionais envolvidos, os administradores de programas e outras pessoas também tentam entender esses programas e as pessoas. Geralmente eles fazem isso de maneira informal. Nós, pesquisadores profissionais, nos gabamos: "às vezes, conseguimos enxergar as relações mais claramente, ou identificamos as relações em formas diferentes ou as encontramos de modo mais confiável". Mas também sabemos que as pessoas com experiências especiais, como profissionais da saúde de todos os tipos, autoridades e até mesmo nossos filhos, podem compreender melhor algumas coisas do que as pessoas com treinamento de pesquisa formal. Os pesquisadores, na verdade, têm sorte porque aprendem a usar a ajuda dessas pessoas com experiências especiais.

Fazemos diversas perguntas: O monitoramento é bom? Os locais de trabalho são seguros? O relatório é verdadeiro? A biblioteca ainda é um local para encontrar referências? A experiência foi boa para as pessoas envolvidas? Tentamos responder a perguntas como essas em todos os lugares.

Na maior parte do tempo, não somos historiadores, somos examinadores do aqui e do agora. Estudamos no presente, embora possamos escrever o texto no passado. Escrevemos sobre experiências, experiências em um local que influencia o funcionamento das coisas. As palavras do "pesquisador-ação" Stephen Kemmis (2007) podem ajudar a entender a importância do local (Quadro 3.1).

Em determinados locais, nós, pesquisadores profissionais, procuramos formas melhores de compreender como as coisas estão funcionando (Brady, 2006) e buscamos formas melhores de descrever nossas descobertas para as pessoas. Também procuramos maneiras de convencer os leitores dos relatórios de que nossos resultados são pertinentes e de que nossas interpretações são confiáveis. O que isso significa em sua situação?

Em todo o mundo, ainda hoje como era no passado, a maioria das pesquisas tem uma forte conexão política. Muitas pessoas utilizam as descobertas das pesquisas para promover suas próprias causas. Muitas pessoas, incluindo patrocinadores e órgãos governamentais, fazem tudo que podem para que as descobertas do projeto de pesquisa apoiem suas políticas. O mundo da pesquisa profissional está impregnado de política. Isso significa que não se pode confiar nos relatórios das pesquisas? Em alguns casos, isso é verdadeiro.

DESCRIÇÃO "CRITERIOSA"* E DESCRIÇÃO EXPERIENCIAL

Os teóricos de avaliação Daniel Stufflebeam e Anthony Shinkfield (2007) descreveram as três formas que os pesquisadores profissionais usam para pensar sobre o funcionamento das coisas: teorias, modelos e práticas. É isso mesmo. A ênfase deles é no pensamento baseado em critérios. Depois de 40 anos trabalhando com pesquisadores educacionais, consigo identificar duas outras maneiras fundamentais pelas quais eles se expressam: de modo "criterioso" (baseado em critérios) e de modo experiencial. Pensando de forma "criteriosa", eu diria: "O clima estava quente e úmido". Pensando de forma experiencial, eu diria: "A camisa dele logo ficou molhada de suor".

---

* N. de R.T.: O autor empregou o adjetivo *criterial*, mas o sentido aqui transcende o significado de "criterioso" como "exigente". Optamos então por chamar essa categoria de "pesquisa baseada em critérios". Para definição de "pensamento 'criterioso'", consultar Glossário.

Os pesquisadores falam de forma diferente e enxergam de forma diferente. Baseado em critérios, um pesquisador descreve o mundo com uma linguagem escalar e dimensional (usando dimensões como tamanho, duração e disponibilidade). Essa descrição mostra-se quantitativa, orientada às medidas e apoia-se em padrões. Mas, de modo experiencial, um pesquisador vê o mundo como algo irregular, que muda com o passar do tempo, e o descreve de maneira interpretativa e qualitativa. Todos nós vemos o mundo das duas formas. Algumas vezes, nossas descrições destacam os critérios e, outras, as experiências pessoais. Precisamos saber sobre o tipo de árvore e seu desenvolvimento, mas também sobre sua experiência pessoal subindo em árvores. As duas descrições são boas, são necessárias e podem ser melhoradas.

Quadro 3.1 Aqui

Sempre estamos em algum lugar. Onde quer que estejamos, sempre estamos não apenas em um lugar, mas em um "aqui" específico que não é " lá". Ficamos de pé em algum lugar, sentamos em algum lugar. Com palavras e abstrações (pensando, dizendo), nossas mentes podem fugir desta realidade delicada, mas implacável; entretanto, não conseguimos escapar de estar em algum "aqui", onde quer que estejamos.

Respiramos o ar daqui. Este lugar entra em nós. Respiramos ou não o pólen que causa febre do feno em alguns de nós na primavera. E, sim, sempre estamos aqui em algum momento específico.

Momento após momento, sempre, incansavelmente, nós nos movemos, colidimos, tropeçamos e acariciamos a qualidade de aqui do "aqui". Soltamos fragmentos minúsculos de células mortas aqui, deixamos uma pegada, quebramos este galho, bebemos água deste riacho, tocamos no musgo.

Vivendo e morrendo, participamos dos grandes ciclos da existência. Das cinzas às cinzas, do pó ao pó, algum aqui nos recebe de volta. E o aqui cuida de nós ou nos corrói, mesmo quando cuidamos ou corroemos a qualidade de aqui do "aqui".

Respiramos e comemos aqui. Aquilo que comemos, seja daqui ou de lá, foi cultivado ou arrancado de sua localização em algum lugar, sua presença lá, sua presença no aqui de lá. De forma egocêntrica, podemos achar que isso foi feito e transformado para nós, mas isso foi feito para nós da mesma forma que nós somos feitos e transformados, não só para nós mesmos, mas para a Existência.

Não há uma isenção para estar aqui, onde quer que seja esse lugar.

E nem o aqui, em sua qualidade de aqui, tem qualquer isenção para nossa presença aqui. O aqui não expressa sentimentos sobre nossa presença em palavras, usando qualquer idioma dos seres humanos. O aqui expressa a relação conosco em sua capacidade permanente de ser ou de ser transformado, sem idio-

continua

Quadro 3.1 *continuação*

ma, mas não sem existência. Seria melhor se pudéssemos nos reconciliar com as consequências desse fato bruto, antes que seja tarde. Deixamos uma pegada no solo aqui. Saboreamos e comemos aqui as frutas da terra trazidas para nós de algum aqui, algum outro local sagrado. Inspiramos e expiramos aqui, e misturamos ou limpamos o ar que sopra pelo planeta, carregando vestígios de nosso aqui para todos os lugares.

Os solos daqui se deslocam lentamente. O nível da água sobe ou ela corre pelas represas daqui até chegar aos oceanos ou evaporar no ar daqui. O ar daqui circula pelo planeta, conectando nossa respiração e nosso destino à respiração e ao destino de todos os seres vivos e a outras coisas para sempre. O que está feito, está feito. Podemos querer, mas não podemos negar que estamos aqui, que estivemos lá, que deixamos uma pegada.

E não sou o único aqui, você e eu estamos aqui, e você, e você, e você... Como todos os seres vivos, sou materializado por meio das ações de outras pessoas, criado a partir de seus genes. Tropeço entre as pessoas, protegendo ou machucando eternamente, mesmo quando minha intenção é fazer o que é melhor. Vivemos e amamos dentro de corpos em que somos maiores ou menores que os outros, mais ou menos capazes e atenciosos que os outros, mais cuidadosos ou mais perigosos para tudo e para todos.

Não estamos apenas pensando e dizendo. Não estamos apenas agindo. Estamos sempre nos relacionando, sempre conectados ao planeta e às outras pessoas. Onde quer que estejamos, sempre fazemos parte dos fluxos do planeta, e o planeta e tudo que está nele são transformados em parte dos fluxos de nossa incansável existência por nossa presença aqui. Embora possamos nos opor, nos ressentir ou nos alegrar, fazemos parte da mesma humanidade. Nossas vidas provocam e deixam marcas em um planeta compartilhado, de destinos compartilhados.

Fonte: Kemmis (2007). Reproduzido com autorização de Stephen Kemmis.

O pensamento "criterioso" implica ser explícito a respeito das variáveis, medidas, amostras e padrões de corte que serão usados para obter evidências sobre as assertivas. Esse tipo de pensamento enfatiza as declarações e as explicações formais. Com frequência, a avaliação "criteriosa" foca somente alguns critérios de desempenho bem-sucedido, como o desempenho do funcionário, a inteligibilidade do texto e a participação dos pais, todos medidos de forma simples. Muitos critérios resultam em variáveis. A descrição baseada em critérios é realizada a partir dos indicadores de desempenho. Às vezes dizemos que "a prova do pudim é feita na hora de comer". Segundo essa linha de pensamento, é o resultado que importa.

Existem muitas formas diferentes de realizar uma pesquisa usando critérios, sendo que a maioria delas tem um foco mais quantitativo do que qualitativo. Um sistema de avaliação, por exemplo, pode ter como base um único teste de habilidade do funcionário para representar a qualidade de todos os aspectos da força de trabalho. Os pesquisadores fazem isso já sabendo, por meio de estudos e experiências anteriores, que muitas vezes há uma correlação positiva entre os diferentes indicadores de desempenho do programa. Por isso, muitos acreditam que, se você medir bem um critério, ele indicará o desempenho dos funcionários em outras avaliações, em outros critérios. A classificação é mais importante do que a medição direta. É dessa forma que o pesquisador "criterioso" geralmente pensa: é melhor avaliar bem poucos aspectos do que avaliar mal muitos aspectos.

Antecipando o estudo, esses pesquisadores conceituam os níveis dos resultados, os níveis de convicção, os níveis de tomada de decisão. Qual deve ser o valor mínimo de desempenho para que uma decisão específica seja tomada? Eles geralmente não determinam esses níveis, mas gostariam que suas análises fossem assim refinadas. O que eles podem fazer é comparar o desempenho seguinte ao desempenho anterior para indicar como a coisa está funcionando. Ou podem comparar o desempenho do grupo de estudo ao desempenho do grupo-controle. Em alguns casos, os pesquisadores deixam os especialistas decidirem, após o fato, qual é o significado do desempenho, mas muitos deles não gostam dessa subjetividade. A maioria dos avaliadores que usa critérios fica mais feliz quando consegue especificar com antecedência o nível de sucesso, usando, por exemplo, um nível de significado estatístico. Um padrão objetivo é necessário para decidir como as coisas funcionam.

O maior motivo de orgulho dos pesquisadores baseados em critérios é sua medição. Eles gostam de colocar os números no papel para mostrar o desempenho dos participantes e dos beneficiários. Analisam os números, às vezes de forma estatística complexa, para mostrar como as coisas estão funcionando. Eles podem mostrar, por exemplo, que, após alguns ajustes por causa das diferenças com a situação anterior e a quantidade de assistência recebida, as alterações que acabaram de ser feitas provocaram um aumento significativo na produção. Às vezes isso será visto como um aumento na compreensão de como as coisas funcionam.

Mas é preciso mais do que isso para concluir com alguma certeza que outras coisas funcionam da mesma forma, ou que a política deve ser alterada para as próximas operações. Para generalizações, precisamos estudar as variações das mudanças em diversas situações. Buscar generalizações é essencialmente o caminho seguido nos estudos padrão de política e ciência social.

Iniciei minha carreira realizando pesquisas baseadas em critérios. Quando fiz pesquisas educacionais no começo da década de 1960, era psicometrista e psicólogo educacional e só fazia pesquisas "criteriosas". Mas não consegui que as respostas das pesquisas fossem suficientes para as questões práticas; assim, durante os 40 anos seguintes, eu me transformei lentamente mais em um etnógrafo e passei a pesquisar estudos de caso. Notei que esse era um trabalho mais experiencial e chamei de "avaliação responsiva". Aqui neste livro, entretanto, chamamos de "pesquisa qualitativa" e estamos buscando mais atividade do que mérito.

A pesquisa qualitativa é experiencial, utiliza o julgamento pessoal como base mais importante para as afirmações sobre como as coisas funcionam. E, como o julgamento pessoal precisa ser baseado parcialmente na experiência pessoal, a pesquisa experiencial depende bastante da análise das experiências pessoais dos indivíduos estudados: a experiência do gerente, do presidiário, das outras pessoas, mas também a experiência do pesquisador. Quando é possível, os pesquisadores experienciais trabalham pessoalmente com a atividade, os problemas, as expectativas, as ambiguidades e as contradições, em alguns casos envolvendo-se completamente.

Em geral, a compreensão aumenta por meio das experiências. A experiência é universal. Quando sua mãe e seu pai geraram você, eles fizeram uma grande contribuição para a magnífica totalidade da experiência. Sua experiência de vida está sendo somada à história da humanidade. O fato de outras pessoas a seu redor viverem experiências diferentes não torna sua experiência menos importante. Todas as experiências importam. E as experiências comuns raramente são mais informativas que as incomuns.

Na pesquisa experiencial, os padrões são importantes, embora geralmente permaneçam não declarados. Muitas vezes os padrões são determinados de forma intuitiva e, com frequência, separadamente para pessoas diferentes. Esses padrões são baseados nas experiências antigas e atuais das pessoas envolvidas.

Sim, a pesquisa experiencial é uma pesquisa relativista. É uma pesquisa situada, comum na vida cotidiana, na vida empresarial, na vida governamental, principalmente para as questões mais importantes.

ÊNFASE NA EXPERIÊNCIA PESSOAL

Quanto mais a pesquisa usar critérios, mais a ênfase ficará longe da experiência pessoal e próxima das medidas padronizadas e do conhecimento generalizável. A pesquisa experiencial trabalha para restabelecer uma orientação à experiência dos indivíduos, mesmo que seja um grupo grande.

Obviamente, os pesquisadores podem exagerar ao individualizar ou localizar o estudo. Os valores da comunidade precisam ser levados em consideração. Os valores coletivos das pessoas, como expressos em documentos municipais, estaduais e internacionais, podem ser importantes para ajudar a entender como as coisas funcionam. A pesquisa experiencial não é só um comprometimento com os valores do indivíduo, mas um comprometimento de que os valores do indivíduo serão levados em consideração.

Para tentar entender como um programa de estágio de uma grande empresa funcionava, um pesquisador entrevistou vários estagiários. Era muito comum que eles dissessem algo como:

> Eu me lembro da entrevista para este estágio. Tínhamos que escrever uma declaração pessoal e nossas metas profissionais. Eu escrevi que queria ajudar a empresa para a qual trabalho, seja ela qual for. Só quero ajudar os outros a serem pessoas melhores. É isso que me importa.

O estagiário pode ter sido sincero, mas essa é uma declaração promocional, que pode estar promovendo o programa, ou a própria pessoa ou qualquer outro elemento. Não é uma declaração sobre a experiência no estágio. Mesmo que os estagiários descrevessem em detalhes suas tarefas, os dados precisariam de muita triangulação por meio de observação e perspectivas de outras pessoas, além de interpretação cética. A melhor pesquisa qualitativa, acredito eu, raramente é sobre o que as pessoas sentem. Ela é sobre como as coisas acontecem, como as coisas estão funcionando. Os acontecimentos são vividos, e o pesquisador precisa investigar as assertivas até que a experiência seja confiável.

Os pesquisadores experienciais buscam várias realidades, os diferentes significados que as diferentes pessoas atribuem para o funcionamento das coisas. Eles geralmente acabam percebendo que uma realidade é mais pertinente ou útil que as outras, mas tentam mostrar mais de uma realidade aos leitores de seus relatórios, como a realidade da enfermeira e a realidade do paciente, por exemplo. Em geral, a pesquisa experiencial não busca a simplicidade ou a melhor explicação, mas uma coleção de interpretações.

Svitlana Efimova e Natalia Sofiy (2004) descreveram como a inclusão escolar de uma criança com deficiência estava funcionando em uma turma de uma escola de ensino fundamental na Ucrânia. Há mais detalhes do estudo ucraniano na seção "Elementos da história" no Capítulo 10. Elas selecionaram para seu caso Liubchyk, um menino autista de 8 anos matriculado em uma turma normal da 1ª série. Após observá-lo em sala de aula, elas foram para diversos locais para fazer observações e entrevistas, fazendo associações com outras atividades de inclusão de crianças com deficiência no país. Entrevistaram pessoas no treinamento para professores e do Ministério da Educação. O Quadro 3.2 relata a experiência pessoal de Svitlana na sala de aula de Liubchyk.

Quadro 3.2 A sala de aula de Liubchyk

Eu estava visitando a turma da 1ª série, as "Crianças do sol". Os alunos escolheram o nome juntos e gostavam de dizer que eles eram as "Crianças do sol". Na porta da sala de aula, além do título, estavam fotos individuais de todas as crianças.

São 10h50 de um dia de março de 2004. Liubchyk acaba de chegar com sua mãe. Ela o ajuda a tirar o casaco. Liubchyk é um garoto magro, alto, de cabelos loiros e olhos verdes. Ele tem 8 anos e é uma criança com necessidades especiais. Começou a pré-escola aqui no colégio Maliuk em 2000.

Liubchyk vai imediatamente para o Canto da leitura. Ele fica lá, talvez, por alguns segundos e dirige-se à mesa da professora. A Srta. Halyna, professora assistente, aproxima-se e o cumprimenta: Bom dia, Liubchyk!

Ele, animado, responde "Halyna, às sete!", o que parece significar que a Srta. Halyna deve se lembrar de voltar para casa após o trabalho às 7h. Ele pega diversas fotos na mesa da professora e começa a olhar. Apontando para uma das fotos, Halyna pergunta "Quem é esse?" e Liubchyk responde "Adij". Ele diz o nome de todas as pessoas nas fotografias. Em seguida ele coloca as fotos de volta no envelope e as devolve para o mesmo lugar na mesa da professora. Ele aponta para o relógio e diz: "Halyna, almoço dois-ze". Halyna responde: "Sim, o almoço é às 12h".

A professora da turma, Srta. Oksana, está ensinando matemática para todo o grupo. As crianças viram Liubchyk chegar, mas não se distraíram de suas tarefas. Depois que Oksana dá às crianças pequenas tarefas individuais, ele se aproxima de Liubchyk para cumprimentá-lo: "Bom dia, Liubchyk!". Ele responde: "Oksana, às sete!". Ela pede: "Por favor, diga 'Bom dia'" e ele diz. Oksana continua: "Liubchyk, você vai fazer as atividades aqui conosco?". Ele responde: "não", vai para o Canto da Leitura e começa a virar as páginas do livro de matemática. A lição da turma continua.

Fonte: Efimova e Sofiy (2004). Direitos reservados de Open Society Institute, 2004. Reproduzido com autorização.

A participação de crianças com deficiência em escolas e atividades normais é uma situação problemática, sendo possivelmente uma preocupação adicional para os professores. Esse relatório, porém, mostrou que as três professoras estavam lidando muito bem com a situação e que as crianças estavam aprendendo novas "habilidades de cuidados especiais" porque Liubchyk era seu colega de turma. Eles estavam aprendendo "como essa coisa funcionava". O estudo de caso de Liubchyk ajudou os leitores a entender como a Srta. Oksana mudou de opinião, antes sendo contra a presença de Liubchyk na sala de aula e depois se tornando uma defensora de sua inclusão.

E alguns comentários gerais: o objetivo da pesquisa qualitativa normalmente não é obter compreensões gerais sobre a ciência social, mas compreensões sobre uma situação específica. Entendendo melhor a complexidade da situação, podemos contribuir para a definição da política e da prática profissional.

Devemos procurar o aspecto geral e o aspecto específico, como David Hamilton fez (no Capítulo 2) no caso das cadeiras, mas cada um desses objetivos consome toda a verba da pesquisa. Desenvolver bons instrumentos de pesquisa é muito caro, e fazer boas observações e entrevistas demora muito. Depois das coisas que nós mais queremos fazer, sobra pouco tempo para todo o resto.

Algumas pessoas dirão que reunir "experiências" não é uma pesquisa genuína e que isso não ajuda a ciência. Como Bent Flyvbjerg (2001) disse: "Elas estão enganadas".

Por que tornar a percepção profissional mais complexa é tão diferente de criar ciência? A pesquisa experiencial pode ajudar um profissional a reconsiderar, durante sua ação, o que mais precisa de sua atenção. Uma experiência nova muda a intuição. O conhecimento formal também pode fazer isso, até melhor em alguns casos. Os profissionais precisam de razão e de intuição, de pensamento "criterioso" e de pensamento experiencial.

Uma das forças epistemológicas da pesquisa experiencial é a crença de que a forma como as atividades funcionam (atividades como fazer campanha e terapia) é situacional. O que o ativista ou o terapeuta está fazendo é influenciado pela cultura, pelos ambientes das casas das pessoas com quem trabalha, pelas condições do local de encontro e pelos tipos de personalidades envolvidos. Descrever tudo isso mostra como as coisas funcionam.

Os pesquisadores experienciais por vezes utilizam estudos de caso para investigar os significados das situações e informar aos leitores a complexidade do desempenho pessoal. Alguns de nós tentam oferecer aos leitores uma experiência indireta (vicária) das atividades, dessa forma eles têm mais chance de decidir, a sua própria maneira, como as coisas funcionam.

Na pesquisa experiencial, os participantes e os observadores precisam interpretar o que está acontecendo. Por isso, os pesquisadores apresentam relatos, fotos e diálogos para discussão, verificação e interpretação, buscando significados alternativos. O que a princípio parece um relato subjetivo dos acontecimentos, depois de triangulado e refletido por pessoas respeitadas, pode se tornar uma parte confiável do relatório.

Até agora só falei sobre aquilo que vocês fazem diariamente, buscando entender as coisas, de modo "criterioso" e de modo experiencial. As pesquisas formais também precisam dos dois modos, e cada um pode ser realizado com sensibilidade e disciplina.

MÚLTIPLAS REALIDADES

Quando você olha uma maçã de perto, cada olho enxerga algo diferente. O olho esquerdo vê mais o lado esquerdo da maçã, e o olho direito vê mais o lado direito. Você não fica confuso com essa discrepância. Sua mente diz que você está vendo a maçã em três dimensões. Os psicólogos chamam essa mensagem do cérebro de "resolução binocular"; ela fornece a percepção de profundidade.

Quando você e uma amiga vão a um espetáculo musical, vocês não ouvem a mesma coisa. Ela diz que a música a faz pensar em sua infância, e você diz que o saxofone estava destoante. Não esperamos que as pessoas escutem a mesma coisa. Na realidade, nós nos sentimos enriquecidos pelas diferentes percepções, as diferentes experiências que as pessoas têm, no mesmo lugar e ao mesmo tempo. Às vezes, chamamos isso de "múltiplas realidades" e sentimos uma audição mais profunda do que sentiríamos se apenas um de nós estivesse ouvindo.

Na pesquisa qualitativa, muitos de nós têm uma visão construtivista de que não há um significado real para um evento, somente há o evento interpretado ou vivido pelas pessoas. As pessoas interpretarão o evento de formas diferentes, e, com frequência, as várias interpretações possibilitam uma profundidade de compreensão que a interpretação mais consagrada ou popular não permite. Obviamente, também existem diversas interpretações sobre os grupos, as motivações, as realizações e muitos dos fenômenos que estudamos. Os leitores, em alguns casos, enxergam mais profundidade em nossos relatórios quando descrevemos mais do que apenas uma realidade. Observe o Quadro 3.3.

O filme *Rashomon* (1951), de Akira Kurosawa, ilustrou uma emboscada a dois viajantes e quatro versões extremamente diferentes contadas pelo marido, pela esposa, pelo criminoso e por uma testemunha – um exemplo clássico de múltiplas realidades.

UTILIZANDO A EXPERIÊNCIA DE OUTRAS PESSOAS

O pesquisador iniciante às vezes comete o erro de pensar que, embora esteja construindo seu estudo com base nas descobertas de outros pesquisadores, todos os novos pensamentos devem ser somente seus. Na realidade, muitas pesquisas qualitativas boas apresentam o pensamento de outras pessoas na forma de dados e interpretação. Consequentemente, o pesquisador é um ouvinte, um entrevistador e um descobridor das observações que as outras pessoas estão fazendo. Muito tempo depois de revisar formalmente a literatura, o pesquisador ainda encontra compreensões relevantes de outros pesquisadores, de profissionais e de pessoas comuns. A pesquisa qualitativa se baseia parcialmente na experiência das outras pessoas.

Quadro 3.3 Moishe e o Papa

> Há cerca de um ou dois séculos, o Papa decidiu que todos os judeus deveriam abandonar Roma. Naturalmente, houve grande revolta da comunidade judaica.
>
> Então, o Papa propôs um acordo. Ele faria um debate religioso com um membro da comunidade judaica. Se o representante ganhasse, os judeus poderiam ficar. Se o Papa ganhasse, os judeus iriam embora. Os judeus perceberam que não tinham escolha e procuraram alguém sábio que pudesse defender sua fé, mas ninguém quis ser voluntário, era muito arriscado. Assim, desesperados, eles finalmente escolheram um velho homem chamado Moishe, que passou sua vida varrendo a sujeira das pessoas para representá-los. Sendo velho e pobre, ele não tinha muito a perder e aceitou o caso. Ele só tinha uma condição para o debate. Como não estava acostumado a falar muito, já que tudo que fazia era limpar a sujeira, sua exigência era de que nenhum dos lados poderia falar, e o Papa aceitou.
>
> O dia do grande debate chegou. Moishe e o Papa sentaram-se frente a frente por um minuto e o Papa levantou-se e mostrou três dedos. Moishe olhou para ele e levantou o dedo indicador. O Papa movimentou a mão fazendo um cír-

continua

Quadro 3.3 *continuação*

culo em volta de sua cabeça. Moishe apontou para o chão em que ele estava sentado. O Papa mostrou uma hóstia e uma taça de vinho. Moishe mostrou uma maçã. O Papa levantou e anunciou: "Eu desisto. Ele é bom demais. Os judeus podem ficar".

Uma hora depois, os cardeais estavam cercando o Papa querendo saber o que havia acontecido. O Papa respondeu: "Primeiro eu levantei três dedos para representar a Santíssima Trindade. Ele respondeu levantando um dedo para lembrar que havia ainda um Deus igual para as duas religiões. Em seguida, movimentei minha mão ao meu redor para mostrar que Deus lá no alto está ao redor de todos nós. Ele respondeu apontando o dedo para o chão para mostrar que Deus também está aqui conosco, no meio de nós. Mostrei o vinho e a hóstia para mostrar que Deus perdoa nossos pecados. Ele me mostrou a maçã para relembrar o pecado original. Ele tinha uma resposta para tudo, o que eu podia fazer?".

Enquanto isso, a comunidade judaica cercava Moishe, impressionada, querendo saber como este homem velho e um tanto fraco conseguiu fazer o que todos os seus sábios e intelectuais afirmaram ser uma tarefa impossível. Eles perguntaram o que havia acontecido, e Moishe respondeu: "Bem, primeiro ele me disse que os judeus tinham três dias para deixar a cidade. Eu respondi que nenhum de nós iria embora. Depois ele me disse que toda a cidade deveria ficar completamente livre dos judeus e eu deixei bem claro que nós permaneceríamos aqui." Uma mulher perguntou o que havia acontecido em seguida e Moishe respondeu: "Eu não tenho nem ideia, ele mostrou o lanche dele e eu mostrei o meu.".

Fonte: Piada circulando na Internet.

Uma das melhores teses que conheço foi feita por Tom Seals (1985; consulte o Quadro 3.4). Tom era um aluno de doutorado de educação em aconselhamento psicológico, e sua questão de pesquisa tratava das concepções dos terapeutas sobre os problemas dos gêneros na terapia de casais. No meu entender, o principal método usado por ele foi coletar e comparar as interpretações de seus colegas terapeutas, escolhidos por sua experiência e conhecimento na terapia de casais.

Uma das formas de enxergar a pesquisa de Seals era dizer que ele organizou uma experiência comum (assistir à gravação de uma sessão de aconselhamento matrimonial) para um grupo de profissionais experientes e depois trabalhou com eles individualmente para obter suas interpretações. Alguns deles sabiam o que outros colegas disseram, mas somente Seals estudou todos eles e fez suas interpretações dessa coleta. Foi um estudo bastante ponderado pela teoria psicológica, e, mesmo assim, extremamente prático em sua abordagem. Ele conseguiu reunir, com êxito, a experiência imediata e a experiência profissional de outras pessoas para concluir sua pesquisa de dissertação.

O estudo de Seals foi um grande exemplo de como obter assistência interpretativa. Quando você realiza um estudo que necessita de dados de um local distante, você precisa da ajuda de conhecidos, de familiares e de pessoas que você contrata para isso. Você precisa refletir muito sobre como deve prepará-los. Não basta apenas pedir que eles leiam este livro. Provavelmente será necessário fornecer instruções detalhadas e prever o que pode dar errado. Em geral, é mais trabalhoso ensinar a essas pessoas o que elas devem ver e ouvir do que você mesmo coletar os dados.

Outro tipo de assistência de grande valia é encontrar uma pessoa que já faça parte do local a ser estudado para informar como as pessoas locais acham que as coisas funcionam, como tudo acontece por ali e quais pessoas serão boas fontes de informação e interpretação. Os sociólogos às vezes chamam essas pessoas de "informantes" (não no sentido de "espião"). Como parte de sua descrição ao indicar os métodos usados, você deve falar abertamente sobre a ajuda que foi dada e a que foi recebida.

A descrição qualitativa de como as coisas funcionam se baseia muito na experiência pessoal. O pesquisador geralmente tem encontros diretos com a atividade e faz entrevistas para saber mais sobre a experiência dos participantes. Uma descrição episódica e situada da atividade proporciona ao leitor uma experiência indireta (vicária) dos acontecimentos. A evidência para as assertivas do pesquisador sobre como as coisas funcionam com frequência inclui bastante descrição de experiência pessoal. A evidência deve ser verificada por repetição e contestação, sendo grande parte disso experiencial. A pesquisa qualitativa é uma tarefa disciplinada em busca da compreensão experiencial, com pequenas partes sendo agregadas a percepções maiores.

Quadro 3.4 Um estudo sobre a terapia de casais

> Seals estudou as concepções sobre os problemas dos gêneros na terapia de casais como foi mostrado em um caso real, o de Pete e Lisa, que procuraram dois de seus colegas em busca de ajuda com seus problemas no casamento. Ele utilizou uma das sessões gravadas com o casal como documento para iniciar sua pesquisa de dissertação.
>
> *continua*

Quadro 3.4 *continuação*

Interessado em quatro orientações teóricas (psicanalítica, sistemas familiares, comportamental e existencial-experiencial), Seals esperava poder fazer uma contribuição teórica para a teoria do aconselhamento psicológico. Depois de ler Glaser e Strauss (1967) e de ter ficado impressionado com o método comparativo constante deles, Seals decidiu seguir uma abordagem deliberadamente incremental para o projeto e a coleta de dados, em especial ao introduzir teorias já existentes progressivamente durante o estudo. Algumas pessoas denominaram essa abordagem de "foco progressivo" (Parlett e Hamilton, 1977).

Ele convidou 16 terapeutas de casais para participar da pesquisa, selecionados de modo que houvesse quatro de cada orientação teórica. Ele mostrou a gravação para cada um dos terapeutas como se fossem chamados para auxiliar o terapeuta e depois pediu que preparassem uma avaliação dos problemas e sugestões para auxiliá-lo. Mais tarde, ele entrevistou todos os terapeutas, não focando muito os problemas dos gêneros. As transcrições ocupam 600 páginas.

Para trabalhar de forma progressiva, primeiro ele só trabalhou com os oito terapeutas comportamentais e existenciais-experienciais, interpretando suas respostas. Seals também contratou uma colega para avaliar a interpretação contínua dele sobre as transcrições, buscando principalmente omissões, inclusões e distorções. Os comentários dela eram incluídos no conjunto de dados, conforme ele passava para as etapas seguintes. Seals criou dois resumos sobre os dados psicanalíticos e os existenciais-experienciais: um era a história interpretativa do aparecimento vitalício de problemas entre os gêneros, acompanhando a trajetória de Pete e Lisa desde o presente e retornando até o período de romance inicial e suas famílias de origem. O outro era uma taxonomia das alusões terapêuticas que surgiram a partir das observações.

Os oito terapeutas forneceram uma visão geral abrangente dos problemas entre os gêneros na terapia de casais, concluindo que Pete e Lisa estavam enfrentando conflitos previsíveis entre homens e mulheres que exercem papéis masculinos e femininos normais em relacionamentos íntimos.

Seals estava pronto para complicar a situação. Ele repetiu o procedimento com o terceiro dos quatro grupos, o dos psicanalistas, mas mudou as questões para tratar de possíveis omissões das interpretações anteriores. Mais tarde, o conflito conjugal pareceu ser mais uma busca por proteção, procurada separadamente por Pete e Lisa, depois de lidar com identificações inadequadas de gênero em problemas de suas famílias de origem. As amostras do quarto grupo não apresentaram novidades. Embora suas duas importantes interpretações estivessem em desacordo, Seals incluiu os dois pontos de vista em suas conclusões.

Fonte: Baseado no trabalho de Seals (1985).

Este capítulo relacionou a realidade da pesquisa qualitativa com a realidade da experiência pessoal. O assunto da pesquisa nem sempre é uma atividade humana, mas a perspectiva é a perspectiva humana. À medida que o texto começa a discutir sobre variáveis, descritores, escalas, indicadores e atributos, ele está se afastando do pensamento experiencial e se aproximando do quantitativo. Muitos projetos qualitativos, entretanto, incluem um pouco de pensamento quantitativo, atribuindo-lhe uma certa profundidade. Um tipo diferente de profundidade surge ao reconhecer as múltiplas realidades que as pessoas viveram. Os pesquisadores qualitativos buscam formas de reunir as experiências dos outros e, ainda assim, encontrar outras pessoas para acrescentar novas interpretações.

4

Formulação do problema
questionando como esta coisa funciona

Sua questão de pesquisa deve ser mais importante para você do que seu método de pesquisa. Aquilo que está sendo estudado deve ser mais importante que a forma como você está estudando. Obviamente, alguns de nós, talvez todos nós, preferimos formas específicas de buscar a compreensão de como as coisas funcionam. Entretanto, nossas compreensões ficariam fragmentadas e presas ao contexto se organizássemos nossos pensamentos de acordo com nossos métodos.

Enquanto escrevo este livro, estou tentando pensar em você e em sua situação. De determinadas formas, você é um especialista. Você já realizou alguns projetos, talvez dezenas. Você está se tornando mais especializado em seu campo ou se dedicando a um novo. Vocês estão pensando sobre a pesquisa que pode representar o auge de uma carreira. Outros estão pensando nas etapas da pesquisa de tese, talvez uma dissertação. Alguns dos próximos capítulos discutirão a construção de uma proposta e a preparação de um plano para coleta de dados e análise, para a tese ou outra pesquisa acadêmica. Essas atividades fazem mais sentido e ficam mais fáceis quando você escolhe o tópico a ser estudado. Tenha em mente o que o poeta John Moffitt escreveu:

Quando se olha para qualquer coisa
Quando se olha para qualquer coisa,
Se deseja conhecê-la,
Deve-se mirá-la por muito tempo:
Fitar esta relva e dizer

"Eu vi a primavera nestes
Bosques"; não satisfaz... deve-se
Ser a coisa que se vê:
Deve-se ser as serpentes baças dos
Caules e as penugens fetais das folhas,
Deve-se penetrar
Até os pequenos silêncios entre
As folhas,
Deve-se ir com vagar
E tocar a própria paz
Que delas emana.
Fonte: Moffitt (1961). Direitos reservados de Houghton Mifflin Harcourt Publishing Company, 1961. Reproduzido com autorização.

Muitos autores que escrevem sobre os métodos de pesquisa qualitativa incentivam os novos pesquisadores a observar aquilo que é comum, observar muito atentamente até que "o comum pareça estranho". Isso significa que você deve escolher uma questão de pesquisa sobre algo que as pessoas já conheçam e então encontrar conexões e interpretações que possam ajudar os leitores a perceber que eles não entendiam as complexidades. Se – e quando – as pessoas criticarem seu estudo, você pode encontrar proteção na forma como conduziu a questão de pesquisa para uma nova ótica.

PRIMEIRO A QUESTÃO, DEPOIS OS MÉTODOS

O que aconteceria se tivéssemos que armazenar em um canto tudo que aprendemos ouvindo os mais velhos e em outro tudo que aprendemos navegando na internet, estudando, dessa forma, por dois métodos diferentes? Se você organizar sua pesquisa por métodos (ouvir *versus* navegar), ela será confusa. O melhor a fazer, primeiro, é se perguntar o que você precisa saber e, depois, como proceder para encontrar a resposta. É melhor organizar por conteúdo.

Pense na seguinte situação: se seu celular novo apresenta um ícone incompreensível, você pode pedir para alguém explicá-lo ou pode ler as instruções[1] – dois métodos diferentes. Os dois são bons métodos de pesquisa, mas provavelmente nenhum vai ajudá-lo a entender como os celulares funcionam. Acumular e armazenar as informações por assunto, isto é, pelo conteúdo da questão de pesquisa, é necessário para a pesquisa e, também, para seu uso das informações. Você já sabia disso e agora sabe que pode estar perdendo seu tempo se apenas gosta dos métodos qualitativos, mas não faz ideia de quais questões podem ser estudadas com a sua utilização.

Às vezes, tudo o que você precisa saber neste momento sobre seu celular são informações específicas, e não informações gerais sobre celulares. Outras vezes, a situação é exatamente oposta. Depois de escolher a questão, você decide quais métodos de investigação usar. Seja guiado pela intuição ou pela razão, você deve pensar sobre o que quer saber antes de pensar em como encontrar a resposta. Já mencionei isso antes? Com isso, consigo pensar em dois pontos de vista opostos. Podemos estabelecer algo dialético, um argumento.

Meu colega de escritório, Iván Jorrín-Abellán (2008), disse:

> É muito difícil ser especialista em diversos métodos. Como podemos decidir o melhor método sem conhecer alguns deles em detalhes? Às vezes, nosso conhecimento sobre determinado método nos faz escolher o método antes da questão.

A escolha não deve se limitar ao seu próprio conhecimento. Você interroga pessoas com experiência. Você lê. E com o desenvolver da pesquisa você fica ainda mais versado.

Mas Iván tem razão. Todos os pesquisadores estão em treinamento, até mesmo Galileu estava. Durante suas carreiras, podem ter experiência com os métodos experimentais e os estudos de caso, e, por isso, planejam o próximo estudo em parte com o objetivo de ficarem melhores em um método. Sua preparação para uma carreira deve incluir experiência com diversos modos de investigação. E alguns de vocês podem exercer, como carreira principal, a atividade de metodólogo. Talvez um de vocês se especialize em um método específico, como o mapeamento de conceitos (consulte a seção "Mapeamento do conceito", no Capítulo 6). E talvez você escreva capítulos em livros didáticos sobre esse método. Não é uma vida tão ruim.

Obter respostas para questões importantes não é a única razão para fazermos pesquisas. Em parte, pesquisamos para aprender a pesquisar melhor. *Buscar ayuda buscar*. Buscar torna a busca melhor. Por isso, em alguns casos, escolheremos o método com o qual queremos ter mais experiência e mudaremos a questão de pesquisa para se adequar ao método. Algumas vezes, o método vem antes do problema.

O terceiro ponto de vista é de Studs Terkel (1975) e Terry Denny (1978). Eles afirmaram que muitas das histórias importantes estão livres no mundo para serem encontradas – nem sempre ajustadas aos problemas *etic* (que o pesquisador tem em mente), mas, talvez, ainda mais importantes.

Por esse motivo, eles incentivariam você a abordar a situação com a mente aberta e a observar e ouvir sem uma questão de pesquisa definida. Na minha opinião, essa parece uma boa abordagem se você for rico, aposentado ou um verdadeiro populista, como Terkel ou Denny, mas não tão boa para promover uma carreira profissional. Mais adiante neste livro, discutiremos novamente a atribuição de papéis de destaque às histórias do campo da pesquisa (os fragmentos) ao determinar a organização de um relatório final.

Para muitos de nós, na maioria das vezes, o problema da pesquisa deve ser a principal prioridade, mas uma questão não pode ser conceituada sem se pensar um pouco sobre o método e o local do estudo. Não é possível refletir profundamente sobre o conteúdo da pesquisa sem pensar em seus significados quando estudados de uma forma ou de outra. E a realidade de estudá-lo em determinado local e não em outros locais rapidamente se forma em nossa mente (Figura 4.1). Em outras palavras, primeiro a conceituação do estudo ocorre praticamente ao mesmo tempo, com o foco mudando da questão para o método e então para o local e de volta para a questão, com a ideia provavelmente sendo refinada a cada vez. E esse refinamento continuará até o momento de coletar os dados e escrever sobre ele para o relatório.

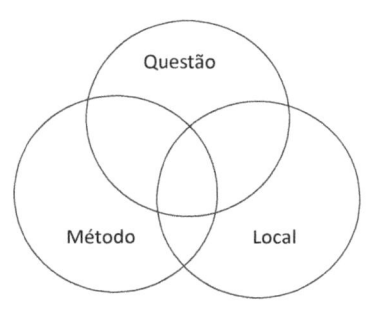

Figura 4.1 Atenção simultânea para a questão, o método e o local.

A maioria das carreiras na área de pesquisa é definida pelas questões de conteúdo, como os cuidados com as pessoas que têm Alzheimer, aprendizado colaborativo com apoio do computador ou construção de cenários teatrais. As questões levantadas por você serão degraus para sua carreira.

Para construir essa carreira e mantê-la progredindo, você não deve se basear em questões de pesquisa muito amplas ("Como as crianças aprendem a ler?", por exemplo), embora isso possa ajudar a identificar a região de desenvolvimento ou as habilidades linguísticas das crianças

com as quais você quer trabalhar. Seu ponto central não deve focar questões triviais como "Os garotos ou as garotas liam mais rapidamente?". Você deve formular questões de real importância:
- Os conceitos de "hegemônico" e "pluralismo" são fundamentalmente opostos?
- É inútil tentar integrar (não somente misturar) o "pensamento matemático" e o "pensamento pedagógico" dos professores de matemática?
- Quais são os valores pessoais e os valores comunitários dos grupos de entoação de sutra de mulheres idosas da costa rural do sul da China?

E você deve escolher questões que apresentem originalidade, algo de sua própria curiosidade, para no fim fazer uma conexão com o que outras pessoas já fizeram, mas algo de sua autoria. Algumas questões devem ser controversas (Wildavsky, 1995, p. 9). Em seus trabalhos durante toda a vida, os degraus devem ser escolhidos cuidadosamente.

Em qualquer estudo é possível ter apenas uma questão principal, a Questão de Pesquisa 1. Você pode se interessar por outras questões também, umas mais abstratas, outras mais específicas, mas uma ou algumas poucas questões devem ser significativamente precisas (o assunto exato) e ter o nível certo de especificidade para conduzir a investigação. Na Figura 4.2, preparei uma lista com várias questões de diferentes níveis, do geral ao mais específico. As questões no começo da lista são adequadas para uma carreira de pesquisas. As questões no meio são mais apropriadas para uma dissertação, e as seguintes, mais direcionadas a estudos menores, como projetos de curso e estudos preliminares. As questões no começo são importantes, mas buscam um território intelectual muito amplo para qualquer estudo, e as que estão no fim são questões informativas, sendo algumas delas importantes como parte de um estudo, mas não substanciais o bastante para ser a grande Questão 1.

Todos esses tipos de questões na Figura 4.2 têm seu espaço em um estudo de pesquisa, mas, talvez, o mais importante seja a questão de pesquisa (uma ou algumas poucas) usada para estruturar a organização do estudo. Essas poucas questões-chave são utilizadas para planejar e conduzir o estudo e, possivelmente, para organizar o relatório final. O objetivo é compreender uma relação, situação, fenômeno ou dilema mais amplamente. Essas questões não são diferentes das questões de pesquisa básicas, mas têm mais foco, dando atenção especial aos contextos.

Exemplos de ASSUNTOS OU ÁREAS DE INTERESSE (muito amplo)	• Aprimoramento da preparação dos profissionais • O custo social da meritocracia • A ética da pesquisa médica • A defesa da paz • Cuidados e alimentação de recém-nascidos
Exemplos de QUESTÕES DE PESQUISA BÁSICAS (amplo)	• Como é o apoio público para a criação de parques e áreas de recreação mais direcionados às crianças? • Por que a recuperação do vício em drogas não é mais eficaz? • Os conceitos de "hegemônico" e "pluralismo" são fundamentalmente opostos? • Como são tomadas as principais decisões sobre as políticas nos departamentos de atletismo universitários?
Exemplos de questões de pesquisa para ORGANIZAR UMA DISSERTAÇÃO	• Como os professores avaliam as criações artísticas dos estudantes nos locais considerados exemplares? • A grande ênfase na publicidade para os jovens nos *shoppings centers* atrai mais compradores? • As condições organizacionais facilitam ou mesmo permitem que um chefe de departamento seja um líder moral? • Como os veteranos de guerra contribuem para a proteção dos direitos dos índios norte-americanos?
Exemplos de questões de pesquisa para ORGANIZAR UM PEQUENO ESTUDO	• As competições de cães estão sendo afetadas com os padrões de criação atualmente estabelecidos para todo o país? • As atitudes em relação à obesidade estão mudando nos jovens desta comunidade? • O aumento na ênfase às notas de exame dos alunos desta escola é um obstáculo para os professores ajudarem os estudantes a melhorar os conceitos que têm de si mesmos? • Para a equipe de profissionais desses hospitais, qual é a relação entre a residência interna e a abstenção?
QUESTÕES INFORMATIVAS, geralmente muito limitadas para serem uma questão de pesquisa, mas que podem ser úteis	• O diretor é eficiente na utilização da verba? • Os motoristas deste local compreendem como o volume de tráfego afeta o aquecimento global? • Da quantidade total de horas de aulas dessas matérias, qual é a porcentagem real de tempo de instrução? • Considerando essas escalas de classificação, há uma correlação entre a qualidade dos cuidados de enfermagem e a empatia dos enfermeiros em relação aos pacientes? • De que formas as quantidades de casos mudaram nos últimos dois anos?
PROBLEMAS E ESCOLHAS IMEDIATAS talvez sejam importantes, mas geralmente não são considerados uma questão de pesquisa	• Qual *software* de computação gráfica deve ser adquirido? • Como as funções do gerente serão realizadas se esse cargo for eliminado? • O teste de aptidão da 3ª série deve ser concluído aqui? • O conflito de interesses será um problema em relação à indicação do primo do diretor para chefiar as relações com a comunidade? • Este livro didático aborda uma quantidade excessiva de assuntos diferentes?

Figura 4.2 Seis níveis de questões de pesquisa.

Desenvolver a questão de pesquisa de uma dissertação pode exigir muitas páginas de descrição, mas só a descrição não é suficiente. As questões podem ser articuladas e interpretadas usando os objetivos e as preocupações das pessoas envolvidas em um programa. A partir dos dados coletados com cada questão, o pesquisador desenvolve assertivas ou generalizações, possivelmente formuladas de maneira similar às questões originais, mas de forma declarativa em vez de interrogativa.

A questão de pesquisa ajuda a manter o foco durante todo o estudo. Mesmo assim, em alguns casos, é necessário refinar ou até mesmo substituir sua questão de pesquisa durante o estudo. Isso pode ser caro, mas, segundo o que você aprendeu nas páginas anteriores, na pesquisa qualitativa, pode ser prudente mudar a questão. Ainda que seja breve, a questão de pesquisa revela, mais do que o título do relatório, o que você vai fazer e, no fim, o que você fez. Uma questão de pesquisa, ou duas, ou três, pode ser uma das escolhas importantes que você terá de fazer em sua vida acadêmica.

PLANEJANDO SEU ESTUDO

Você vai realizar algumas pesquisas formais, talvez muitas. Você já fez algumas no passado, para trabalhos semestrais na faculdade ou relatórios departamentais, observando distribuições, realizando uma tarefa, mas, agora, os padrões para organização, para conexão com a literatura de pesquisa, são mais altos. Às vezes chamo a pesquisa qualitativa de "senso comum disciplinado". Você ainda vai se basear muito na intuição, mas precisa pensar adiante, traçar um plano, mesmo enquanto protege sua espontaneidade. A maioria de nós precisa se organizar melhor, encontrar um foco melhor para nossos estudos, apreciar a situação que estudaremos, conhecer um pouco as pesquisas de outras pessoas sobre o mesmo assunto. A organização do estudo deve começar com uma questão de pesquisa, mas, em alguns casos, ela começa com um episódio, ou o que Luisa Rosu (2009) chama de "aproveitável", um acontecimento que necessita de raciocínio profundo, de microanálise.

Você provavelmente sabe quanto tempo terá para realizar o estudo, mas é difícil saber como projetá-lo de modo que fique grande o bastante para receber a aprovação ou o crédito que precisa e pequeno o bastante para impedir que você faça promessas demais. Muito do conhecimento sobre como planejar vem da experiência. No momento, você pode ter noção de quantas páginas outras pessoas usam para fazer um relatório de pesquisa similar, mas isso não indica realmente o quão grande e o quão pequena deve ser a cobertura de sua questão de pesquisa.

Você pode ter noção sobre um instrumento ou procedimento que gostaria de usar, como uma escala de atitudes ou um estudo sobre depoimentos feito por outra pessoa, mas isso não indica como escrever a questão de pesquisa ou quanto tempo deve ser usado em cada uma das atividades. Há muita ambiguidade no início de um estudo e ela desaparece lentamente, mas pode desaparecer com mais rapidez se você discutir sobre essa ambiguidade e testá-la. São muitas tentativas e erros. Em alguns casos, seu objeto de estudo é algo que foi escolhido por outra pessoa, mas, mesmo nessas situações, grande parte do estudo depende daquilo que você quer fazer.

Alguns estudos são planejados detalhadamente desde o início, e outros são abertos e se desenvolvem durante o estudo. A maioria do corpo docente e dos diretores de departamentos acredita que, para seu próprio bem, você deve traçar um plano sólido. Com o tempo, alguns deles incentivarão você a seguir seu plano e, conforme você descobre mais sobre o que pode ser aprendido, outros orientadores incentivarão você a usar outra questão ou outras complicações e contextos. Em geral, pense grande, planeje grande, mas faça um estudo pequeno e controlado.

Sun Yat-Sen (1986) afirmou: "Na construção de um país, não é difícil encontrar os trabalhadores práticos, mas sim os idealistas e os organizadores".

Para obter uma quantidade adequada de dados, dados agregativos* e dados interpretativos, o planejamento pode ser difícil. Daqui a dois anos, parecerá mais fácil. Você deve considerar as expectativas dos chefes, do corpo docente e de outras pessoas em relação a quanta investigação você deve fazer e quanto território intelectual deve explorar. Mas o tamanho do evento ou do território não é um guia muito bom. É possível fazer um estudo sobre o que diversos consultores internacionais fizeram nos últimos anos e, ainda assim, obter um estudo muito pequeno. Talvez você apenas não tenha encontrado dados suficientes para fazer um bom relatório. Ou é possível realizar um estudo sobre o que um consultor local fez durante uma semana e obter um estudo muito grande. Talvez você tenha descrito tantos detalhes que somente duas pessoas terminariam de ler o estudo inteiro. Por isso, é preciso ter uma noção de quanto os leitores querem saber sobre o assunto e quanta paciência terão para ler seu relatório. Felizmente, você possui muita experiência como leitor. Além disso, pode pedir conse-

---

* N. de R.T.: Para definição, consultar Glossário.

lhos para outras pessoas com mais experiência e pode testar seu sumário e algumas seções preliminares com alguns leitores especiais.

O RACIOCÍNIO DE UMA BIBLIOTECÁRIA SOBRE UM PROJETO

Pensemos no caso de uma pesquisadora inexperiente, podemos chamá-la de Marie, que quer melhorar suas habilidades como diretora de *workshop**. Marie decide que pode ser útil estudar um *workshop* aprimorado por computador prestes a ser lançado para bibliotecários de escolas. Ela considera o *workshop* um caso a ser estudado.

Marie sabe que os bibliotecários escolares ajudam diariamente as crianças a usar os computadores para projetos individuais sobre diferentes assuntos. O estudo poderia ser avaliativo, observando se o programa é de alta qualidade ou não, ou poderia ser um estudo sobre a homogeneidade necessária de professores para que o *workshop* funcione bem (por exemplo, há problema em reunir participantes de escolas de ensino fundamental e de ensino médio, assistentes de biblioteca e bibliotecários experientes nas mesmas sessões?).

Inicialmente, Marie queria descobrir isso em relação a sua parte no *workshop*, realizando, assim, uma pesquisa-ação (Capítulo 9), mas, logo depois, decidiu estudar o *workshop* de modo geral.

Digamos que Marie, ela própria uma bibliotecária, identifique primeiro três questões de pesquisa. Leia-as com atenção (eu deveria dizer como você deve ler?).

> Há opiniões conflitantes entre os bibliotecários que participam do *workshop* sobre o aprendizado baseado em projetos?
> Há argumentos conflitantes sobre ajudar os alunos com projetos baseados na *web*?
> Quais habilidades de orientação esses bibliotecários participantes trazem para o *workshop*?

Ao ler atentamente as questões de Marie, é possível perceber que elas se referem aos participantes, mas não ao *workshop*. Se ela fosse coletar dados apenas com essas questões, poderia ser bom, mas não seria um passo evidente para tornar o *workshop* o objeto estudado. E poderia ser um estudo pequeno demais para satisfazer o leitor curioso. As três

---
* N. de R.T.: Neste caso, *workshop* deve ser entendido como "treinamento".

questões são boas, mas, a menos que Marie faça mais descobertas para descrever o *workshop*, provavelmente não será um bom estudo.

Alguém poderia dizer que ela só precisa mudar seu foco do *workshop* para os participantes, mas digamos que Marie queira compreender especificamente a pedagogia e o programa do *workshop*. Para ela, o *workshop* é o objeto de estudo. Ela quer saber como esse objeto funciona em sua situação.

Então quais são os elementos comuns que Marie irá descobrir? A maioria dos leitores estará interessada no objetivo, nas experiências pessoais, nos patrocinadores do *workshop*, nas considerações financeiras, nas oportunidades sociais e, obviamente, no corpo docente. A maioria gostaria de saber sobre o contexto ou a situação em que ocorreu o *workshop*. Esses parecem ser bons temas a serem considerados no estudo. Mas, se cada um dos temas fosse investigado, ela provavelmente teria um estudo muito grande, que demoraria muito para ser concluído e que seria muito extenso para ler. (Não nos colocamos na posição de investigadores curiosos e nossos leitores na de pessoas inteligentes, mas ocupadas? Isso nem sempre é realista, obviamente.) Assim, Marie decide que sua questão de pesquisa principal deve ser:

> O que acontece em um *workshop* aprimorado por computador com o objetivo de melhorar o conhecimento e as habilidades de orientação dos participantes?

E, como questões secundárias, ela pretende descobrir:

> Os participantes formam uma espécie de "comunidade de prática" para ajudar uns aos outros a aprender durante o *workshop* e possivelmente após o evento?
> Qual é a argumentação dos organizadores do *workshop*?

A argumentação e esses acontecimentos no *workshop* poderiam resultar em um bom e pequeno estudo, não grande o bastante para uma tese ou um estudo de avaliação interna, apenas um bom e pequeno estudo. As questões se completam de forma substancial. Os acontecimentos devem ser observados, mas, se ela entrevistar as pessoas presentes, pode refinar e triangulá-los (Capítulo 7). Parte da argumentação pode ser aprendida por meio de documentos, mas eles geralmente não fornecem dados suficientes, por isso ela provavelmente terá que investigar a argumentação fazendo perguntas aos organizadores. Para todas essas questões, Marie coletará, principalmente, dados interpretativos, mas pode usar um pequeno questionário de verificação com os participantes, acrescentando, assim, alguns dados agregativos. Isso parece o que gosto de chamar de estudo "abrangível", algo que Marie pode abraçar completamente.

Ao estudar o *workshop*, Marie também aprenderá um pouco sobre o corpo docente, sobre como o *workshop* foi anunciado e custeado, sobre os usos dos espaços e dos computadores, sobre o uso de treinamento individualizado e sugestões desses bibliotecários sobre como auxiliar outros bibliotecários, sobre muitas coisas. Ela descreverá um pouco disso em seu relatório, mas deve usar ao menos um terço deste para abordar a questão de pesquisa principal e, talvez, outro terço para abordar as duas questões secundárias. Marie provavelmente omitirá algumas das coisas boas que aprendeu para manter forte o tema principal ou a concentração nas questões de pesquisa. Sim, ela terá que eliminar algumas coisas boas.

Digamos que, no meio do estudo, Marie queira acrescentar outras três questões de pesquisa:

Como os desenvolvimentos recentes na tecnologia da computação são levados em consideração?
Como este *workshop* se compara ao outro *workshop* oferecido para esses bibliotecários?
O corpo docente sabe o bastante sobre as bibliotecas escolares atuais?

Todas são excelentes questões, mas usar qualquer uma delas poderia estender demais o estudo. Acrescentar as três com alguma profundidade provavelmente seria uma cobertura temática muito grande, mesmo para uma dissertação. Em geral, não há problema em alterar ligeiramente a questão de pesquisa, mas investigar muito essas últimas questões pode exigir três estudos adicionais. Ou ela pode despender algumas horas e uma ou duas páginas para cada questão, um simples aperitivo para seus leitores.

Com a questão de pesquisa em mente, Marie fará o estudo de seu jeito. Outro pesquisador escolheria uma outra questão de pesquisa e faria um estudo diferente. Para a vitalidade da comunidade internacional de pesquisadores, é importante que os pesquisadores escolham seus próprios temas de pesquisa e que os estudem de seu jeito. Mesmo assim, com a experiência e as preferências pessoais de cada pesquisador, seria um erro se Marie não procurasse alguns membros dessa comunidade para pedir conselhos.

Cada vez que Marie modifica a questão de pesquisa, ela precisa decidir novamente se as respostas, as histórias ou as relações que ela quer já são de conhecimento de pessoas de algum lugar. (Em caso afirmativo, ela precisa coletar e interpretar essas informações.) Se as respostas não são conhecidas pelas pessoas, surgirão das observações e análises dos dados. Por exemplo: se ela quer estudar como alguém se torna um diretor de *workshop*, ela provavelmente pode obter boas informações fazendo perguntas para diretores experientes. Mas, se ela quer descrever como eles tomam decisões sob estresse, ela provavelmente vai obter mais informações se observá-los em situações estressantes. Onde está o conhecimento? Se ela observar os diretores, depende mais dela fazer as interpretações para seu relatório do que deles. Mas, certamente, ela pode obter ajuda de um diretor ou de outras pessoas para fazer a interpretação.

Esta é a principal escolha estratégica: esperar que as interpretações venham das pessoas "fontes de dados" (como entrevistados, autores) ou esperar que elas surjam de sua agregação de resultados e observações. Às vezes chamo esses dados de *dados interpretativos* e *dados agregativos*. Se você entrevistar pessoas que participaram de um programa ruim e obtiver muitas citações que considera pertinentes para sua questão de pesquisa, esses dados são interpretativos. Se você entrevistar os participantes fazendo as mesmas perguntas estruturadas para todos e calcular e analisar os resultados para saber o sentido do que é típico e do que é diferente, esses dados são chamados agregativos. Ao inclinar-se mais sobre interpretação imediata ou sobre agregação, você está dando mais um passo para refinar a questão de pesquisa. Como indicado nos capítulos anteriores, os dados interpretativos são muito mais comuns na pesquisa qualitativa do que na quantitativa, mas os dois tipos de dados serão encontrados em todas as pesquisas. Geralmente não é possível responder às questões sobre como as coisas funcionam sem usar dados interpretativos e agregativos.

PROJETO PARA ESTUDAR COMO ESTE CASO FUNCIONA

Para planejar um estudo, acho útil exibir e reorganizar os domínios de informação e as etapas da pesquisa em um quadro branco, fácil de acrescentar e fácil de apagar. Para Marie, alguns dos domínios eram: habilidades de orientação, homogeneidade dos participantes, aperfeiçoamento com computadores e aprendizado de projetos. Em seguida, reúno esses termos em "caixas" (quadros)*, de modo figurado, como na Figura 4.3, e, então, de modo literal, reúno em caixas de arquivo que chamo de "caixas de April", porque April Munson disse para minha clas-

---

* N. de R.T.: Como em inglês a palavra *box* significa tanto "caixa" quanto "quadro", o autor usou um jogo de palavras para relacionar os quadros como representação gráfica com caixas de arquivo. Na tradução, optou-se por diferenciar os termos.

se que, para ela, essas caixas transformaram sua percepção da pesquisa de algo incontrolável para algo possível. Com linhas a lápis, divido uma grande folha de papel em seis ou oito quadros ou mais e coloco todo o conteúdo de um domínio de informação ou assunto em um desses quadros. Note que não indico aqui como vou obter esses dados. Os métodos de pesquisa chegam depois. Primeiro temos que expandir e desenvolver a questão de pesquisa. E observe que algumas dessas caixas (por iteração; Capítulo 11) provavelmente se tornarão títulos de capítulos e seções temáticas no relatório final.

Workshop Administração Argumentação Riscos	Programação do *workshop* Habilidades de orientação Apoio com computador Aprendizado colaborativo
Equipe do *workshop* Habilidades de instrução Conhecimento de computadores	Atividades Orientação *online* Demonstrações Representação de papéis Projeto simulado Intervalo Iniciativas dos participantes
Outros Contextos (história, etc.) Verba *Software* Pesquisa sobre desenvolvimento profissional	Participantes do *workshop* Qualificação Homogeneidade Comunidade de prática Opiniões sobre os professores

Figura 4.3 "Caixas de April" para o estudo de Marie sobre um *workshop* de aprendizado colaborativo com apoio do computador.

Em seguida, coloco etiquetas, de verdade, em diversas caixas de arquivo (as medidas das minhas são 4 x 23 x 30 polegadas) e começo a coletar definições, explicações, transcrições, diagramas e outros dados. Quando esses dados são diálogos ou histórias que acredito que talvez possa incluir no relatório final, faço uma marcação especial neles (precisando algumas vezes colocar cópias em mais de uma caixa, porque ainda não sei onde irei usá-los). Chamo esses diálogos ou histórias especiais de "fragmentos" e digo que colocar os fragmentos juntos é uma estratégia alternativa para escrever o relatório final mais tarde.

Em seguida, Marie precisa pensar na coleta de dados. Quais métodos já usei? Quais métodos vou usar mais? Nesse momento, gosto de fazer um rascunho ilustrativo, destacando meus métodos de pesquisa. Geralmente uso um gráfico espacial, como o mostrado na Figura 4.4. O he-

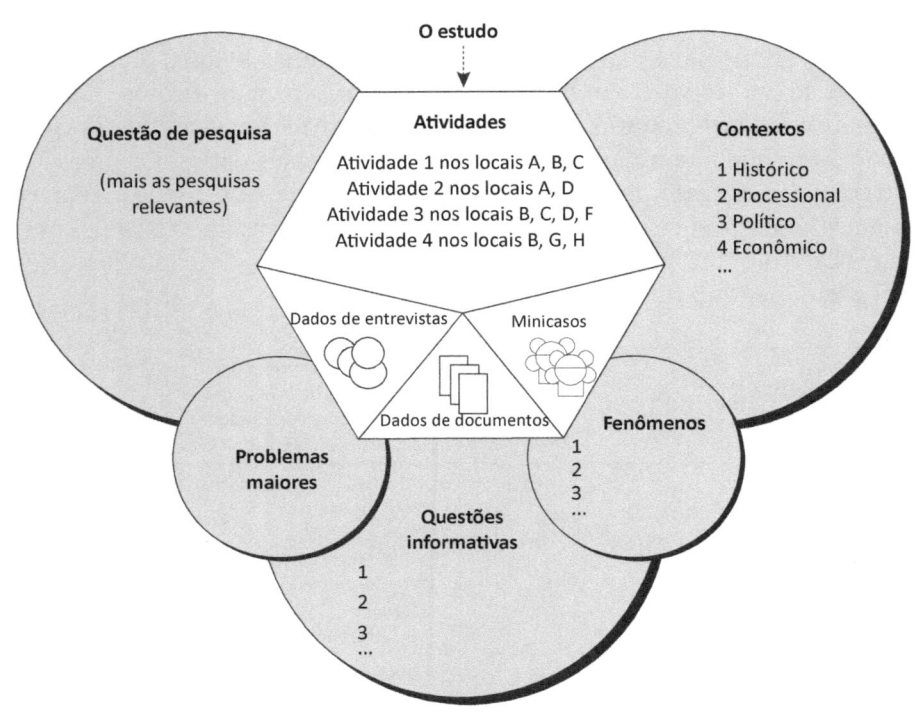

Figura 4.4 Uma forma gráfica de planejar um estudo qualitativo.

xágono no meio representa o estudo, o que o pesquisador fará. Aqui temos a indicação de quatro atividades de coleta de dados: observação das atividades, entrevista, análise de documentos e breve estudo de minicasos. Podem existir outras atividades.

Os círculos externos representam o território conceitual no qual o pesquisador trabalhará. Os círculos maiores indicam a questão de pesquisa (e pesquisas relacionadas), os contextos e as principais informações necessárias. Os círculos menores representam os fenômenos importantes para o estudo e alguns problemas maiores. Ao projetar essas informações, o pesquisador traça um plano gráfico para realizar a pesquisa.

Marie decidiu fazer um estudo de caso sobre um *workshop* de desenvolvimento profissional. Em seu plano gráfico, o caso é uma ideia tão dominante (Stake, 1995) que mudaremos o gráfico para representar o caso com um círculo de traço grosso, como na Figura 4.5, e colocaremos a atividade do estudo dentro desse círculo. Faremos isso não exatamente igual à Figura 4.4. Obviamente, você também pode adaptar. Dentro do círculo, há espaços para guiar a coleta de dados de Marie. Três setores foram destacados para observação em três locais. Esse número, sem dúvida, poderia ser maior ou menor. Um círculo médio indica um minicaso que pode ajudar o leitor a entender o *workshop*.[2]

```
┌─────────────────────────────────┐      ┌─────────┐  ┌─────────────┐
│ O workshop colaborativo para    │      │História │  │ Associação  │
│ bibliotecas com apoio do        │      │   da    │  │  nacional   │
│ computador                      │      │bibliote-│  │de bibliotecas│
│                                 │      │   ca    │  │ escolares   │
└─────────────────────────────────┘      └─────────┘  └─────────────┘
              │          Treinamento
              ↓
                  Dados de observação:
   O caso         Sessões do workshop no Laboratório 190
                  Interações no intervalo, lanchonete
                  Sessões de planejamento de equipe, escritório
                  Acompanhamento posterior na Franklin School

                       Entrevistas com participantes,
                       diretores, professores
                       universitários, outros
   O estudo                Dados de
                           documentos
                  Minicasos
                  de dois
                  participantes

┌───────────────────────────────────┬─────────────────────────────────┐
│ Problemas:                        │ Informações necessárias:        │
│ Idealização da biblioteca como    │ Objetivo do workshop            │
│ local de trabalho                 │ Formação dos participantes      │
│ Representação equivocada do       │ Atitudes dos participantes      │
│ comportamento para pesquisas do   │ Hardware e software disponíveis │
│ estudante                         │                                 │
│ Futuro do bibliotecário de        │                                 │
│ referência                        │                                 │
└───────────────────────────────────┴─────────────────────────────────┘
```

Também associados ao círculo grande: Apoio da comunidade para as bibliotecas escolares; Contexto cultural; Pesquisa sobre o desenvolvimento profissional dos bibliotecários escolares.

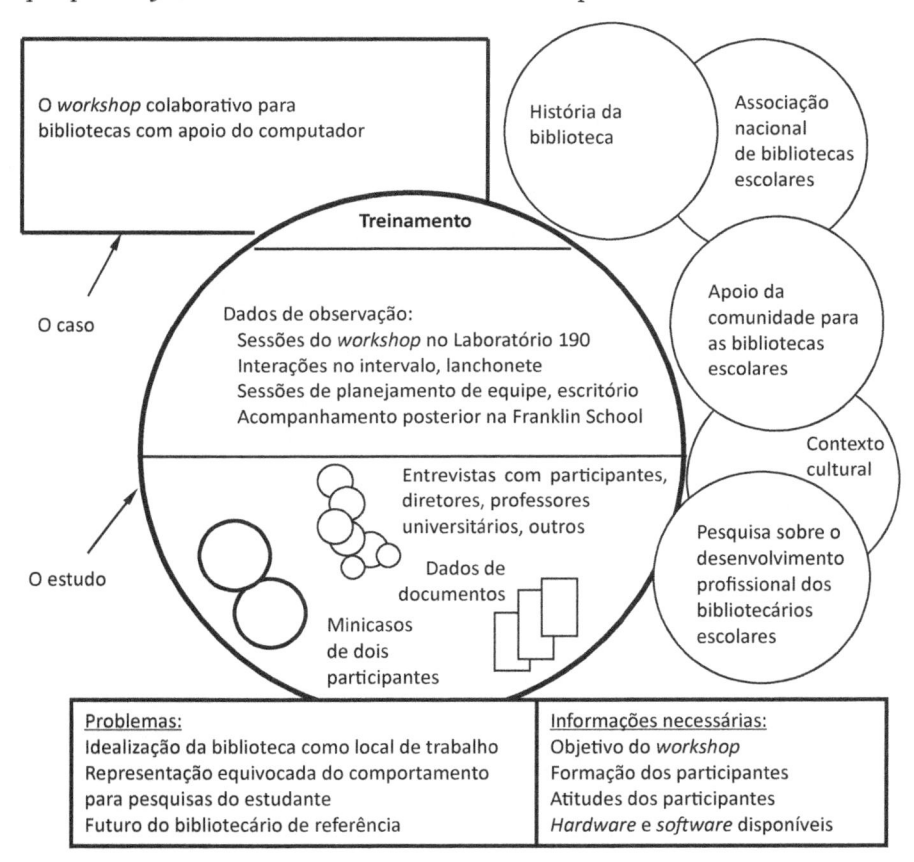

Figura 4.5 Projeto circular do estudo de *workshop* de Marie.

No estudo de Marie, parecia haver tempo apenas para um minicaso. Os principais objetos e documentos para Marie revisar eram, ao menos a princípio, os materiais de treinamento e a declaração de padrões para proficiência dos bibliotecários escolares.

Para a pesquisa de Marie, quatro contextos pareceram merecer avaliação: a história da biblioteca, a associação nacional de bibliotecas escolares, o apoio da comunidade para as bibliotecas escolares e a pesquisa sobre desenvolvimento profissional. Entre todas as informações necessárias, Marie destacou a formação e as atitudes dos participantes, o objetivo do *workshop* e o *hardware* e *software* disponíveis.

Como você sabe, é necessário ter uma questão de pesquisa, locais nos quais estudar essa questão e alguma noção de como as informações necessárias podem ser coletadas. Um pesquisador encontrará histórias, episódios, diálogos (os bons eu chamo de "fragmentos") que corresponderão a seus quadros, prontos para interpretar a questão de pesquisa. Talvez seja necessário obter aprovação institucional para a proteção dos sujeitos (seção "Proteção dos sujeitos", no Capítulo 12) mesmo antes de saber o bastante sobre a situação para criar um plano gráfico como esse. O plano de quadros e círculos pode ser útil para conceituar o estudo durante o restante deste, e modificações são esperadas no decorrer do desenvolvimento do trabalho.

Existe o risco de o plano se tornar um mecanismo que interfira na perspectiva aberta e interpretativa escolhida pelo pesquisador qualitativo. A questão de Marie é sobre o funcionamento do *workshop*, prática e conceitualmente. Ela precisa pensar sobre o que está acontecendo usando sua curiosidade intuitiva e coletando observações para analisar. Essa curiosidade precisa ser estendida quanto ao que pode ser lido sobre assuntos similares em documentos profissionais e de pesquisa e quanto às ideias de como os bibliotecários e os professores podem se beneficiar por saber até mesmo algo pequeno, como o funcionamento desse *workshop*. Obviamente, se Marie não se preocupar muito em entendê-lo completamente, é improvável que seja uma boa pesquisa. Esses gráficos podem atrapalhar, mas também podem estimular a expansão e o aprofundamento da questão de pesquisa.

LEVANTANDO E RESPONDENDO A QUESTÕES

Uma pesquisa de dissertação e outros tipos de pesquisa podem ser realizados com uma grande variedade de métodos, de locais e de objetivos. A Figura 4.6 indica alguns dos diversos objetivos de estudo (sem necessidade de saber o conteúdo da questão de pesquisa).

O esquema de 3 x 3 aqui não tem importância. A lista de nove itens foi preparada para se opor a uma suposição frequente de que os es-

Estudar um caso	Estudar um fenômeno	Estudar uma relação
Estudar uma política	Fazer uma comparação	Avaliar um programa
Estudar uma distribuição	Deduzir uma generalização	Realizar um experimento natural

Figura 4.6 Alguns tipos principais de estudos de pesquisa qualitativa.

tudos qualitativos são principalmente estudos de sentimentos pessoais. O objetivo do estudo, em alguns casos, será um fenômeno, podendo ser um acontecimento específico, como a inauguração de um determinado monumento comemorativo, ou um acontecimento geral, como as inaugurações de monumentos comemorativos. Muitos fenômenos são culturais, como a tendência de os dentistas serem homens, e muitos são naturais, como a possível tendência de nevar em Indiana após o florescimento das árvores de magnólia. Existem muitos métodos possíveis para estudar todas as áreas de pesquisa. Aqui temos alguns exemplos.

Como exemplo de um estudo sobre relações pessoais, um pesquisador pode avaliar se irmãos separados por gerações têm um bom relacionamento. Em muitas questões sobre relações, o pesquisador procura uma correspondência, o modo como dois atributos variam juntos (quando um aumenta, o outro aumenta também?). Podemos, por exemplo, estudar como os hábitos culinários e os gêneros estão relacionados, assim como foi a inspiração para o filme sueco *Histórias de cozinha* (Salmer fra Kjøkkenet), de 2003. Muitos estudos sobre correlações (correspondência, covariação) são mais quantitativos do que qualitativos, mas a correspondência é sempre importante. Quando o moderador interrompe os debatedores, as declarações ficam mais estridentes? Ou uma correspondência entre as rotinas de exercícios e os gêneros indica que, em um *spa*, a hidroginástica era mais popular entre as mulheres idosas do que entre os homens idosos. Poderíamos tratar esse fenômeno desse determinado *spa* para esta idade específica como uma diferença de gêneros ou uma correspondência entre os gêneros e a rotina de exercícios.

As políticas, sejam sobre costumes informais ou requisitos formais, podem ser estudadas: em relação às dificuldades em alterar a política, como manifestações de valores políticos, como tendo custos e benefícios e de muitas outras formas. Nos estudos sobre políticas, os estudos quantitativos são mais numerosos do que os qualitativos. As comparações são interessantes porque são muito simples: por exemplo, "Quem são os melhores profissionais de *telemarketing*, homens ou mulheres?". As questões comparativas são fundamentais (o que não é surpresa) nas pesquisas comparativas, como o estudo Tobin-Wu-Davidson (1991) sobre crianças da pré-escola no Japão, na China e no Havaí. As comparações geralmente são macroanálises, com foco nos critérios populacionais, "fora da caixa" da maioria dos pesquisadores qualitativos.

Os estudos avaliativos são diferentes apenas no sentido de que a questão de pesquisa desperta a questão sobre mérito ou qualidade. Geralmente pensamos nos estudos de distribuição, nos estudos de dedução e nos experimentos como quantitativos, mas as distribuições podem ser padrões não quantitativos, como a distribuição da atenção de uma enfermeira. E os estudos de dedução podem ser qualquer estudo em que observamos as influências e os contextos para obter uma generalização. Os experimentos naturais acontecem quando um evento ocorre, como uma queda de energia prolongada, e as alterações nas atividades são registradas cuidadosamente. Todos os nove estudos na Figura 4.6 podem incluir trabalho qualitativo e trabalho quantitativo transformando-se em estudos de "métodos mistos", nos quais mais de um método é usado para avaliar o mesmo conteúdo (consulte a seção "Métodos mistos e confiança", no Capítulo 7).

Não importa quais métodos são usados, pesquisar é tentar compreender questões importantes. A questão principal, a questão de pesquisa, raramente pode ser bem formulada em uma única sentença. Quando você propõe uma pesquisa, para um contrato, dissertação ou qualquer outro tipo, você deve utilizar diversos parágrafos ou páginas para explicar sua questão de pesquisa. A minha (Stake, 1961) começava com "As curvas de aprendizado nas pequenas tarefas fornecem parâmetros sobre a aptidão acadêmica que acrescentam mais do que obtemos a partir dos testes padronizados convencionais?". Você pode imaginar que precisei de várias páginas para explicar o que isso significava. E a sua questão?

NOTAS

1 No programa de rádio *Prairie Home Companion*, de Garrison Keillor, em 9 de março de 2008, foi dito que, para manter as mensagens pessoais secretas, deve-se armazená-las em uma nova pasta chamada "instruções operacionais".

2 Um minicaso (algumas vezes chamado de caso integrado) é um caso dentro de um caso; aqui, ele pode ser um participante do *workshop* que ilustra um problema ou oportunidade especial. Possivelmente, 5% do relatório final serão reservados para a descrição e a interpretação desse minicaso.

5

Métodos*
coletando dados

Os pesquisadores qualitativos buscam dados que representem experiências pessoais em situações específicas. Muitos dados qualitativos são parecidos com os três exemplos abaixo:

1. Um representante do *campus* disse: "Este *campus* novo é muito bonito, mas estamos bem, no momento".
2. No mesmo ritmo, mais de 200 jovens gritaram:

    Eu vou sempre levar na esportiva!
    Eu vou me comportar de forma decente e honesta!
    Eu vou fazer meu melhor para me dar bem com as pessoas!
    Eu vou ter orgulho de mim!
    Eu vou dar meu máximo em toda a competição e sempre competirei de forma justa!
    Eu vou andar, falar e me portar de cabeça erguida frente às adversidades!

3. Os membros da equipe não receberam seus pagamentos semanais até a quarta-feira da terceira e última semana. Havia erros no preenchimento da folha de pagamento. Embora tivessem sido informados sobre o cronograma de pagamento quando foram contratados, na quinta-feira, os membros da equipe estavam preocupados.

---

* N. de R.T.: Seria mais adequado, neste caso e em outros que surgem ao longo da obra, utilizar o termo *técnicas*, pois se refere aos instrumentos e recursos peculiares a cada objeto de pesquisa, e não abrange toda a amplitude dos métodos de pesquisa. Porém, como a escolha do autor foi empregar o termo *métodos* para ambos os casos, optou-se por manter dessa forma para preservar o estilo da obra original.

Muitos dados qualitativos são acontecimentos pessoais em um momento e em um lugar. Esses três acontecimentos seriam incluídos em análises mais detalhadas se fossem pertinentes para a pesquisa, se ajudassem a obter compreensão sobre como algo funciona ou não. Aqui, o objeto de estudo sendo avaliado qualitativamente era o National Youth Sports Program (NYSP, Programa nacional de esporte juvenil). Como ele funcionou? Funcionou de maneira diferente em todos os *campi* das 170 universidades participantes?

Certamente, os pesquisadores qualitativos utilizam todos os tipos de dados, como medidas numéricas, fotografias, observação indireta[1], texto ou qualquer outro tipo que explique a situação que está ocorrendo. Eles analisam documentos[2] e coletam materiais (Hodder, 1994). Obviamente, muitos dados qualitativos não se encaixam facilmente na análise estatística, embora o pesquisador possa classificar cada dado de acordo com um esquema de categorias como "iniciado pelos jovens, iniciado pelo técnico e iniciado pelo representante da universidade". Discutiremos sobre análise e interpretação de dados no Capítulo 8. Nosso foco, aqui, é encontrar e registrar dados.

Algumas "descrições mal trabalhadas" podem aparecer no relatório final; a maioria delas será peneirada, classificada e interpretada mais profundamente. A decisão sobre quais fragmentos devem ser mantidos e, mais tarde, incluídos no relatório não é fácil. Quando um determinado fragmento é encontrado, o pesquisador qualitativo imagina se ele é valioso o bastante ou não para ser mantido. Mais tarde, o pesquisador tomará outras decisões sobre seu real valor. Isso nos ajuda a entender e a discutir a questão de pesquisa? Parte da classificação dos fragmentos é arbitrária, mas a experiência faz com que essa arbitrariedade seja menor. Não é possível manter todos os dados, e alguns dados que, mais tarde, se tornariam valiosos serão ignorados. Ainda assim, os pesquisadores iniciantes têm tomado decisões como essas na vida comum há muitos anos e, aos poucos, refinarão seus hábitos de reconhecer o que é bom para uma investigação qualitativa.

Como indicado anteriormente no Capítulo 4, o método para coleta de dados é escolhido para se adequar à questão de pesquisa e ao estilo de investigação que os pesquisadores preferem usar[3]. Alguns pesquisadores qualitativos atribuem alta prioridade às questões abertas, reduzindo as questões de categoria ou de resposta "sim/não", mas elas têm seu valor quando a história do entrevistado ou a história do programa são necessários. Entretanto, muitas questões e visões necessárias para o desenvolvimento de um problema de pesquisa precisam ser formuladas pelo pesquisador para obter informações. Essas questões estão indicadas no Quadro 5.2 (p. 109). Todas as perguntas poderiam ser seguidas por uma resposta "sim/não", como "Você foi contra esse desenvolvimento?" ou uma pergunta mais aberta, como "Descreva como tudo começou". A pesquisa qualitativa encontrará lugar para qualquer método, em algum momento.

Muitos métodos bem desenvolvidos para a pesquisa qualitativa já existem. Muitos estão descritos em livros didáticos, guias, periódicos como o *Qualitative Inquiry* e na internet (Denzin e Lincoln, 2006; Johnson e Christensen, 2008; Seale, Gobo, Gubrium e Silverman, 2004). Utilizar um método, protocolo ou abordagem que já tenha sido testado e considerado útil repetidamente pode economizar tempo e aumentar a importância do trabalho. Entretanto, poucos deles serão exatamente o que o pesquisador e o problema de pesquisa precisam. Uma revisão da literatura deve dar um pouco de atenção ao modo como outros pesquisadores coletaram dados para questões de pesquisa similares. A ênfase deste capítulo está mais nas estratégias de coleta de dados do que nas técnicas específicas.

OBSERVAÇÃO

Muitos pesquisadores qualitativos preferem usar dados de observação (informações que podem ser vistas, ouvidas ou sentidas diretamente pelo pesquisador[4]) do que outros tipos. O olho vê muito (e também perde muito), observando simultaneamente quem, o quê, quando, onde e por que (como os jornalistas devem fazer) e, principalmente, relacionando-os à história ou às assertivas futuras, ou seja, à questão de pesquisa. A história, a assertiva, os quadros e até mesmo a questão de pesquisa mudarão com o desenrolar do estudo, e a imaginação também muda. Em alguns casos, a observação ocorre como é exposto no Quadro 5.1.

A questão de pesquisa aqui era sobre a qualidade do National Youth Sports Program (NYSP). A observação relatada no Quadro 5.1 é sobre o papel da disciplina no programa, um tema recorrente em todo o estudo. Nesse caso, e em geral, percebo uma dialética, um "cabo de guerra" por atenção, entre as observações e o tema. E esses dois elementos se influenciam. Os dados novos algumas vezes têm efeito sobre a questão de pesquisa, com frequência tornando-a mais complexa. E, conforme o tema se desenvolve, o significado e o valor dos dados individuais mudam. Quando ouvi pela primeira vez os jovens gritando (veja no início do capítulo), considerei como se estivessem reconhecendo a importância de ser um bom competidor, de "levar na esportiva", e, mais tarde, com mais dados, enxerguei o grito de guerra como militarização. A interpretação é parte da observação e continua a reformular o estudo durante sua realização. No Capítulo 7, veremos como a triangulação é utilizada para fortalecer os significados que atribuímos às coisas e para descobrir novos significados.

Em campo, alguns dados de observação são imediatamente identificados como valiosos. Em um órgão do governo em Indianápolis, perguntei a uma das funcionárias se ela se considerava uma burocrata e ela respondeu: "Eu não sou uma burocrata". Perguntei o que ela era e ela respondeu: "Sou uma *hoosier*" (habitante ou natural de Indiana, Estados Unidos). Quase imediatamente percebi que iria repetir esse fragmento no meu relatório. Como disse anteriormente, chamo esses dados que imediatamente e sozinhos já parecem relevantes de "dados interpretativos" e aqueles que somente se tornam relevantes quando misturados com muitos outros dados de "dados agregativos". As formas repetitivas com que o Sr. Hussein falava sobre o condicionamento físico e mental são dados qualitativos agregados. Um pesquisador planeja os procedimentos de observação de maneiras diferentes quando espera encontrar mais dados agregativos que interpretativos, e vice-versa. Você consegue enxergar como isso acontece? Você relaciona isso com a microinterpretação e a macrointerpretação?

Quatro pessoas de nossa equipe de avaliação do NYSP visitaram, cada uma, um *campus* universitário participante. Talvez devêssemos ter usado, mas não o fizemos, um formulário de observação para verificar as atividades do NYSP[5]. Confiamos no pesquisador como instrumento, utilizando sua habilidade intuitiva de enxergar os detalhes, de reconhecer a influência do contexto, de investigar e de focar progressivamente. Às vezes, o instrumento fixo é limitante, embora geralmente seja melhor para manter o foco e facilitar a agregação dos dados. Achamos que deixar cada observador escrever o relato de sua visita de forma independente ajudaria o leitor a enxergar a singularidade e as similaridades de cada *campus*. Ainda assim, os formulários de observação poderiam ter nos ajudado a focar os problemas do NYSP, como:

Quadro 5.1 Artes marciais

> Às 10 horas da manhã entramos no ginásio. Os garotos demoram mais 15 minutos para se posicionarem. Eles parecem não conseguir formar fileiras, incapazes de enxergar que boas coisas podem acontecer se eles seguirem o plano de organização do professor. Makir Hussein posiciona cada um dos alunos em seu
>
> *continua*

Quadro 5.1 *continuação*

devido lugar, formando um esquema de cinco por cinco. Mario está na última fileira, no canto direito, Mark cria um lugar atrás do grupo, e Peter fica na porta.

Estamos na quadra de lutas, cerca de 9 x 12 metros, teto alto, quente. Colchonetes cobrem o chão. As paredes de cimento, o formato simples parecido com uma caixa e sua designação de uso atribuem uma aparência rígida, talvez até uma sensação combativa.

A formação está fluindo, girando, as crianças estão se fundindo aos colchonetes no chão, buscando pequenas variações de lutas falsas. (Depois do grito da manhã, as crianças responderam vigorosamente no mesmo ritmo, enquanto eram conduzidas, "EU NÃO VOU/LUTAR DE MENTIRA/EU NÃO VOU/LUTAR DE MENTIRA".) A qualquer momento, talvez metade deles estivesse fora do lugar. Com metade do grupo corretamente posicionado, Hussein chamava sua atenção para tentar mantê-los em fileiras, mas isso logo perdia efeito. Hussein oferecia uma máxima: "Se você consegue ficar quieto, você consegue fazer qualquer coisa". Alguns meninos ultrapassaram a diferença de formação permitida. Eles foram mandados para o corredor e logo depois levados para o escritório por Mark.

Agora, com todos os meninos quase organizados, Hussein chama a atenção mais uma vez e, rapidamente, na lateral, em um salto, afasta suas pernas em posição. Todos respondem com vigor, gritando a contagem para cada segundo movimento. O espírito de excesso permanece.

Agora, na quarta das 10 sessões, um pouco de ambientação para autenticar as artes marciais. Os garotos pareciam não precisar disso, mas escutaram mesmo assim. Não consigo compreender muito do que Hussein está falando. Ele fala da mesma maneira que faria meu estereótipo de um pregador enérgico: "Porque este é o Caminho (pausa) para se Viver a Vida. O Corpo é a Linha entre (pausa) o Coração e o Caminho. (pausa) ENTENDIDO?". Eu tenho um pouco de dificuldade de acreditar que os garotos estão entendendo o que eu não consigo entender, mas, em uníssono, eles respondem "Sim!".

A situação é focada, mas não é hipnotizante. Imediatamente, uma voz pergunta: "Mr. Hussein, podemos beber água?". É uma escolha muito difícil para Hussein, porque ele quer manter a concentração total na tarefa que está sendo realizada. Ele finalmente chegou aonde queria na aula, mas, com a temperatura ambiente quase chegando a 38°C, ele pensa na possibilidade de negar água e logo em seguida ver um dos garotos de 12 anos desmaiar. Desta vez ele resiste, mas não negará o próximo pedido daqui 20 minutos. Um pouco mais de filosofia em sua mistura de dialeto militar, renascimento e linguagem da rua: "Conhecimento ... amor ... apoio constante ... equilíbrio ... personalidade ... poder ... conhecimento". E, em seguida: "EU ESTOU CERTO?"/"CERTO!"/"VOCÊS ESTÃO PRONTOS PARA CONTINUAR?"/"SIM!".

continua

Quadro 5.1 *continuação*

> Ele demonstra para os meninos cinco ou seis movimentos. Punho esquerdo para frente. Pé direito para trás. Joelho esquerdo dobrado. Um movimento por vez, repetido 20 vezes, descrito com um grito e seguido de contagem das repetições. Os movimentos dele são elegantes, disciplinados, visualmente impressionantes. Os meninos mantêm o olhar no professor, sentem seus corpos fazerem movimentos parecidos e depois repetem o movimento de forma extravagante, fora da margem da ação demonstrada. Alguns deles perdem de vista os desafios interessantes de direita ou esquerda.
>
> "OK, este é o alfabeto. Cada um dos movimentos representa uma letra. O que você consegue se juntar as letras? Você forma palavras. Esses são os movimentos que compõem todas as artes marciais: coreana, japonesa, chinesa. Basicamente, elas são todas iguais." Ele coloca Sylvester em uma posição, punhos para frente, cotovelos para fora, perna para trás. "Equilíbrio ... pronto ... difícil de movê-lo ... pesado como uma montanha." Mais uma vez, o grupo segue Hussein, movendo-se para frente e para trás, com intenção, querendo isso como um indivíduo, ainda não mostrando muita lealdade ao grupo.
>
> "Sr. Hussein, podemos beber água?". Embora muitos dos meninos tenham respondido "Não", Makir Hussein não pode negar novamente. Primeiro, ele recomenda: "Esqueçam o tempo. Criem suas próprias condições. Esqueçam os intervalos para beber água". Mas ele permite que os meninos saiam de formação e os últimos 10 minutos da aula são perdidos.

1. Qual ética é aprendida pelos jovens, a ética de "tentar sempre" ou de "ganhar"?
2. A grande participação de policiais como técnicos é uma vantagem ou um obstáculo?
3. A central nacional (National Collegiate Athletic Association, Associação Atlética Universitária Nacional; NCAA) enfatiza a conformidade ou a independência na operação dos *campi*?

Planejar até mesmo um pequeno instrumento de coleta de dados é uma grande tarefa, geralmente não realizada muito bem. Os índices representarão o que eles devem representar? O questionário no Quadro 5.4 (p. 113) realmente representará a competitividade? Muitos pesquisadores atualmente ficam tão preocupados em obter a aprovação da "proteção dos sujeitos" que acabam gastando muito pouco tempo obtendo dados redundantes e direcionados à questão de pesquisa. Cada revisão dos principais métodos de coleta de dados deve ser feita por outros pesquisadores e de forma piloto, não usando as pessoas que fornecerão os dados finais a serem analisados, mas pessoas como elas. Os números nos testes piloto não precisam ser grandes, mas deve-se tomar cuidado para garantir que os entrevistados entendam o que está sendo perguntado e que os dados correspondam à análise planejada.

Uma forma ativa de observação é a observação participante, em que o pesquisador se junta à atividade como participante, não apenas para se aproximar dos outros participantes, mas para tentar aprender algo com a experiência que eles têm descrita no papel. O pioneiro antropólogo Bronislaw Malinowski (1922-1984) foi muito perspicaz nessa abordagem, incentivando-nos a "deixar a câmera, o bloco de notas e o lápis de lado e participar do que está acontecendo ... Embora o grau de sucesso seja variável, a tentativa é possível para todos" (p. 21). Entretanto, Clifford Geertz (1988) e outros criticaram o fato de sermos muito rápidos em achar que nossa experiência participante se aproxima da deles. E também de achar que não alteramos a experiência deles com nossa presença. Você sabe por que é difícil para um adulto ser um observador participante em um *campus* para jovens. Um adulto poderia fazer observações participantes de forma proveitosa lá no *campus*, mas recomenda-se que se tenha cautela extra. Sharon Merriam (2009, p. 126) e Uwe Flick (2002, p. 141) oferecem uma perspectiva interessante desse método.

Uma das maiores preocupações de um pesquisador iniciante é fazer um registro preciso do que está acontecendo. Às vezes, acredito que ele se preocupa demais com a precisão. Sim, o registro precisa ser correto, mas há mais de uma chance para conseguir isso. A primeira responsabilidade do pesquisador é saber qual é o acontecimento, enxergá-lo, ouvi-lo, tentar compreendê-lo. Isso é muito mais importante que fazer a observação perfeita ou obter a citação perfeita. Muito do que escrevemos é uma aproximação que pode ser aprimorada posteriormente, se soubermos o que aconteceu exatamente.

O pesquisador iniciante busca certeza em gravações de vídeo ou áudio, não conseguindo apreciar o quanto ele deve saber para poder editar a transcrição, não sendo capaz de saber quão imperfeita a gravação mecânica geralmente é. Alguns pesquisadores conseguem usar as gravações de maneira eficiente, mas muitos não o conseguem. O que se precisa fazer com a observação, com ou sem gravações, é trabalhá-la, praticando, mudando, para ver o que você consegue fazer bem. É muito provável que você tenha de praticar suas habilidades de coleta de dados repetidamente antes de realmente coletar dados. Consiga um técnico. Grave a si mesmo. Faça o mesmo com as entrevistas para treinar e poder ser um coletor de dados minimamente habilidoso. Fica melhor com a experiência. Ainda assim, alguns dados de observação muito bons são mostrados por pesquisadores iniciantes.

ENTREVISTA

As entrevistas são usadas para vários propósitos. Para um pesquisador qualitativo, talvez os principais sejam:
1. Obter informações singulares ou interpretações sustentadas pela pessoa entrevistada.
2. Coletar uma soma numérica de informações de muitas pessoas.
3. Descobrir sobre "uma coisa" que os pesquisadores não conseguiram observar por eles mesmos.

O primeiro e o terceiro são adaptados aos indivíduos e com frequência as entrevistas devem ser coloquiais, com o entrevistador fazendo perguntas investigativas para esclarecer e refinar as informações e as interpretações.

Se existe a chance de um ou vários entrevistados fornecerem materiais dignos de citação, então a entrevista deve ser adaptada ao que há de especial naquela pessoa. Embora a entrevista geralmente seja estruturada pelos problemas do pesquisador (problemas *etic*), em alguns casos é melhor fazer uma pergunta aberta ("Como foi sua experiência no começo?"), permitindo que os entrevistados apenas comentem ou contem histórias (estruturando-as de acordo com seus próprios problemas *emic*).

Se as respostas para as questões forem tabuladas (por exemplo, foram encontrados 17 jogando, 9 não jogando), então as questões devem ser simples, diretas e feitas para todos os entrevistados da mesma forma. Essa tentativa de repetição é geralmente chamada de entrevista semiestruturada. Às vezes é difícil relacionar perguntas simples a uma questão de pesquisa complexa. Muitas perguntas complicadas não servem para a soma numérica. Como parte da avaliação do NYSP, perguntamos aos diretores locais questões similares às questões demonstradas no Quadro 5.2[6]. Embora tenhamos planejado as questões com antecedência, não perguntamos de forma estruturada, era mais uma conversa de sondagem. Observe como essas perguntas enfatizam mais o funcionamento do programa do que os efeitos nos jovens. Não formulamos as questões até sabermos bastante sobre o funcionamento do *campus*.

Quadro 5.2 Questões para entrevista de um diretor de *campus* do NYSP

1. As principais decisões deste programa são tomadas considerando o que é melhor para os jovens?
2. As aspirações do NYSP são irreais ou talvez muito modestas?
3. Há um bom equilíbrio no *campus* entre a participação nos esportes e a instrução em atividades não esportivas?
4. Os técnicos acham que o seu *campus* é muito parecido com uma escola?
5. Alguma medida foi tomada para garantir que seus técnicos sigam boas rotinas de exercícios?
6. Descobrimos que algumas equipes dos *campi* não possuem as habilidades para ajudar os jovens a se informar sobre oportunidades educacionais e de carreira. Isso é um problema aqui?
7. Alguns líderes de *campus* e de comunidade falaram sobre a importância da experiência do NYSP ao estabelecer a realidade de se estar em um *campus* e promover aspirações em relação ao ensino superior. Isso está acontecendo com os jovens daqui?
8. Você tenta instruir usando um modo participativo, com tarefas práticas interativas levando ao aprendizado experiencial? As crianças são utilizadas como líderes?
9. Seus instrutores e técnicos devem entregar planos de aula no início das atividades de verão? O que pode causar a rejeição de um plano?
10. Muitos *campi* fazem os jovens se locomoverem de um lugar a outro nos intervalos entre os períodos de atividades calmamente e em formação. Muitos *campi* fazem as punições para os que desobedecem as regras serem de conhecimento dos outros jovens para que eles aprendam as consequências de seus atos. Esses são exemplos de uma abordagem disciplinar estruturada, uma abordagem de "amor severo", ajudando os jovens a compreender e viver em uma sociedade baseada em regras. Essa é a abordagem disciplinar aqui?
11. Você já teve que expulsar alguém do programa? Descreva um exemplo.
12. Qual é sua política em relação à admissão de jovens com necessidades linguísticas especiais e jovens com problemas sociais, mentais ou emocionais?

Essas questões são similares no formato. Geralmente misturamos os tipos de item para diminuir um pouco o tédio já que obter a redundância de informações que queremos muitas vezes é entediante. Anunciamos com antecedência algo como: por estarmos visitando uma quantidade pequena de *campi*, precisamos ser redundantes para podermos ter confiança em nossas descobertas.

Essas eram questões de interpretação. Com a maioria dos grupos, achei que oito foi a quantidade certa de questões interpretativas para uma hora. Não perguntamos sobre as histórias diretamente, mas obtivemos algumas úteis para nosso relatório sobre o NYSP. Em outros estudos, precisamos solicitar dados sobre o histórico pessoal, a gestão, o tamanho da universidade e a vizinhança, mas já tínhamos essas informações.

Para que a maioria dos entrevistados descreva profundamente a complexidade do objeto de estudo é necessário fazer uma entrevista ou questionário realmente bom. Às vezes também ajuda ter questões expositivas, que analisaremos a seguir.

QUESTÕES EXPOSITIVAS

Principalmente nas entrevistas, mas também nos questionários, às vezes podemos forçar os entrevistados a ter mais concentração pedindo que analisem e respondam sobre uma afirmação, uma história, um material, uma citação específica ou algo do tipo. As questões 6 e 10 no Quadro 5.2 são questões expositivas. Damos aos entrevistados algo para analisar e conseguir uma lembrança, uma interpretação, talvez até uma opinião. Diversas questões podem vir após a questão expositiva.

Em um estudo qualitativo sobre desenvolvimento profissional em Chicago, nosso exemplo era a situação descrita pelo diretor da escola para manter duas professoras, mostrada no Quadro 5.3. Vários dos entrevistados de escolas urbanas que leram a situação disseram que aquilo não aconteceria em seus sistemas, mas que eles realmente possuem maneiras de incentivar um professor fraco a seguir adiante. Os dados mais importantes foram os elogios que eles fizeram aos professores por realmente se preocuparem com os alunos e a confiança que demonstravam em ser capazes de ajudar os professores a ensinar melhor.

Quadro 5.3 Questão expositiva

Este é um cenário escrito por um diretor que deveria demitir uma professora de seu quadro de professores. Comente sobre como esta situação se relaciona a sua própria situação.

"Estamos em um período de corte de orçamento mais uma vez. Tenho que dispensar uma professora. Isso nunca é fácil. Tenho que decidir entre duas professoras, e as duas têm problemas. Uma delas é mais velha, trabalha aqui

continua

Quadro 5.3 *continuação*

> há muitos anos e sempre foi uma rígida disciplinadora, o que já causou problemas com alguns pais no passado. Entretanto, disciplina rígida nem sempre é algo ruim. O problema é o mau temperamento dela, que é conhecida por gritar com os alunos. Ela já jogou gizes e borrachas e também sempre foi muito contrária a fazer qualquer mudança no currículo escolar em todos esses anos. Ela usa métodos didáticos exaustivos e passa muita lição de casa. As notas de prova de seus alunos são sempre altas e todo ano algum pai vem aqui dizer que o que ela fez com seu filho foi um verdadeiro milagre, mas a maioria dos alunos está com medo. A outra professora é extremamente bem aceita por quase todos os seus alunos, mas não é uma professora muito eficiente. Os alunos a adoram e adoram os projetos divertidos que ela inventa, mas, por algum motivo, esses projetos populares não são traduzidos em notas de bom rendimento. As outras professoras a criticam porque sua turma é muito barulhenta. Seus alunos causam confusão toda vez que entram ou saem da sala, e as outras professoras são obrigadas a intervir e repreendê-los. Os alunos dela também são os que mais apresentam problemas de disciplina no pátio de recreio. Estou em uma situação realmente difícil, um grande dilema. Nós nos empenhamos para manter nosso progresso anual todo ano, então estou mais inclinado a manter a professora mais eficaz em termos educativos, mas, a longo prazo, não tenho certeza se esse é um bom investimento. Se eu trabalhasse com a professora mais nova para aprimorar sua disciplina e a colocasse para ensinar junto com uma professora mais eficiente, talvez ela melhorasse. Por outro lado, talvez ela não tenha tudo que é necessário para ser uma boa professora."

Com essa questão expositiva, os entrevistados nos ajudaram a entender como suas próprias situações com os funcionários eram diferentes dessa e também o quanto eles valorizavam os professores que se preocupavam com as crianças. Aprendemos sobre a confiança deles em desenvolver as habilidades dos professores que não sabiam ensinar. A questão expositiva estimulou algumas boas respostas em nossos entrevistados de Chicago.

QUESTIONÁRIO

Um questionário de pesquisa social é um conjunto de perguntas, afirmações ou escalas (no papel, pelo telefone ou na tela) geralmente feitas da mesma forma para todos os entrevistados. Os dados são transformados em totais, médias, porcentagens, comparações e correlações, tudo se adaptando muito bem em uma abordagem quantitativa. Entretanto, os pesquisadores qualitativos muitas vezes reservam parte de sua investigação para o questionário quantitativo e para os "dados agregados". A vantagem é que os questionários podem ser obtidos de uma grande quantidade de entrevistados[7]. Usamos um questionário com 72 itens, dos quais uma pequena parte é mostrada no Quadro 5.4, para saber o que os jovens do NYSP, com idades entre 10 e 15 anos, achavam da experiência de cinco semanas. As categorias de resposta que oferecemos formavam uma escala Likert, variando de "concordo muito" a "indiferente" e "discordo muito"[8]. As 13 afirmações de agregação possuem um foco único aqui, derivado do primeiro problema sobre a ética competitiva do programa, e, por isso, um único escore pode ser atribuído para a seção, um escore de "competitividade". Em muitos estudos qualitativos, os itens do questionário são itens interpretativos, cada um devendo ser considerado separadamente, como:

1. Discutir, trapacear e humilhar os colegas são acontecimentos muito comuns no NYSP.	DM D I C CM
2. Minha vinda para o NYSP é muito difícil para minha família.	DM D I C CM
3. Nos últimos 30 dias, em quantos dias você fumou pelo menos um cigarro?	0 1-2 3-9 10 ou mais

DM = discordo muito; D = discordo; I = indiferente; C = concordo; CM = concordo muito.

REGISTRO DOS DADOS

Talvez você já faça isso. Em caso afirmativo, que bom para você. Todos os pesquisadores, iniciantes ou experientes, devem manter, no mínimo, um diário, mas, de preferência, dois ou mais (Silverman, 2000, p. 191). Um deles pode ser um telefone celular ou um iPod e servir para seu dia a dia, anotando telefones, endereços, informações da internet, lembretes. Compre outro diário cada vez que começar um projeto de pesquisa, um em que seja fácil escrever. (Se quiser fazer um agrado a si mesmo, compre um Moleskine*.) Nele, você deve fazer anotações sobre tudo relacionado à pesquisa: informações de contato, calendário, referências bibliográficas, riscos, tudo em um único lugar. Nesse mesmo diário, escreva todas as suas especulações, teorias, reflexões e perplexidades, algo como

---

* N. de R.: Tradicional marca de cadernos de notas produzida pela empresa italiana Moleskine SRL. Acredita-se que intelectuais dos séculos XIX e XX, como Pablo Picasso e Ernest Hemingway, utilizavam cadernos dessa marca.

"Ela já trabalhou em uma casa de repouso?", "A função de uma pesquisa não deve ser a de fazer recomendações?" ou "Se você citar o entrevistado *exatamente*, isso, muitas vezes, não causa uma impressão negativa dele?". Escreva suas preocupações, porque você precisará delas mais tarde. A observação no Quadro 5.5, um fragmento que merecia ser mantido, foi escrita mais tarde, a partir de anotações em meu diário, quando estávamos avaliando o NYSP, algo que provavelmente deve ser incluído no relatório.

Quadro 5.4 Parte do questionário para os jovens do NYSP

B1.	Os técnicos dão mais atenção aos "craques".	DM D I C CM
B2.	Os técnicos elogiam os garotos que jogam melhor que outros garotos.	DM D I C CM
B3.	Os técnicos fazem os garotos aprimorarem as habilidades em que não apresentam bom desempenho.	DM D I C CM
B4.	Os técnicos gritam com os garotos que cometem erros.	DM D I C CM
B5.	O esforço é recompensado.	DM D I C CM
B6.	Os técnicos incentivam os garotos a ajudar os outros a aprender.	DM D I C CM
B7.	Os técnicos deixam claro quem eles consideram ser os melhores.	DM D I C CM
B8.	Os técnicos incentivam os garotos a tentar dar seu melhor.	DM D I C CM
B9.	Os garotos são incentivados a se concentrar em seus pontos fracos.	DM D I C CM
B10.	Os garotos realmente trabalham em equipe.	DM D I C CM
B11.	Os garotos ajudam uns aos outros a melhorar.	DM D I C CM
B12.	Os técnicos prestam mais atenção aos garotos que têm melhor desempenho.	DM D I C CM
B13.	É importante ter melhor desempenho do que os outros garotos.	DM D I C CM

DM = discordo muito; D = discordo; I = indiferente; C = concordo; CM = concordo muito.

Nos meses seguintes, continuamos nossas observações em campo e o trabalho de questionário, analisando os resultados, interpretando os problemas e preparando o relatório. Quase no fim do primeiro ano de contrato, o diretor nacional informou que nossa avaliação não seria financiada nos dois anos seguintes. Enviamos algumas centenas de cópias de nosso relatório do Ano 1 para a sede da NCAA, mas não obtivemos resposta. Eles estavam transferindo o escritório de Kansas City para Indianápolis.

Neste capítulo, descrevi quatro tipos de métodos de coleta de dados. Existem muitos outros métodos dentro desses e de outros tipos. O objetivo do livro não era ser um cardápio de métodos de pesquisa. Esse tipo de ajuda pode ser encontrada em livros como o de Johnson e Christensen, de 2008, e o de Bickman e Rog, de 1998. Como conceituado no Capítulo 2, o instrumento mais valioso para a pesquisa qualitativa é o pesquisador, esteja ele vivendo o evento, ouvindo uma pessoa que viveu uma experiência especial ou analisando registros e gravações. Essa pesquisa pessoal precisa ser planejada e estruturada e, ainda assim, aberta e adaptável. Quase sempre, a questão de pesquisa é mais um ponto de norteamento do pesquisador do que um procedimento padronizado. Sem dúvida, a estratégia e a técnica são importantes.

Quadro 5.5 Observações em campo – NYSP

Estamos em um elegante hotel em Kansas City e nós três do Center for Instructional Research and Curriculum Evaluation (CIRCE) nos apresentamos um por vez aos inúmeros membros do Conselho Consultivo que não conhecemos, um momento cordial antes de começar a discussão. Foi nossa primeira oportunidade de observar uma reunião do Conselho Consultivo.

Estávamos com a pauta a nossa frente e ficamos surpresos quando o diretor nacional iniciou a reunião pedindo que Chuck, o avaliador *interno* sênior, descrevesse o progresso de nosso projeto de avaliação *externo*, no momento com cinco meses. Não sabíamos que nosso trabalho seria discutido e não estávamos preparados para participar.

Chuck começou: "Os pesquisadores do CIRCE visitaram 20 de nossos 170 *campi* no verão passado, aplicando questionários aos alunos, entrevistando os técnicos, conselheiros, administradores e os responsáveis pelos *campi*. Eles tiveram alguns problemas graves durante a coleta de dados". Essa última informação era novidade para nós três. Como Chuck era a pessoa de contato entre o Conselho Consultivo e a equipe do CIRCE e já havia participado de encontros para acesso e de alguns encontros para *feedbacks* no verão, conversamos com ele frequentemente, mas não sabíamos que alguém havia encontrado falhas em nosso trabalho.

O diretor nacional, Chuck e nós três éramos brancos. O Conselho Consultivo e os jovens de 10 a 15 anos nos *campi* esportivos eram, em sua maioria, ne-

continua

Quadro 5.5 *continuação*

gros. Um dos membros do Conselho Consultivo, James, perguntou a Chuck: "Os problemas foram uma questão de insensibilidade com as crianças negras e seus pais?". Chuck respondeu: "Aparentemente isso foi um dos fatores".

James virou-se em nossa direção e perguntou: "Vocês fizeram perguntas racistas para nossas crianças? Vocês invadiram a privacidade delas?". Tentei pensar sobre o que ele poderia estar falando. Em voz baixa, perguntei para Kathryn e Rita se elas sabiam e ambas responderam que não. Então eu disse: "A maior parte de nossas perguntas veio de questionários para crianças usados anteriormente em projetos de pesquisa. Elas serviram de guia em locais de testes". Eu poderia ter dito que havíamos enviado as perguntas com antecedência para a sede do projeto para análise e aprovação.

James respondeu: "Mas vocês perguntaram qual era a opinião das mães das crianças, não dos pais. Por que não? Vocês perguntaram para as crianças qual foi a última vez em que elas fumaram um cigarro". Eu defendi: "Isso é verdade. Parte do seu programa é educar sobre drogas e álcool. Precisávamos saber um pouco sobre a frequência com que os jovens fumavam porque, segundo o National Center for Alcohol and Substance Abuse (Centro Nacional de Dependência e Abuso de Substâncias), o treinamento adequado depende da frequência de uso".

Carswell disse: "Eu não estava ciente de que essas eram as informações que *nós* queríamos. Vocês não se informam sobre o que seus empregadores querem saber?". Ele continuou explicando como tudo funcionava no mundo dos negócios e conseguiu diversos comentários de apoio dos outros membros do Conselho Consultivo.

Eu respondi: "Como vocês sabem, temos um contrato para avaliar este programa. Neste primeiro ano, nós nos concentramos nas crianças. Ano que vem, nos funcionários dos *campi* e no Ano 3, na organização nacional. O contrato foi redigido com base em nossa proposta, que destacava os dados que coletaríamos, mas não detalhava os instrumentos e as observações que usaríamos. Vocês, membros do Conselho Consultivo, analisaram e aprovaram esse contrato".

Carswell respondeu: "Você pode ter assinado um contrato, mas, aparentemente, você ainda não percebeu que trabalha para nós. Se você ainda espera continuar a pesquisa no próximo ano, você terá que perguntar o que *nós* queremos saber". A repreensão continuou. Em parte, sobre como os contratos devem ser negociados, e, em seguida, ele questionou nosso trabalho em campo novamente.

James disse: "Aparentemente, alguém de sua equipe insultou nossos alunos, dizendo que eles não sabiam ler. Que tipo de treinamento você oferece a sua equipe?". Eu respondi, "Desculpe, mas eu não sei do que você está falando. Chuck, você sabe?" e Chuck confirmou, "Sim, é verdade". O diretor nacional disse: "Infelizmente, nosso tempo acabou. Precisamos ir ao meu escritório, o fotógrafo está esperando para fazer a foto anual".

continua

Quadro 5.5 *continuação*

> Ficamos ali sentados, chocados, enquanto eles saíam da sala. Perguntei para Rita: "Será que isso tem alguma relação com Chicago?". Ela respondeu: "Acho que houve algum problema lá. Harriet [nossa assistente] chegou com os questionários para as crianças do Notre Dame, as mesmas questões, obviamente, mas com os nomes incorretos. O diretor de Chicago (que parecia surpreso com nossa presença naquele dia) disse algo como 'Podemos pedir para as crianças escreverem seus próprios nomes no topo da folha'. E Harriet respondeu algo como 'Não, precisamos ter certeza absoluta de que os nomes sejam legíveis. Algumas crianças não escrevem com muita clareza'. E o diretor de Chicago respondeu para Harriet, 'Então você acha que nossas crianças não sabem ler! É insultante você chegar aqui e nos tratar desse jeito'".

NOTAS

1 As medidas indiretas já foram popularmente conhecidas como "medidas discretas", mas logo se percebeu que uma observação discreta pode ser invasão de privacidade (consulte a seção "A exposição das pessoas", no Capítulo 12, e também Webb, Campbell, Schwartz e Sechrest, 1966, e *The Numerati*, livro de Stephen Baker lançado em 2008 sobre dados pessoais coletados para *marketing*).

2 Lindsay Prior (2004) concluiu o capítulo sobre a utilização de documentos na pesquisa qualitativa de seu livro com as seguintes palavras:

> Em todos os meus cenários de pesquisa, os documentos foram peças centrais. Contudo, enquanto eu estava nesses cenários, geralmente considerava os diálogos e as interações como sendo, de alguma forma, mais reais e mais merecedores de atenção do que a papelada que me rodeava. Entretanto, se hoje me pedissem um único conselho para um pesquisador iniciante, eu diria o seguinte: analise a documentação, não apenas por seu conteúdo, mas principalmente pela forma como foi produzida, como funciona em episódios de interação diária e como, exatamente, ela circula. (p. 388)

3 Muitas propostas formais de pesquisa incluem uma seção de metodologia que deve descrever o que será feito, e não ensinar o que determinados métodos fazem. A seção ou capítulo sobre métodos de um relatório final deve fornecer detalhes sobre o que foi feito (e, por essa razão, não pode ser escrito antes que a pesquisa seja finalizada).

4 O pesquisador qualitativo aprendiz se pergunta "Como faço isso? O que devo procurar?". Não existem respostas simples, nenhuma lista de verificação genérica confiável, e por uma boa razão. O método de observação precisa ser feito de modo específico para a situação. Um dos trabalhos mais detalhados sobre essas técnicas para os pesquisadores qualitativos foi escrito por Patricia Adler e Peter Adler (1994).

5 Um exemplo de um guia como esse é mostrado na Figura 8.1. Mesmo quando grandes locais são identificados no projeto e guias de observação formal são usados, o pesquisador geralmente precisa coletar dados de maneira informal nas áreas

ao redor dos locais, com as pessoas que não eram consideradas previamente como fontes de dados, na mídia, na internet. Os dados inesperados identificarão lacunas, adicionarão informações e enriquecerão as interpretações.

6 Uma oposição pensada cuidadosamente às questões abertas foi expressa por David Silverman (2000, p. 294).

7 Em um procedimento chamado "amostragem de itens", com centenas de entrevistados, o conjunto total de questões pode ser dividido em subgrupos para um terço ou um quarto do grupo total de entrevistados.

8 Não gosto da escala Likert, prefiro categorias de respostas mais pertinentes, como, por exemplo, de "nenhum" a "muitos" ou de "nunca" a "o tempo todo", mas os entrevistados já conhecem as categorias Likert. Muitas vezes, o fato de o entrevistado realmente concordar ou discordar não é uma informação de tão alta prioridade quanto se a condição é alta ou baixa.

6

Revisão de literatura
ampliando para enxergar o problema

O formato mais comum de uma proposta de pesquisa, e também de um relatório de pesquisa, exige a revisão de pesquisas já realizadas. Uma revisão é quase sempre necessária para uma dissertação. Em alguns locais, os orientadores de pós-graduação exigem uma versão inicial da revisão da literatura como parte da proposta de pesquisa de dissertação entregue antes de uma avaliação oral preliminar. A nota mínima nessa avaliação geralmente é a aprovação do tema da pesquisa e a certeza do comitê de que o candidato está preparado para realizar a pesquisa. A revisão da literatura é considerada evidência de que o estudante analisou de forma suficiente os materiais teóricos e as publicações de pesquisa como base conceitual para o estudo proposto. Muitos orientadores consideram essa revisão de literatura mais como uma "análise qualificadora" do que como o início do estudo de uma determinada questão de pesquisa. Essa é uma diferença importante para levar em consideração durante a leitura deste capítulo. Para vocês, outro tipo de leitores, raramente haverá pressão para vasculhar a literatura, mas vocês também acreditarão que o empenho para organizar um contexto bibliográfico ajudará a compreender os problemas antes e a interpretar as descobertas posteriormente. Todo esse empenho pode valer a pena.

REFINANDO O PROBLEMA A SER ESTUDADO

O que veio antes: o ovo ou a galinha? O que vem antes: o problema ou a literatura? Para descrever uma pesquisa, primeiro falamos sobre a questão de pesquisa, mas a questão não existiria sem, no mínimo, uma dispersão de "literatura", incluindo ideias da sala de aula, de documentários, de experiências pessoais, literatura informal e também formal. Com frequência, os padrões de ideias de vários líderes, como Albert Shanker, fundador do sindicato dos professores, e Peter Drucker, ecologista social, dão forma à reunião de ideais iniciais. Mas, antes disso, o interesse em uma literatura não existiria sem curiosidade intelectual, sem, no mínimo, uma pequena compreensão de que algo merecia ser estudado. De forma similar, com o efetivo desenvolvimento de uma revisão da literatura, o pesquisador vai e vem, pensa sobre o problema, faz anotações sobre o que outros pesquisadores fizeram, refinando a questão de pesquisa durante o estudo e enxergando novas relações com a literatura. É algo que vai e vem, iterativo.

Um ou mais campos abrangentes do mundo acadêmico e da especialização profissional são vistos como plataforma para servir de base. Para revisar a literatura, tanto o estudante quanto o pesquisador experiente devem reconhecer precedentes importantes, listando citações adequadas e, ao menos para algumas destas, mencionando o conteúdo. Os campos abrangentes são divididos em subcampos, mapeados (para a revisão, como na Figura 4.3, desenho quadros em uma folha de papel e depois quadros menores e passo para um papel maior) e cuidadosamente identificados, sendo os autores mais conhecidos nomeados, mencionados ou suas citações utilizadas.

Alguns anos atrás, para sua tese, Juny Montoya Vargas estudou a grade curricular da faculdade de direito da Universidade dos Andes, na Colômbia, da qual ela fazia parte do corpo docente. Ela poderia ter chamado sua tese de pesquisa-ação, mas chamou de "estudo crítico", o que significa que ela escolheu um ponto de vista (neste caso, valores democráticos) como modelo para avaliar o que os estudantes de direito estavam aprendendo. Em seu capítulo inicial, ela se baseou na literatura para ampliar a visão de sua questão de pesquisa. Seguindo a tradição, no segundo capítulo, ela revisou a literatura, dividindo os materiais pertinentes a seu estudo em 16 partes principais (quadros, temas):

Pesquisa e teorização crítica
Qualidade das pesquisas críticas
Validade das pesquisas politicamente comprometidas
Responsabilidade ética nas pesquisas comprometidas com os valores
    Educação jurídica profissional
    Objetivos da faculdade de direito
    Educação jurídica como educação geral
A universidade liberal como um ideal
    A grade curricular da faculdade de direito, núcleo *versus* periferia

Análise das regras *versus* ensino da advocacia
Educação jurídica na tradição do direito civil
Educação jurídica na Colômbia
Orientações de avaliação
    Teorias de avaliação democrática
    Justificativa para avaliação democrática neste local
    Avaliação como educação para democracia

No total, ela citou 111 estudos, mas se baseou, principalmente, talvez em 20 autores, explicando algumas de suas posições. Ela, por exemplo, escreveu:

> Gutmann (1991) argumenta que, embora a universidade não seja o local para a educação moral básica, há um tipo de educação moral que a universidade pode e pela qual deve ser responsável: os estudantes podem aprender a "entender as exigências morais da vida democrática" ao "aprender como pensar cuidadosa e criticamente sobre os problemas políticos, como articular as visões de alguém e defendê-las perante as pessoas que discordam desse alguém". (Montoya, 2004, p. 29)

Como pesquisadora, ela traçou um campo de jogo intelectual em que o jogo da pesquisa deveria ser jogado. As dimensões do campo de jogo não foram definidas para ela, embora ela tenha recebido conselhos diversos. Alguns mentores realmente definem limites. Parte do desafio implícito de um estudo de pós-graduação e dos estudos, em geral, é o fato de o candidato ter de decidir o que constitui uma literatura adequada, algumas vezes expandindo e quebrando os limites.

MAPEAMENTO DO CONCEITO

Um pesquisador qualitativo precisa representar um ou mais conceitos principais, principalmente para planejar o estudo, mas também para auxiliar a interpretação durante todo o estudo. Com frequência, o pesquisador não consegue encontrar literatura de pesquisa relevante em outras disciplinas porque não levou em consideração de maneira suficiente que as outras disciplinas usam termos diferentes para o mesmo conceito. Um mapa de conceito pode ser útil para reconhecer a literatura em campos alternativos[1].

Às vezes, um mapa de conceito torna-se refinado o bastante para ser incluído no relatório final. Muitos mapas são apenas rascunhos informais, às vezes um clichê, quadros meramente conectados por flechas e palavras para formar uma sentença. Um mapa deve ser mais que isso. As representações que mostram as partes são analíticas. Em alguns casos, um conceito como "sofrimento e luto" será o alvo do objeto de estudo, e as publicações das pessoas podem ser reunidas e organizadas para transmitir uma ideia dos espaços conceituais encontrados. O mapa pode ser formalizado, desenvolvido a partir de classificações padronizadas ("O sofrimento é mais parecido com a raiva ou com a solidão?"), talvez utilizando uma escala multidimensional (Borg e Groenen, 2005) ou conceituação estrutural (Trochim, 1989). Esse tipo de amostragem e análise programáticas faz-se necessário se o pesquisador pretende publicar seu conceito sobre uma subpopulação, como de agentes funerários ou de equipes de produção de mídia. É mais provável que os pesquisadores qualitativos retratem a conceituação informalmente, como para discussão profissional, do que formalmente, por meio de conhecimento científico.

Como guia informal de planejamento (Novak e Gowin, 1984), o mapa de conceito pode ser traçado em um quadro branco, facilmente alterado, indicando as diversas ideias relacionadas ao conceito. Tecnicamente, para podermos chamá-lo de mapa, esperamos ver uma função de distância, com mais proximidade entre as ideias mais associadas. Esperamos também uma função territorial, com uma área indicando a importância, como mostrado, por exemplo, na Figura 6.1, um mapa de conceito para o tema deste livro, "métodos de pesquisa qualitativa". A organização do mapa poderia ser dimensional, com uma representação de "particularização *versus* generalização" no eixo horizontal e de "pessoal *versus* impessoal" no vertical. Entretanto, a maioria das estruturas conceituais pode ser mapeada em papéis ou quadros brancos bidimensionais apenas reduzindo-se os significados dimensionais.

Na Figura 6.1, os tamanhos das formas ovais indicam a importância e as distâncias indicam a proximidade das associações. Você pode estar se perguntando como a "causalidade" poderia estar presente em um mapa sobre os métodos de pesquisa qualitativa. Ela está no local mais distante, com pouca importância, mas está ali porque alguns pesquisadores qualitativos apresentarão conclusões causais em seus estudos, mas também está ali porque o conceito da causalidade precisa ser discutido quando falamos de métodos de pesquisa qualitativa. Nada disso está evidente no mapa, está? Este não é um mapa rico em informações, é muito simples, mas talvez seja um passo para descobrir as maneiras como outras pessoas definiriam o conceito. O mapa informa muito menos do que a lista apresentada no Quadro 1.2. De que forma a lista é melhor do que o mapa? Como um mapa é diferente de um índice?

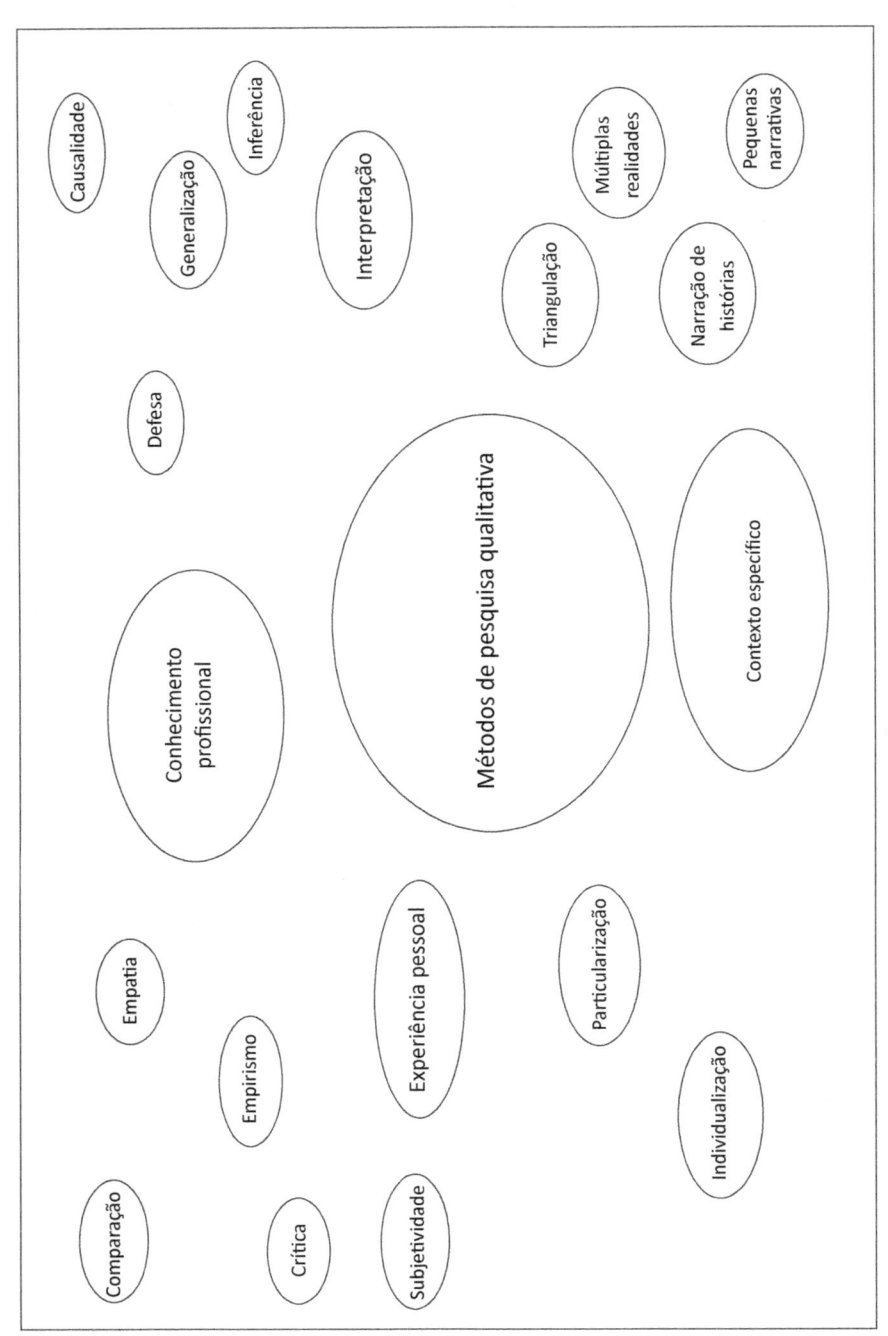

Figura 6.1 Mapa do conceito "métodos de pesquisa qualitativa".

O mapa de conceito na Figura 6.2 mostra uma distribuição de subconceitos ou elementos, em que todos são uma parte do significado da avaliação do ensino no *campus*. Neste caso, as funções de distância e de território não foram consideradas importantes.

REPRESENTAÇÃO DO CAMPO

Algumas revisões de literatura são realizadas para representar o campo (o campo, ou campos, que contém a questão de pesquisa), um campo temático como "o retorno de desistentes à educação formal" ou "cuidados geriátricos nos campos de refugiados". Você possui um campo desses?

Uma distinção importante entre as revisões de literatura tem sido feita entre as chamadas *sistemáticas* e as chamadas *conceituais* (Kennedy, 2007). O termo sistemático é usado para indicar que uma tentativa foi feita para encontrar todos os estudos que investigaram uma determinada relação causal. Sim, uma relação causal. Um exemplo disso seria procurar saber se o aumento da atenção dos gerentes às condições de trabalho nas fábricas causa aumento da produtividade[2]. Existem definições diferentes das duas variáveis principais, atenção dos gerentes e produtividade. Os limites da literatura não são fixos, mas, se a tentativa foi feita de forma exaustiva, a revisão é considerada sistemática. Todas as outras são classificadas como "conceituais".

Obviamente, nos significados comuns dessas palavras, todas as revisões "sistemáticas" são conceituais e todas as revisões conceituais são sistemáticas, de certo modo. Entretanto, algumas vezes, fazemos as palavras dizerem o que queremos que elas digam. Os termos *sistemático* e *conceitual* são arbitrários, e não devem ser levados muito a sério. Os dois estilos de revisão, porém, buscam ideais diferentes.

Como mencionado em nosso primeiro capítulo, os estudos causais não são interessantes para muitos pesquisadores qualitativos, parecendo-lhes presunçosos e descontextualizados. Como a pesquisadora de grades curriculares Mary Kennedy (2007) destacou (durante a presidência de George W. Bush), a definição tinha conexão política com a lei NCLB (No Child Left Behind act, Nenhuma criança deixada para trás) e alegações contestáveis de que as políticas do Ministério da Educação norte-americano eram baseadas em pesquisas. Kennedy criticou as pessoas que usam o termo *sistemático* para tratar o conhecimento estatístico com mais respeito do que o conhecimento profissional (que ela chamou de "sabedo-

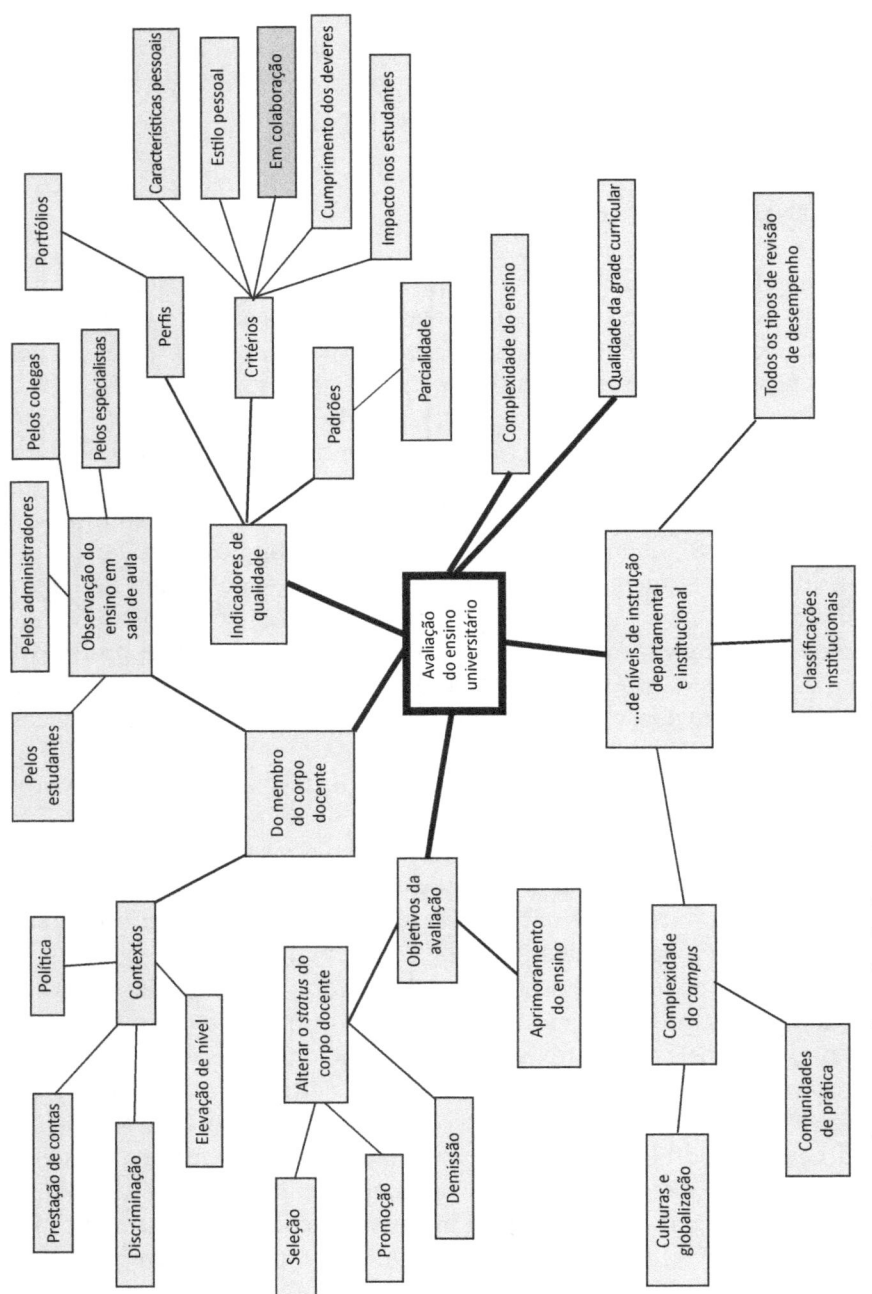

Figura 6.2 Mapa do conceito "a avaliação do ensino no *campus*".

ria"). Desconsiderando essa parcialidade, não podemos deixar de admirar as pessoas que trabalham com afinco para realizar novas pesquisas sobre a totalidade das realizações de pesquisadores anteriores.

Algumas revisões de literatura buscam maximizar a ampla e complexa posição conceitual da questão de pesquisa. Com uma grande quantidade de citações e trabalhando com quatro disciplinas diferentes, Juny Montoya Vargas tinha esse objetivo. Uma revisão de literatura como essa é uma tentativa de reunir publicações sobre diversos assuntos relacionados aos fenômenos do estudo futuro. É uma busca por relações contextuais. É o território coberto por um mapa de conceito. Talvez a revisão conceitual deva se preocupar mais em estender a compreensão para outros campos (como a política, a cultura e a liderança) do que em encontrar todos os trabalhos já realizados que analisaram uma determinada função causal.

As revisões sistemáticas e as conceituais são tarefas desafiadoras que respondem questões diferentes. A sistemática pode proporcionar uma contribuição maior para os pesquisadores em um campo de pesquisa desenvolvido. A conceitual pode proporcionar uma contribuição maior para enxergar a complexidade de um problema profissional. Para as pessoas prestes a fazer revisões de literatura para uma dissertação, parece importante escolher entre a ênfase em ser completa e a ênfase em ser amplamente conectada. A pesquisa qualitativa conecta-se amplamente com os contextos da atividade humana. Ao falar com alguns pesquisadores sobre a crise econômica de 2008 (um contexto), Saville Kushner afirmou:

> A importância da mudança atual para nós e para nosso papel está intensificada. Isso não significa que, quando trabalhamos sob contrato, tentando compreender e relatar sobre projetos de saúde, projetos de segurança no trânsito, iniciativas de desenvolvimento regional e outros similares, somos obrigados a relatar as origens e o impacto da crise atual. Entretanto, devemos ficar atentos para as relações que estão mudando entre o estado e as profissões, para as atitudes e tolerâncias públicas que estão mudando, para as formas emergentes de pensar sobre o investimento social e as obrigações morais do governo em todos os níveis. Este é o contexto para nosso trabalho, e é, no mínimo, prudente não ignorá-lo.

Kennedy (2007) incentivou os pesquisadores a definir limites para uma busca, principalmente para as revisões sistemáticas. Os critérios para as datas iniciais, idioma e métodos podem ser definidos, mas, com frequência, é suficiente indicar aos leitores, em linhas gerais, o que foi pesquisado e quais critérios pessoais de relevância foram usados. Em muitos casos, a revisão será melhorada com a presença de outro pesquisador (ou grupo de pesquisadores) que analisa a busca e os critérios de seleção e pensa profundamente, em parte para comentar sobre as omissões. Os critérios não devem vir antes. A busca deve ter sido iniciada muito antes da formulação da questão de pesquisa e deve continuar até que o relatório seja publicado. Determinados livros, autores e movimentos serão a força propulsora do estudo, mas todos podem ser ampliados, algumas vezes substituídos, conforme o desenrolar do estudo. A pesquisa qualitativa raramente é uma obra-prima da engenharia. Ela é orgânica, e os rebentos de suas revisões de literatura crescem e se projetam demais e, algumas vezes, murcham.

UTILIZAÇÃO DE ESTUDOS PRÓXIMOS

Uma escolha ligeiramente diferente a ser feita é reservar ou não a maioria das páginas da revisão da literatura para cuidadosamente explicar as publicações mais próximas (talvez oito, ou mais, ou menos), aquelas que se relacionam mais com a pesquisa que está por vir. Esta abordagem permite que o pesquisador alimente suas ideias ainda em formação. E, mais tarde, no relatório da pesquisa, ela contribui ainda mais, no meu ponto de vista, ajudando o leitor a compreender o espaço conceitual próximo do estudo.

Juny Montoya Vargas, após identificar mais de 100 artigos de pesquisa relevantes em 16 tópicos principais, pensou em como distribuí-los em 60 páginas de revisão de literatura. Obviamente, ela não sabia quantas páginas ou artigos encontraria quando planejou a revisão, e sabia que cada quadro temática (Figuras 4.3 e 8.2) receberia algumas páginas. Entretanto, qual seria a organização dentro do quadro? A consistência pode ter feito a pesquisadora continuar com as subdefinições conceituais de "teorização crítica" e "universidade liberal", dois de seus quadros. Mas ela prosseguiu, como a maioria de nós faria, identificando os autores mais perspicazes, poucos ou muitos, dentro de cada quadro, como Joe Kinchloe e Peter McLaren, na teorização crítica, e Amy Gutmann, na educação superior liberal. Montoya Vargas atribuiu a eles um pouco mais de destaque do que a outros autores nos dois quadros.

Recomendo ao pesquisador, no mínimo, a pensar em ir além, talvez atribuindo metade do espaço dentro de um quadro para os parágrafos que mais explicam o histórico do presente estudo. No caso de Montoya Vargas, isso pode ter sido atribuir três páginas para as 16 publicações principais ou talvez cinco páginas para as oito principais publicações. Em outras palavras, para escrever mais profundamente sobre a visão de Gutmann de uma universidade liberal e eliminar 50 ou 80 das citações. Obviamente, isso seria mais "conceitual" do que "sistemático", mas poderia ser um estímulo melhor para ela mais tarde, ao interpretar.

Para ilustrar essa abordagem, vamos analisar um trecho do livro *Marking time,* de Paul Rabinow (2008). Neste grande ensaio, Rabinow, um antropólogo da área de biociências genômicas, afirmou que sua disciplina (antropologia) estava fora de sintonia com a epistemologia contemporânea e que precisava de uma reformulação. Ele desenvolveu suas ideias inspirando-se muito no pensamento de sete autores e artistas que ele admira: John Dewey, Michel Foucault, Jürgen Habermas, Paul Klee, Niklas Luhmann, George Marcus e Gerhard Richter. *Marking Time* é mais do que uma revisão de literatura, mas o estilo de Rabinow nos mostra uma forma de lidar com a literatura. Ele fez suas assertivas em meio ao que já havia sido dito pelo seu panteão* (consulte o Quadro 6.1).

Talvez já há muito tempo, na opinião de Rabinow, as regras básicas da antropologia, que ele aprendeu e praticou, enxergavam o observador e o sistema social observado como relativamente fixos. Ele gradualmente percebeu que os epistemólogos tratavam o conhecimento como constantemente sob construção e cada vez mais desafiado. Talvez ele tenha tido momentos de epifania, mas mesmo esses momentos ficariam desinteressantes com o tempo. E, talvez gradualmente, ele tenha chegado à opinião de que parte do trabalho de um antropólogo é estudar simultaneamente o observador (o antropólogo) e o campo da antropologia.

O que o pesquisador escreverá sobre seu progresso perceptivo ao conceber o estudo não será um mapa de seu real progresso. O raciocínio de uma pessoa não é transparente, nem mesmo para a própria pessoa, e é necessário escrever para organizar os históricos, os valores e as "adaptabilidades" dos leitores. O pesquisador precisa inventar uma história, um itinerário, a construção de assertivas que leva o leitor a descobrir sua própria compreensão. Em *Marking time,* Rabinow optou por recorrer, construir camadas e amarrar algumas das visões mais pertinentes de seus colegas filósofos.

No trecho destacado no Quadro 6.1, de um capítulo sobre observação, Rabinow registrou as opiniões de George Marcus (e Pierre Poreieu) para esclarecer que, mesmo os pesquisadores vivendo vidas comuns com a pressão do tempo, ainda enxergam seu trabalho e as verdades científicas, mais ou menos, como fixos no tempo, deslocados da história e capazes de serem definidos completamente. Entretanto, Rabinow foi além

---
* N. de R.: Para definição, consultar Glossário.

nas seções seguintes, baseando-se principalmente em Luhmann, teórico dos sistemas sociais, para afirmar que mesmo as mutações e os sistemas de parentesco serão vistos de forma diferentes em locais diferentes e em períodos diferentes e que a ciência social também precisa parar de lutar contra a evolução.

O campo da genômica, que muda muito rapidamente, ainda não é um modelo útil para os estudos profissionais e as pesquisas qualitativas. Entretanto, a forma como Paul Rabinow e outras pessoas usaram a literatura para facilitar seus estudos, empíricos e filosóficos, pode ser um modelo para os pesquisadores qualitativos. A proximidade de algumas pesquisas passadas com a presente investigação poderia ser um guia melhor para a distribuição de páginas na revisão da pesquisa do que tem sido até o momento, ampliando a visão do problema. Isso, porém, pode não ser permitido pelas regras locais.

Quadro 6.1 As pressões do tempo

> George Marcus (2003), de forma astuta, levanta a questão sobre o tempo, ou o melhor momento, nas publicações e pesquisas etnográficas, em um artigo intitulado "On the unbearable slowness of being an anthropologist now: notes on a contemporary anxiety in the making of anthropology" (Sobre a insustentável morosidade de ser um antropólogo hoje: notas sobre a ansiedade contemporânea na formação da antropologia). Embora Marcus esteja preocupado com a profissão de antropólogo e a produção e distribuição de textos etnográficos, a questão sobre as pressões do tempo certamente também está presente na biociência. O artigo de Marcus oferece um excelente ponto de partida para outros questionamentos, outras investigações e, consequentemente, reformulações das questões.
>
> Marcus começou seu artigo com a citação de um artigo de Pierre Poreieu (1990) intitulado "The scholastic point of view" (O ponto de vista escolástico):
>
>> Em contraste com o advogado de Platão ou o médico de Cicourel, temos todo o tempo do mundo, todo o nosso tempo, e essa liberdade da urgência, da necessidade, que com frequência toma a forma de necessidade econômica em razão da conversão de tempo em dinheiro, é possibilitada por um conjunto de condições econômicas e sociais, pela existência desses estoques de tempo livre representados pelo acúmulo de recursos econômicos.
>
> Poucos biólogos moleculares ou antropólogos ativos poderiam imaginar hoje, se é que algum conseguiria imaginar, que eles tiveram todo o tempo do

continua

Quadro 6.1 *continuação*

mundo para realizar seus trabalhos, produzir resultados e conseguir publicá-los. Nas ciências da vida, a competição feroz, incessante e cada vez mais acelerada por prioridade, transforma esta visão da busca sem pressa da verdade em algo completamente inimaginável. De forma normativa, entretanto, a declaração de Bourdieu de que as verdades científicas são atemporais apresenta sua própria plausibilidade. Quem descobriu, publicou e patenteou a sequência do gene BRC1 importa somente para os cientistas que fizeram tudo isso (e para suas universidades e empresas). A descoberta em si permanece sem historicidade, ao menos para as pessoas que possuem uma visão realista sobre as verdades científicas. Uma mutação é uma mutação. O trabalho tradicional dos antropólogos é parte, de maneira diferente, daquela normatividade da atemporalidade, desde que a antropologia consiga manter o objeto de estudo (seja a cultura ou a sociedade) fora da história ou, no mínimo, operando em uma temporalidade extremamente diferente da temporalidade do antropólogo em sua modernidade. Um sistema de parentesco é um sistema de parentesco. Considerando essa autocompreensão, "a antropologia poderia insistir com confiança em padrões de desempenho de pesquisa que valorizem a deliberação, a paciência e um cenário e objeto de estudo estáveis". Essa postura ainda não desapareceu, mas, atualmente, sofre pressões renovadas.

Fonte: Rabinow (2008, p. 35). Direitos reservados de Princeton University Press, 2004. Reproduzido com autorização.

ENCONTRANDO A LITERATURA

Em relação às pesquisas publicadas, fica evidente que grande parte da literatura relevante também será formada por textos publicados de pesquisas, principalmente os textos presentes em periódicos de referência. Antes, os periódicos eram impressos em papel e disponibilizados após a publicação em volumes relacionados nas bibliotecas. Esse parecia ser o local para procurar.

Para alguém que busca literatura sobre um assunto específico fica evidente que já existem revisões sobre muitos assuntos e que existem periódicos de revisão. Para o tema "atitudes das enfermeiras sobre a obesidade", é possível encontrar a revisão de Ian Brown (2006). Para uma pesquisa sobre "confiança pessoal", é possível encontrar a revisão de Megan Tschannen-Moran e Wayne Hoy (2000). Revisões como essas são especializadas em determinadas formas e, por isso, com frequência, não se ajustam bem ao que o pesquisador tem em mente, mas, em alguns casos, elas se mostram verdadeiras minas de ouro.

Uma revisão de literatura deve basear-se não apenas nos periódicos, mas também em outras fontes impressas e não impressas. Parte da busca deve ser gasta em dissertações, relatórios governamentais e institucionais, séries de palestras e apresentações em conferências, em parte para obter uma compreensão melhor da comunicação que ocorre em locais diferentes.

É possível fazer os relatórios de pesquisa parecerem mais sofisticados do que a pesquisa realizada. E é provável que a pesquisa realizada tenha sido mais complicada em alguns aspectos do que o relatório descreve. Monitorar a qualidade da representação nos relatórios raramente é considerado algo de grande importância na comunidade de pesquisa. Alguns membros, porém, reconhecem a falha.

Além da falha: mentir, enganar, plagiar e colocar as pessoas em perigo, após investigação, são atos que devem resultar em repreensão profissional. Existem representações distorcidas na criação dos relatórios de pesquisa que são consideradas sérias, como não indicar relações pessoais entre o pesquisador e intérpretes supostamente independentes. Existem muitas omissões, descrições hiperbólicas e edições negligentes de transcrições que não recebem a devida atenção. Nem todos os pesquisadores são santos.

A internet[3] tornou-se uma grande ajuda para as pesquisas, principalmente os mecanismos de pesquisa do Google. Alguns *websites* são interativos, oferecendo a oportunidade de compartilhar os interesses de pesquisa com outros pesquisadores[4]. Entretanto, existem problemas[5]. Na maioria dos domínios, o monitoramento da qualidade dos relatórios é negligente. Um pesquisador deve ser criticado por citar um trabalho de má qualidade? A ética da maior parte da internet é promoção e distração, caracterizadas pelas sobreposições e pela infinidade de fontes de informações. A lei de Gresham diz que o dinheiro ruim afasta o dinheiro bom[6], e talvez o mesmo seja verdade para as informações. Ainda assim, enormes bancos de dados com boas informações, na maior parte, estão disponíveis hoje, mas não o estavam para os pesquisadores há 20 anos. A Wikipédia é um recurso valioso, apesar dos possíveis problemas que seu recurso de edição aberta pode causar. As informações da Wikipédia precisam ser verificadas, questionadas, apresentadas com cautela. A triangulação é tão importante para aprender com essas fontes quanto para aprender com nossas próprias fontes de dados obtidos por contato direto e pessoal.

NOTAS

1 Nem todos os orientadores e diretores apoiam a busca por uma literatura correspondente em campos distantes. Quanto mais a pesquisa é destacada como pertencente a uma especialização ou a uma comunidade de prática, menos útil a literatura interdisciplinar talvez seja vista.
2 Esta é uma literatura real que foca no reconhecimento do "efeito Hawthorne", obtendo ganhos a curto prazo a partir de modificações na linha de montagem (Franke e Kaul, 1978).
3 O sistema de informações ERIC, muito menor e baseado em microfichas, antecedeu a internet. Muitos pesquisadores o evitavam porque seus padrões de admissão eram baixos e as verificações de credibilidade eram deficientes. Entretanto, ele apresentava, e talvez ainda apresente, boas informações que precisam ser verificadas. A ajuda federal que recebia foi direcionada mais por motivos políticos do que por sua utilidade.
4 Reserve ao menos algum tempo e pesquise o Web 2.0 no Google. Pesquise também Ebsco, Scopus, InfoTrac e Google Acadêmico.
5 Um bom artigo sobre o uso da internet nas pesquisas qualitativas foi escrito por Annette Markham (2004).
6 Com a Wikipédia (2 de outubro de 2002), aprendemos que o conceito de que o ruim afasta o bom pode ser observado até em trabalhos da Antiguidade, incluindo *As rãs*, de Aristófanes, em que o predomínio de maus políticos é atribuído a forças similares às forças que favorecem o dinheiro ruim em vez do bom. Aristófanes escreveu (405 a.C.):

> O curso que nossa cidade percorre é o mesmo em relação ao dinheiro e aos homens.
> Ela possui filhos verdadeiros e dignos.
> Possui bom ouro novo e prata antiga,
> moedas intocadas com ligas metálicas, ouro ou prata,
> todas bem cunhadas, testadas e ressoando alto.
> Todavia, nunca as usamos!
> Outros as passam de mão em mão,
> latão barato descoberto semana passada e marcado com marca ordinária.
> Para os homens que sabemos ser honrados, vidas irrepreensíveis e nomes nobres.
> Isso nós rejeitamos para os homens de latão...

7

Evidência
julgamento sustentado e reconsiderações

Geralmente começamos uma pesquisa com alguma noção de como a coisa funciona. Seja um *software* ou programa de treinamento profissional ou a relação entre os anestesistas e os cirurgiões que nós estudaremos, é muito raro começarmos o estudo despreparados. Temos algumas ideias e expectativas do que podemos descobrir. Aos poucos, ficamos cada vez mais seguros de que teremos algo bom para dizer sobre como as coisas funcionam. Diremos com confiança se tivermos uma boa evidência. A evidência não torna nossa afirmação verdadeira, mas ela nos deixa seguros de que nosso pensamento está correto. Usamos a evidência não apenas para sustentar nossas afirmações, mas para atualizar o projeto e refinar a coleta de dados.

Poderíamos dizer que todo o nosso planejamento e coleta de dados são realizados para obter uma evidência de boa qualidade. Isso provavelmente destaca demais a evidência e não destaca o suficiente a interpretação da evidência, mas indica aquilo que já sabemos, que a evidência pode ser de má ou de boa qualidade, e uma boa evidência é melhor.

> Evidência real, nenhuma tenho,
> Mas o filho da irmã da faxineira da minha tia
> Ouviu um policial, em sua ronda de patrulhamento,
> Dizer para uma empregada na rua Downing,
> Que tem um irmão, que tem um amigo,
> Que sabia quando a guerra iria acabar.
> (Reginald Arkell, em Bartlett, 1968, p. 965)

A qualidade da evidência é uma preocupação a ser considerada em geral, em todas as questões humanas, inclusive a conquista de compreensão, atribuição de prioridades e escolha do curso de ação. Como seres humanos, refletimos sobre uma experiência, coletamos e analisamos informações, ponderamos e juntamos os significados; em outras palavras, sintetizamos. Como pesquisadores, ficamos convencidos sobre quais afirmações serão mais confiáveis e aconselhamos as pessoas para ajudá-las a escolher com confiança um curso de ação. Estamos preparando a evidência e a compreensão para os usuários da pesquisa, os profissionais, os administradores e os responsáveis pela elaboração das políticas. Como usuários, agir com cautela é importante, e esperar até ter certeza é muito importante. Precisamos refletir bastante sobre o que a evidência significa em relação à confiança do usuário.

No direito, uma evidência probatória é a evidência que tem efeito de prova. As marcas de dente são evidência de uma mordida. Segundo o *Black's Law Dictionary* (Black, Nolan e Nolan-Haley, 1990, p. 555), "evidência probatória é a evidência que induz à convicção da verdade. Ela consiste da cooperação de fato e razão como fatores coordenados". Se a evidência é probatória, encontrá-la praticamente elimina a dúvida.

Em um estudo de 1994 sobre a síntese da avaliação, o porta-voz da avaliação, Michael Scriven, tentou orientar os avaliadores do programa na etapa final, extensa e processual, de juntar todas as evidências para descrever e declarar os méritos e falhas do *evaluand**. Ele recomendou que o projeto dos estudos de avaliação deveria diminuir a parcialidade diminuindo o papel do julgamento humano. Ele afirmou que deveríamos nos basear no raciocínio probatório. Ele explicou que o avaliador deveria identificar uma pequena quantidade de critérios importantes e objetivos que seriam vistos e aceitos de forma geral, pelos usuários majoritários, como prova de que o programa era aceitável ou inaceitável. É necessário raciocínio para selecionar os critérios, mas as evidências devem ser diretas, ele afirma, necessitando de interpretação crítica mínima.

A área de direito utiliza essa abordagem, definindo a prática de um crime, a aplicação de um contrato ou a execução do testamento de um falecido como decidido e legalizado pelo cumprimento de alguns critérios. Os advogados e juízes chamam esses critérios necessários e suficientes de "elementos". Vamos pensar em um homicídio qualificado. De modo geral, os quatro elementos são: (1) o assassinato de uma pessoa (2) cometido por

---

* N. de R.: Para definição do termo, consultar Glossário.

outra pessoa (3) que tinha a intenção de matar (4) com premeditação. Somente quatro elementos devem existir para que não haja dúvida razoável.

A evidência é definida em *Black* (1990, p. 555) como "qualquer espécie de prova, ou matéria probatória, apresentada legalmente no julgamento de uma questão, pelo ato das partes e por meio de testemunhas, registros, documentos, objetos concretos, etc., com o propósito de induzir uma opinião na mente da corte ou do júri em sua alegação". Um aspecto interessante destacado aqui é que a evidência sozinha não resolve a questão, mas sugere a opinião de uma pessoa nas mentes de outras. A evidência é apresentada para convencer os júris e os juízes e orientar seu julgamento. Em seguida, eles anunciam o veredicto.

Um tribunal de justiça muitas vezes parece um exercício de julgamento pessoal. Na televisão, ele aparenta ser um evento emocional, atuações histriônicas misturadas com ciência forense, mas desempenhos imparciais e sem emoção reduziram muitas ações judiciais a uma simples eliminação convencional de um conjunto de elementos padronizados. Outro exemplo: Para estabelecer a validade de um testamento, o advogado deve mostrar cinco elementos: (1) a intenção de transferir propriedade, (2) a capacidade de escrever o testamento (juízo perfeito), (3) o testamento deve estar por escrito, (4) a assinatura do falecido e (5) testemunhas da assinatura. A transferência legal de propriedades foi reduzida a uma questão técnica relativamente simples, mas a evidência ainda deve ser considerada relevante.

Esse protocolo formal é essencial para a vitalidade da lei, mas tal redução do processo social corresponde ao melhor interesse para a sociedade? Um testamento deve poder perpetuar uma casa de prostituição? Um testamento deve poder deixar despesas para o estado, as quais deveriam ter sido pagas pelo falecido, como para cuidar de seus filhos mais novos? Um testamento deve poder violar os princípios dos direitos humanos? Existem justificativas e precedentes para o que a lei permite, mas um dos custos de reduzir a lei a elementos é uma restrição ao exercício de aspiração social. A pesquisa qualitativa pode ser, mas não deve ser, na minha opinião, tão técnica, tão objetiva, tão indiferente.

Em pesquisas farmacêuticas, nos testes clínicos de novos medicamentos, as evidências de efeito publicadas muitas vezes vêm da comparação de um grupo aleatório com um grupo placebo. Um medicamento completamente testado é considerado seguro para uso controlado por médicos. Nem todo mundo concorda que essa evidência é suficiente, mesmo quando os testes seguem as normas científicas. A farmacologia e a lei são bons modelos para descobrir evidências de uma boa prática profissional (House, 2006; Sloane, 2008)? Eu creio que não. Os critérios para a política social são muito mais complexos. E, com exceções, os experimentos controlados de ensino, trabalho social e gerenciamento realizados no passado produziram poucas evidências (Walker, Hoggart e Hamilton, 2008). A história ainda não testemunhou a descoberta de métodos sociais praticáveis baseados em amostras e independentes de contexto. A evidência é insustentavelmente fraca.

TOMADA DE DECISÕES COM BASE EM EVIDÊNCIA

No meio acadêmico, na prática profissional, nos negócios e nos governos, hoje existe um apoio difundido para a tomada de decisões com base em evidências (Cook, 2006; Denzin e Giardina, 2008; Lipsey e Cordray, 2000). Esse apoio respeita o pensamento tecnológico e despreza o pensamento intuitivo. É possível entender rapidamente que muitos desses defensores estão se referindo às evidências na forma de conhecimento objetivo, orientado à ciência e determinante para a escolha de ações mais do que como material para o julgamento do usuário.

Após muito refletir, concluímos que seria útil diferenciar os fatos das teorias. O conceito comum de evidência é a determinação de um fato. O estudante foi aprovado no curso? A nova máquina fotocopiadora trava mais do que a máquina antiga? A participação da comunidade foi influente na época? Em referência à realização de ações, muitas questões são decididas de forma binária: sim ou não. Pontual ou atrasado. Culpado ou inocente. Na farmacologia, pensamos em testado de forma suficiente ou de forma insuficiente. Aprovado ou reprovado. Uma avaliação é feita, e, algumas vezes, um fato é declarado. Verdadeiro ou falso.

A evidência também é um conceito importante no estabelecimento de uma justificativa ou possibilidade de ação. Aqui não existe um único critério, mas critérios múltiplos: uma política de treinamento deve ser baseada em muitos fatores, em evidências de vários tipos. Uma educação só é boa se for abrangente. Um debate é argumentado em termos de diversas implicações, com evidências apresentadas não apenas para estabelecer fatos, mas para construir um caso integrado. A justificativa precisa ser pertinente à ação a ser realizada. As partes das evidências devem ser inter-relacionadas.

Considere a justificativa para a avaliação da qualidade de um programa de treinamento. O avaliador do programa reconhece diversos objetivos, diversas expectativas, diversos desafios, diversos padrões e, em seguida, descobre um grupo de evidências. Todas essas peças são reunidas em uma síntese de valores, resultando possivelmente em um julgamento simples, mas amplificado por um argumento equilibrado e baseado em evidências. Este seria um julgamento baseado em evidências sobre a qualidade de um programa de treinamento.

Sejam eles os profissionais ou os administradores, os examinadores ou os examinados, os tomadores de decisões precisam de fatos e de teorias para uma possível ação. Eles precisam de boas evidências "para aplicar em suas alegações", como Anthony Kelly e Robert Yin (2007) declararam. A evidência proporciona a confiança necessária para tomar boas decisões.

> Fatos são coisas teimosas; e quaisquer que sejam nossos desejos, nossas inclinações ou os ditames de nossa paixão, eles não podem alterar o estado dos fatos e das evidências.
> (John Adams, defesa dos soldados britânicos em julgamento pelo massacre de Boston, 1770, em *Bartlett's Familiar Quotations*, Edição 14, 1968, p. 462)

Podemos teorizar que é possível medir a qualidade das evidências com base na qualidade de uma decisão tomada. Um avaliador orientado ao *processo* pode selecionar um painel de tomadores de decisão para julgar a qualidade da decisão tomada. A decisão foi considerada abrangente o bastante? O argumento era consistente? Em outras palavras, a decisão foi considerada boa por outros tomadores de decisão?

Mas um avaliador orientado aos *resultados* é pressionado para encontrar boas evidências da qualidade da tomada de decisões. Os resultados subsequentes podem ser atribuídos a essa decisão? A atribuição de efeitos a essa decisão geralmente é problemática. E como essa decisão pode ser comparada às decisões que não foram tomadas?

Milan Kundera analisou as incertezas da vida no livro *A insustentável leveza do ser*, de 1984. Observando as escolhas, principalmente políticas e amorosas, de Tomas, um cirurgião em Praga durante a ocupação soviética da Tchecoslováquia, Kundera afirmou:

> Não existe meio de verificar qual é a boa decisão, pois não existe base para comparação. Tudo é vivido pela primeira vez e sem preparação. Como se um ator entrasse em cena sem nunca ter ensaiado. (...) (p. 8)
> Em trabalhos práticos de física, qualquer aluno pode fazer experimentos para verificar a exatidão de uma hipótese científica. Mas o homem, porque não tem senão uma vida, não tem nenhuma possibilidade de verificar a hipótese por meio de experimentos para saber se deve seguir seus sentimentos ou não. (p. 34)

Kundera estava dizendo que as "pessoas têm poucas formas de testar a qualidade de suas evidências".

A INSUSTENTÁVEL LEVEZA DA EVIDÊNCIA

Nesse livro, a tese de Kundera é a de que a vida é uma coleção de acasos, com todas as intenções e escolhas podendo mudar em razão das circunstâncias e dos impulsos. Segundo ele, tudo no mundo acontece somente uma vez, e, por isso, embora seja muito apreciada, a existência humana não tem muita força. Sentimos a insustentável leveza do ser. Kundera descreve o primeiro encontro de Tomas com Tereza, o traumático amor de sua vida:

> Sete anos antes, um caso difícil de meningite aparecera *por acaso* no hospital da cidade onde morava Tereza, e o chefe do departamento onde Tomas trabalhava havia sido chamado com urgência para uma consulta. Mas, *por acaso*, o chefe do serviço estava com ciática, impossibilitado de se mexer, e mandou Tomas em seu lugar a esse hospital de província.
> Havia cinco hotéis na cidade, mas Tomas hospedou-se *por acaso* no hotel em que Tereza trabalhava. *Por acaso*, tinha um momento disponível antes da partida do trem, e foi sentar-se no restaurante. Tereza *por acaso* estava trabalhando, e *por acaso* servia a mesa de Tomas. Foram necessários seis acasos para impelir Tomas até Tereza... um amor fortuito, que não teria existido se o chefe do departamento não tivesse tido uma ciática... (1984, p. 35)

Com esse estado de espírito, peço que você considere as evidências com as quais você, nós, todas as pessoas tomam as decisões, sejam elas grandes ou pequenas. Mesmo que disfarçadas, elas muitas vezes são inesperadas, pessoais e circunstanciais. Isso não é uma afirmação de que tomamos as decisões de maneira caprichosa. Não, refletimos sobre questões de grande importância, mas o peso que atribuímos às diferentes questões pode mudar, já que somos pressionados por novas responsabilidades e atraídos por novas oportunidades.

Muitos autores, como Daniel Stufflebeam (1971) e Lee Cronbach (1974), definiram o objetivo principal da pesquisa social como o aperfeiçoamento da tomada de decisões. Eu discordo. As opções de decisão muitas vezes mudam depois que sabemos mais sobre o problema. Prefiro pensar que o objetivo principal é melhorar a compreensão sobre como as coisas funcionam em seus cenários específicos. Essa informação pode ser útil para melhorar aquilo que está sendo estudado, mas focar a pesquisa diretamente em obter uma melhora pode causar a análise incorreta da complexidade da maneira como o objeto de estudo funciona.

As evidências do bom funcionamento das coisas são importantes. Em alguns casos, as evidências devem ser orientadas aos resultados. Frequentemente, a evidência mais importante é a integridade das transações em andamento, do processo, da forma de funcionamento.

A evidência de maior prioridade sobre como o programa funciona, seja ele regional ou nacional, geralmente pode ser mais bem encontrada ao se estudar os processos de funcionamento. A produção, a eficiência, o cumprimento de meta e o custo benefício são resultados que não devem ser ignorados. E o que os patrocinadores, a equipe e o público querem saber não deve ser ignorado. Porém, parte da atenção principal da pesquisa qualitativa deve estar no modo como as pessoas que estão no comando cumprem suas responsabilidades. E, assim, a evidência descrita na pesquisa deve incluir e, com frequência, destacar a evidência do desempenho dos administradores[1] e das pessoas que trabalham na prestação de serviços. Para muitos observadores, essas visões personalizadas sobre a qualidade do programa serão fracas, instáveis e transitórias. Queremos muito concluir a pesquisa com um alto grau de confiança.

A evidência é um atributo da informação, mas também é um atributo da persuasão. A evidência contribui para a compreensão e a convicção. Assim como a parcialidade, a lealdade, a moda e a cultura. A evidência enfrenta fortes concorrentes. E como ela é próxima à compaixão e ao anseio, a evidência é insustentavelmente leve. Escolher uma evidência mais forte e probatória é alterar a questão e diminuir a prioridade do julgamento humano. A evidência deve primeiro ser válida e relevante e, então, na minha opinião, ser submetida a um julgamento, trabalhada para a confiança do usuário, trabalhada para ser persuasiva.

A qualidade da evidência no campo social e no campo educacional é uma questão tanto pessoal quanto estatística. Não se deve pensar que uma pesquisa baseada em evidências depende principalmente de medidas. A pesquisa baseada em evidências deve permitir que as pessoas obtenham uma profunda convicção sobre como as coisas funcionam e o que fazer a respeito disso. Como tradicionalmente ocorre, a confiança pessoal estabelece o alicerce para a prática profissional e a política nacional (Erickson, 2008).

TRIANGULAÇÃO

Os pesquisadores qualitativos triangulam suas evidências. Em outras palavras, para chegar aos significados corretos, para ter mais confiança de que a evidência é forte, eles desenvolvem diversas práticas chamadas de "triangulação". A mais simples delas, provavelmente, é "observar e observar novamente inúmeras vezes". As placas nos cruzamentos das estradas antigamente diziam "Pare, olhe e escute". Ou, ainda mais importante, olhe e ouça a partir de mais de um ângulo. Mas a triangulação também é "verificar com os envolvidos": perguntar para a mulher que foi citada se ela realmente disse aquilo. Esse comportamento é mais do que ser apenas cuidadoso, é ser cético de que essas pessoas foram vistas ou ouvidas corretamente e verificar mais.

Antigamente dizíamos que a triangulação era uma forma de confirmação e validação, mas, quando começamos a respeitar mais os diversos pontos de vista, percebemos que a triangulação pode ser uma forma de diferenciação (Flick, 2002). Ela pode nos dar mais confiança de que determinamos corretamente o significado ou pode nos dar mais confiança de que precisamos analisar as diferenças para enxergar significados múltiplos e importantes. Você pode chamar isso de uma situação de ganho mútuo. Se a verificação adicional confirma que percebemos o significado corretamente, nós ganhamos. Se a verificação adicional não confirma, pode significar que existem mais significados para descobrir, uma forma diferente de ganhar. Se alguns bancários dizem que "as regras são injustas", enquanto outros bancários afirmam que "as regras são justas", é possível que existam dois grupos a serem identificados. É possível que os bancários recém-contratados ou os bancários que lidam com as reclamações vejam a questão de forma diferente. Com a triangulação, nossa pesquisa pode ser melhorada de qualquer forma.

Quais evidências exigem triangulação? Quando é necessário coletar mais dados? Aqui estão algumas afirmações que podem ser relatadas:
1. "Todas as crianças sentaram-se às mesas."
2. "As crianças da cidade sentaram-se às mesas mais próximas; as crianças imigrantes sentaram-se mais longe."
3. "Algumas crianças imigrantes ignoraram o que a professora pediu que elas fizessem."

A seguir temos quatro regras. Quais se aplicam a cada uma das afirmações anteriores?
   a. Se a descrição for comum ou incontestável, há pouca necessidade de triangular.
   b. Se a descrição for relevante, mas contestável, há um pouco de necessidade de triangular.
   c. Se os dados forem evidência de uma afirmação principal, há muita necessidade de triangular.

d. Se uma afirmação for a interpretação de uma pessoa, há pouca necessidade de triangular a validade da afirmação.

Algumas observações adicionais para o relatório.
4. "A professora estava irritada."
5. "A posição das cadeiras indica aprovação institucional; sentar-se próximo à professora é uma recompensa."
6. "A professora disse que estava tentando deixar as crianças à vontade ao pedir que elas se sentassem próximas às crianças que já conheciam."

Na maioria dos estudos, seria considerado que as Afirmações 1 e 6 não precisam de triangulação completa. Se a Afirmação 5 for importante para as descobertas do estudo, a interpretação precisa apresentar mais evidência do que uma simples citação. Diversas professoras poderiam ser questionadas sobre isso. Evidências de que os meninos hiperativos são, às vezes, colocados em cadeiras próximas à professora poderiam enfraquecer a afirmação. Em alguns casos, a triangulação ajuda o pesquisador a reconhecer que a situação é mais complexa do que pensava no início.

Quando o conhecimento está sendo desenvolvido, dois observadores nunca o desenvolvem exatamente da mesma forma. A confirmação completa é impossível, mas os pontos de vista são parcialmente acordados, parcialmente não. Quando aquilo que não é acordado é sem importância, os dois resultados da triangulação são apresentados. Aquilo que é acordado é relatado como comprovado. Quando o "não acordado" é importante, os pontos de vista diferentes devem ser analisados mais detalhadamente. Uma evidência que foi triangulada é mais confiável.

MÉTODOS MISTOS E CONFIANÇA

Um dos hábitos dos pesquisadores qualitativos é utilizar diversos métodos, ou seja, usar vários meios (como entrevistas e observação) para entender melhor algo dentro de um estudo. Mas analisando mais profundamente, os "métodos mistos" são a utilização de diversos métodos de maneira interativa, não a simples utilização deles em alguma parte do mesmo estudo. Isso significa empregá-los em conjunto e de forma consciente para estudar um elemento específico (como um problema ou uma relação). Digamos que o estudo seja sobre como a direção dos serviços de assistência social trabalha para conseguir manter uma quantidade adequada de casos em determinadas cidades. É provável que o pesquisador qualitativo investigue significados e aplicações específicas dessa direção utilizando entrevistas, observações, revisão de documentos e, talvez, incluindo histórias de vida e análise de diálogos. Outros tópicos podem ser investigados simultaneamente, com ou sem a utilização de métodos mistos. Se qualquer tópico for estudado deliberadamente, especificando-se de maneira formal a conexão entre os métodos, o pesquisador está realizando uma abordagem de métodos mistos (Creswell e Plano Clark, 2006, p. 1-7).

A principal razão para optar pelos métodos mistos é, certamente, melhorar a qualidade das evidências. Uma das possíveis afirmações sobre a direção é que os diretores seniores contornam as normas estaduais e priorizam os acordos individuais feitos com as famílias. Provavelmente não é suficiente descobrir que essa ênfase está clara na declaração de missão do departamento de assistência social e que os diretores mencionavam algo semelhante nas visitas de orientação às famílias. Talvez o pesquisador deva inquirir sobre a investigação dos diretores a respeito da reputação nos bairros e sobre a avaliação anual da competência do assistente social, mesmo que isso possa exigir um trabalho de investigação de grandes proporções. De algum modo, precisamos de várias fontes de evidência. Você provavelmente já sabe que jornais renomados como o *Washington Post* exigem que seus repórteres tenham várias fontes de evidência para uma importante descoberta e que usem diversos métodos para triangulá-la. O *Washington Post* também possui padrões de evidência e padrões de escrita a manter.

> Os desafios de escrever sobre a investigação com métodos mistos permanecem grandes, porque as diferentes tradições metodológicas envolvem tradições de comunicação bastante diferentes, que incorporam diferentes critérios e normas técnicas, além de diferentes critérios e normas retóricas e estéticas sobre o que faz um teste ser convincente. (Greene, 2007)

Triangulamos para aumentar a confiança que temos em nossas evidências. Os tomadores de decisão precisam ter confiança nas evidências, dependendo do conhecimento profissional e do conhecimento das pesquisas. Os pesquisadores quantitativos têm o grande trunfo das estatísticas conclusivas porque podem quantificar a confiança que têm ao rejeitar uma hipótese inválida que tenham testado. Eles são capazes de anunciar que uma descoberta é estatisticamente significativa com um determinado nível de confiança. Os pesquisadores qualitativos possuem bons meios de aumentar o nível de confiança em suas descobertas, mas não possuem uma escala numérica para expressar essa confiança. Entretanto, sabem que podem aumentar a confiança triangulando com métodos mistos, verificando com os envolvidos e utilizando painéis de revisão (Creswell e Plano Clark, 2006, p. 1-7; Johnson e Christensen, 2008, p. 439).

VERIFICAÇÃO COM OS ENVOLVIDOS

Verificar com os envolvidos é apresentar as anotações ou a versão preliminar de uma observação ou entrevista para as pessoas que forneceram as informações e pedir que elas façam correções e comentários. Os pesquisadores estão buscando a exatidão, tentando detectar uma possível falta de sensibilidade de sua parte e descobrir novos significados. Os fatos estão corretos? A história está completa? A versão preliminar pode ofender alguém? Ela deve ser mais complexa que isso? Se a pessoa diz que a citação ou a descrição está correta, isso não faz com que ela esteja correta, mas ajuda a reduzir os erros e também ajuda muito a evitar que as pessoas envolvidas na pesquisa fiquem magoadas ou ofendidas. O pesquisador deve continuar tentando obter essa confirmação ou correção.

Antes da coleta de dados, o pesquisador deve indicar para as pessoas que serão observadas e citadas que ele tem a intenção de verificar as informações posteriormente. Infelizmente, muitas vezes o "envolvido" não tem interesse em fazer isso ou não tem tempo livre para avaliar um trecho do texto. Obviamente, quanto antes o trecho for apresentado, maiores são as chances de uma boa verificação do envolvido. Esperar até que se tenha uma grande quantidade de material da pessoa que é a fonte de dados raramente é uma boa ideia.

O material apresentado para a verificação do envolvido não deve incluir citações ou a descrição pessoal de outra pessoa que ainda não tenha feito a verificação dessas informações. Isso é difícil se o material é uma conversa entre várias pessoas. O pesquisador deve avaliar quais são as informações mais importantes e fazer primeiro a triangulação dessas informações. Ele também deve levar em consideração qual é a pessoa que mais está em risco e corrigir as informações dela antes de mostrar o texto para os outros envolvidos.

A verificação com os envolvidos é um processo fundamental para a pesquisa qualitativa, mas com frequência ocorre muito lentamente por falta de tempo suficiente ou porque a importância desse processo não é evidente para as pessoas estudadas. Geralmente, tudo o que se pode fazer é dar aos envolvidos tempo adequado para responder e informar que os requisitos do estudo e outros limites de prazo necessitam de sua ajuda até a data especificada por você.

PAINÉIS DE REVISÃO

Uma estratégia importante é ter mais de uma pessoa para coletar dados, mesmo que a verba e o cronograma da pesquisa não incentivem isso. Uma das triangulações mais importantes é a dos "diversos olhos". Também é fundamental ter mais de uma pessoa para interpretar os dados mais importantes. Quase sempre há necessidade de explicações alternativas. Em alguns casos, a ajuda adicional fornece confirmações valiosas, mas geralmente as diferenças de ponto de vista acrescentam profundidade à percepção. É isso mesmo. Quando os observadores discordam, a complexidade geralmente fica mais evidente. Além disso, raramente é essencial resolver as diferenças de ponto de vista sobre qual percepção está mais correta. O que realmente importa é descrever as diferentes interpretações sobre como as coisas funcionam.

Na seção "Utilizando a experiência de outras pessoas", no Capítulo 3, vimos o resumo da pesquisa de dissertação de Tom Seals (1985). Talvez você se lembre de que a questão de pesquisa dele tratava das concepções dos terapeutas sobre os problemas dos gêneros nas terapias de casais. Ele comparou quatro orientações teóricas: psicanalítica, sistemas familiares, comportamental e existencial-experiencial, esperando contribuir para a teoria do aconselhamento psicológico. Ele utilizou quatro painéis de terapeutas para obter as interpretações.

Seals observou que os terapeutas com treinamentos e métodos de terapia diferentes enxergariam o aconselhamento psicológico de Pete e Lisa de maneiras distintas. Ele esperava obter percepções diferentes de cada um dos painéis, possivelmente com contradições. Novas questões poderiam surgir no meio do percurso e alterar a coleta de dados posterior e as formas de interpretar a questão de pesquisa. Seals previu que o estudo se desenvolveria de formas que ele não poderia supor. Leia a seção "Utilizando a experiência de outras pessoas", no Capítulo 3, novamente para ver uma ilustração do uso de painéis e de "foco progressivo" (o assunto que discutiremos na próxima seção).

É possível pensar que Seals poderia ter trabalhado melhor com todos os seus painéis ao mesmo tempo e ter obtido as mesmas descobertas.

Mas sua impressão desde o início era a de que as complexidades do caso e as ideias eram quase incontroláveis. Ele prosseguiu de forma crescente, convencido de que poderia ter mais controle sobre o que estava ocorrendo e planejar seus próximos passos usando as melhores informações possíveis. Ele citou Matthew Miles e Michael Huberman (1984), afirmando que reunir todas as conceituações no início seria

> um grande erro. Isso descarta a possibilidade de coletar novos dados para preencher as lacunas, ou para testar as novas hipóteses que surgem durante a análise; isso tende a reduzir a produção do que pode ser chamado de "hipótese rival", que questiona as suposições e parcialidades dos pesquisadores em campo; e isso transforma a análise em uma tarefa imensamente incontrolável, que desmotiva o pesquisador e reduz a qualidade do trabalho produzido. (Miles e Huberman, 1984, p. 49)

Os painéis de revisão, assim como a verificação com os envolvidos e a utilização de diversos observadores, atendem ao objetivo da triangulação.

Além das diversas apresentações e da verificação com os envolvidos, o pesquisador deve reunir amigos críticos para avaliar o progresso em diversos momentos durante o estudo. Breves relatórios dos avanços podem ser distribuídos para algumas pessoas, às vezes para o comitê de dissertações, solicitando uma análise crítica. Tudo isso acrescenta tempo à pesquisa, um tempo que a maioria dos pesquisadores preferiria usar coletando mais dados. Mas, algumas vezes, melhorar a qualidade dos dados é mais importante que aumentar seu volume.

É importante que o pesquisador aproveite oportunidades inesperadas de confirmar e contestar os significados dos problemas e relações em desenvolvimento. Mas é igualmente importante planejar para (como os alpinistas dizem) "reconhecer" o projeto de pesquisa. Identificar e orientar os painéis de revisão é uma estratégia muito pouco usada. O painel pode ser grande ou pequeno, formal ou informal, e, com frequência, deve incluir pessoas com experiência ou pontos de vista especiais, sendo alguns deles diferentes do ponto de vista do pesquisador. Sim, o apoio dos admiradores é necessário, mas, em muitos casos, o reconhecimento de falhas e tolices é mais importante.

FOCO PROGRESSIVO

A triangulação informal ocorre quando acompanhamos atentamente o progresso da pesquisa. Todos os significados das coisas precisam ser reconsiderados durante a pesquisa. Vamos analisar as palavras de um dos primeiros behavioristas, Ivan Pavlov (1936), ao aconselhar seus alunos:

> Gradualidade! Sobre essa importante condição do trabalho científico frutífero, eu jamais poderei falar sem emoção. Gradualidade, gradualidade, gradualidade. Desde os primórdios de seus trabalhos, disciplinem-se a uma severa gradualidade e na acumulação de conhecimento. (Bartlett, 1968, p. 818)

O conselho dele é como um lembrete: devemos aprender a acumular conhecimento deliberadamente. Isso inclui o crescente conhecimento de nossa questão de pesquisa, de nossos métodos, de nossas fontes de dados e de qualquer outro fator que nos ajude a interpretar. Gradualidade, atenção, ceticismo, revisão.

Em nossos cursos de pós-graduação, alguns professores encorajam os estudantes a compreender o problema completamente antes de planejar um estudo e dedicar muito tempo em campo coletando dados. Mas isso são duas coisas distintas. Geralmente, passar um tempo em campo é uma parte essencial do planejamento de um estudo. Sim, queremos uma compreensão preliminar da questão de pesquisa. Os pesquisadores novos precisam de mais tempo para se preparar. Há pouquíssimo tempo para aprender os problemas depois que se está em campo. Precisamos estar preparados e precisamos ter testado os nossos métodos. Ainda assim, a impressão de muitos pesquisadores qualitativos é a de que nós, com frequência, nos dedicamos demais a um plano, ficamos obcecados demais em usar determinadas variáveis, quando começamos a coletar os dados. Devemos ser graduais, reformulando o estudo durante sua realização.

O sociólogo Malcolm Parlett e o historiador David Hamilton (1977) descreveram as três etapas em que os pesquisadores qualitativos (1) observam, (2) investigam mais profundamente e, em seguida, (3) procuram explicar. Eles afirmaram:

> Obviamente, as três etapas se sobrepõem e se inter-relacionam de forma prática. A transição de uma etapa a outra, conforme a investigação se desenrola, ocorre quando as áreas problemáticas ficam cada vez mais esclarecidas e redefinidas. O curso do estudo não pode ser traçado com antecedência. Ao começar com uma base de dados muito extensa, os pesquisadores reduzem sistematicamente a amplitude de sua investigação para concentrar a atenção nos novos problemas que surgem. (p. 15)

Esse foco progressivo baseia-se no que o psicólogo David Ausubel (1963) chamou de "organizadores avançados". São ideias importantes, expectativas, modelos para compreender qual é seu próximo passo. Todo mundo tem organizadores avançados. Eles servem para nos guiar, de forma adequada ou inadequada, quando tentamos entender algo. Para tentar deixar nossos planos mais formais, tomamos emprestadas de um dos primeiros antropólogos, Bronislaw Malinowski (1922-1984), as *questões de indicação antecipada*. No início de cada estudo, podemos preparar uma lista de questões de indicação antecipada que precisam ser respondidas, questões relevantes (em vez de métodos) que ajudam a esclarecer a situação. Durante o estudo, abandonaremos as questões que se mostrarem pouco úteis. Nossa intenção é reformular as questões para melhorar a coleta de dados de um local de pesquisa para o próximo.

Em alguns estudos, teremos alguns anos para focar "progressivamente" e melhorar a validade de nossas descobertas. Meu grupo, por exemplo, teve dois anos em nosso *Case Studies in Science Education* (Estudos de caso de educação em ciência, Stake e Easley, 1978). Em agosto de 1975, a solicitação de proposta (SDP) da National Science Foundation (Fundação de Ciência Nacional) incluía uma longa lista de questões pelas quais os pesquisadores deveriam se orientar. Elas eram seus organizadores avançados. Em julho de 1976, chegamos a três questões de indicação antecipada:

1. Como a ciência está sendo ensinada nas escolas norte-americanas?
2. Quais são as conceituações atuais da ciência nos cursos?
3. Quais são os obstáculos atuais para o ensino da ciência?

Em novembro, os organizadores avançados se tornaram sete problemas principais:
1. *Cortes de verba*: pareceram importantes nos locais de estudo, mas, mais tarde, não foram vistos como uma influência no ensino.
2. *Articulação*: a adaptação dos cursos de um ano para o ano seguinte; um problema emergente.
3. *Volta aos conceitos básicos*: oposição ao currículo escolar reformista, problema previsto e considerado importante.
4. *Aprendizado especializado*: não é importante para os profissionais, mas geralmente é importante para os pesquisadores.
5. *Teoria pedagógica* versus *prática*: a previsão era de ser um grande problema, mas mostrou-se pequeno nos locais de estudo.
6. *Socialização dos professores*: cada vez mais é uma grande razão para o fracasso do currículo escolar reformista promovido pela National Science Foundation.

7. *Ensino elitista*: atenção maior aos alunos mais inteligentes, uma questão preocupante; o problema estava presente, mas permaneceu velado; não era uma preocupação para a maioria dos profissionais no campo do estudo.

A lista continuou a ser refinada. A maioria dos problemas originais persistiu, alguns diminuíram e outros novos surgiram.

No mês de maio seguinte, distribuí um "esboço inicial" dos títulos do capítulo final. Meu colega de equipe, Terry Denny, me repreendeu por ainda enxergar o mesmo que eu via no começo do estudo, chamando isso de "foco regressivo". Mesmo após um ano trabalhando em campo, o quadro geral ainda estava indefinido. Foi difícil encontrar uma estrutura dominante de problemas entre os locais. Foi fácil argumentar que os problemas identificados para a organização do relatório final eram, na verdade, descobertas importantes em apenas metade de nossos locais de estudo. Nossa equipe poderia ter incluído diversas outras histórias. E outras equipes de pesquisadores poderiam ter encontrado os mesmos dados para descrever problemas que não detectamos.

Ficou cada vez mais evidente que, principalmente nos estudos realistas, trabalhamos com uma fusão do ponto de vista do pesquisador (seu ponto de vista) e a atividade em campo. Há uma singularidade no modo como o pesquisador ou a equipe de pesquisadores enxerga as coisas e uma singularidade nos locais estudados. Existem histórias alternativas para se contar, mesmo entre as expectativas de obter grandes generalizações. Identificamos que alguns públicos querem que os pesquisadores realizem todos os esforços possíveis para apresentar um relatório da mesma forma que outros pesquisadores apresentariam, para contar a história que melhor representa a atividade nos locais de estudo. Mas a maioria dos públicos reconhece a necessidade da interpretação, das observações pessoais. No final, quase sempre, contamos a história que nos parece ser mais importante.

A escolha da "mais importante" é subjetiva. Temos diversas oportunidades para verificar as visões e os fragmentos com outros pesquisadores, com os representantes de nossos públicos, com as equipes do programa e com outras pessoas. Embora essas negociações sejam valiosas, principalmente para corrigir as inclusões erradas ou ofensivas, não são uma base sólida para o foco progressivo. Dependemos muito da intuição.

O foco progressivo é um *slogan*, um bom *slogan*. Ele indica nosso desejo de manter as observações e as interpretações inacabadas. Mas sacrificamos a grande força dos instrumentos e protocolos usados em um projeto fixo. Ainda assim, podemos ganhar em relevância e atualidade. As alterações de foco, "aumentando o *zoom*" no alvo ou mudando para outro, continuam sendo uma escolha subjetiva, aberta à contestação ou ao reforço de outras pessoas. A interação entre os pesquisadores e seus locais de pesquisa continua sendo diferente em todos os estudos qualitativos.

O foco progressivo indica nosso compromisso com a gradualidade, uma tentativa de controlar a presunção e a invalidade. Será que podemos dizer que isso nos ajuda a querer uma pesquisa de alta qualidade?

A mensagem desta última seção é incompatível com a mensagem das seções anteriores deste capítulo? Antes estávamos falando de "julgamento sustentado" e agora falamos de "seguir em frente". Acabamos concordando, assim espero, que as descobertas ou assertivas da pesquisa devem ser sustentadas por boas evidências e que a triangulação é a melhor estratégia para testar a qualidade das evidências. Uma das maiores tentativas para realizar a triangulação é usar métodos mistos, verificação com os envolvidos e painéis de revisão.

Em seguida, porém, falamos de foco progressivo, quando os significados, a coleta de dados, os problemas e as possíveis descobertas mudam durante todo o estudo. É possível encontrar boas evidências durante o estudo se você ainda não souber, quase no fim dele, qual vai ser afinal sua questão de pesquisa? Espero que você perceba que temos algumas explicações a dar. Como você lidaria com essa contradição?

NOTA

1 Os administradores muitas vezes retiram o estudo de suas próprias decisões a partir de um projeto de avaliação externa, acreditando que a equipe está mais bem equipada para coletar essa evidência.

8

Análise e síntese
como as coisas funcionam

Pesquisar envolve análise (a separação das coisas) e síntese (a reunião das coisas). Coletamos dados. Aumentamos nossa experiência. Observamos atentamente os fragmentos dos dados coletados, as partes de nossa experiência, ou seja, analisamos e reunimos as partes, com frequência, de maneiras diferentes que anteriormente. Sintetizamos[1].

Muitas pesquisas qualitativas são baseadas na coleta e na interpretação de episódios. Os episódios são considerados mais como conhecimento pessoal do que conhecimento agregado (seção "Experiência individual e conhecimento coletivo", no Capítulo 1). Um episódio possui atividades, sequência, local, pessoas e contexto. Alguns dos episódios que parecem ser mais úteis, aqueles que consideramos "fragmentos", precisam ser estudados, analisados, suas partes precisam ser vistas repetidamente. Nós as observamos e registramos as observações de outras pessoas. Nós as interpretamos e buscamos outras interpretações. Reunimos e separamos as coisas. Como pesquisadores qualitativos, tentamos ser principalmente sensíveis às totalidades, coisas que resistem à separação de suas partes, mas, ainda assim, nós as analisamos. E, em alguns casos, juntamos os fatos e formamos novas totalidades, novas interpretações, um novo fragmento.

Realizamos grande parte desse trabalho de maneira intuitiva. Usamos o senso comum. Seguimos determinadas rotinas. Triangulamos. Seguimos os padrões de outros pesquisadores e os padrões que nós mesmos usamos anteriormente. Às vezes, inventamos novas formas de analisar e sintetizar. Parte do trabalho de nossa pesquisa é sistemática, e poderia ser mais, mas é deliberadamente original. Nosso trabalho torna-se centrado no que estamos descobrindo, em nossos fragmentos, mas acabamos sempre voltando para a questão de pesquisa. Imaginamos um relatório que também ajudará as outras pessoas a compreenderem as coisas. Vamos de um entendimento ao outro, com incerteza, mas ainda com um certo senso de composição. Estamos transformando os diálogos, os retratos, às vezes, as explicações e as percepções mais profundas em informações sobre como algo funciona.

SEPARANDO E REUNINDO

Esse "algo" para um pesquisador era a sensibilidade háptica. Como a sensibilidade háptica funciona, principalmente na educação artística? A sensibilidade háptica é tátil, sinestésica, a conscientização do espaço corporal. Em 2007, para sua pesquisa de dissertação sobre educação artística, You-Jin Lee, da Universidade de Illinois, decidiu fazer um estudo qualitativo sobre como essa sensibilidade poderia influenciar a formação e o ensino de arte.

Seus dados principais viriam da observação de quatro turmas universitárias: uma de cerâmica, uma de *design* gráfico, uma de *design* visual com base em computador e uma sobre a cerimônia do chá japonesa. Ela criou o formulário de observação mostrado na Figura 8.1 porque precisava saber detalhes da observação em cada uma das turmas semanais e queria se lembrar de que a maioria de seus dados era de dados *interpretativos*, como as reais palavras do instrutor e dos alunos no exato momento em que foi feita referência ou ocorreu evidência de algo háptico. Ela também buscava dados *agregativos*, como mostrar com quanta frequência alguém se referia às relações espaciais sentidas de modo corporal. Ela não só fez marcações nos dois lados da folha enquanto observava, mas, imediatamente após, fez outras interpretações do que havia visto, ouvido e, talvez, sentido.

Lee estava trabalhando com um conceito difícil de compreender. A começar pelo preparo inicial do estudo, ela precisava analisar este conceito, a sensibilidade háptica. Ela procurou definições e escreveu algumas definições próprias. Ela buscou elementos dessa sensibilidade, ou seja, analisou o conceito. Formal ou informalmente, ela criou um mapa de conceito (seção "Mapeamento do conceito", no Capítulo 6). Desde o início, tentou imaginar o que poderia ser dito em sala de aula que ela reconheceria como consciência háptica dos professores e alunos. Lee tentou imaginar como a consciência funcionaria para influenciar a criação artística em meios diferentes. A cerâmica é diferente do *design* espacial computadorizado. Talvez as disciplinas tivessem pouco em comum. Ela havia realizado um estudo piloto, observando as reuniões dos instrutores, procurando mais detalhadamente indícios de sensibilidade háptica. Pré-análise. Pré-síntese. Nesse momento, ela criou seu formulário de observação (Figura 8.1), incluindo sua ideia dos elementos da consciência háptica, como mostrado no quadro intitulado "Elementos hápticos".

Código do professor: Código da turma: Horário: até
Quantidade de alunos: Código do material: Observador:
Horário/data da anotação: Cópias extras arquivadas em:

Aula/Atividades: Diálogo/Citações:

Elementos hápticos:		Indicações de qualidade feitas por meio de:
Tátil	Movimento (muscular-visceral)	Articulação verbal
Consciência corporal	Vibração	Objetivos por escrito
Equilíbrio	Espaço (físico/atmosférico)	Linguagem corporal
Muscular-visceral	Ritmo	Estratégias de questionamento
Temperatura	Dor	Conversa
Umidade		Observação
Outros não visuais e não audíveis: Aroma, Sabor		

Notas de acompanhamento/conversas sobre a ação observada:

Características adicionais da atividade háptica:

Utilização do tato:	
Compreensão	Compreender a materialidade e os aspectos afetivos dos meios
Exploração	Descobrir novas informações e desenvolver as informações adquiridas anteriormente
Inspiração	Utilizar a experiência tátil como fonte de ideias para e sobre as artes
Concretização	Atribuir forma concreta a uma ideia
Visão empática	Entender as emoções, os sentimentos, a situação, etc., de outras pessoas
Sensibilidade perceptiva	Utilizar características intuitivas, viscerais, não audiovisuais da compreensão/criação das artes

Fotos/Materiais coletados: sim   não
Fotos/Materiais precisam ser coletados: sim   não
Tipo de documento/Material:

FIGURA 8.1 Formulário de observação de estudo háptico – You-Jin P. Lee, Universidade de Illinois, versão de agosto de 2008. Reproduzido com autorização de You-Jin Lee.

Os instrutores dessas quatro turmas tinham alguma noção sobre o que Lee estava procurando e garantiram a ela que acreditavam que um pouco de sensibilidade háptica era importante em suas turmas. Lee previu que eles poderiam, às vezes, referir-se à consciência corporal ou tátil, mas não ensinariam diretamente os alunos a serem conscientes de sua consciência. A consciência pode ser o que Michael Polanyi (1966) chamou de "conhecimento tácito":

> Devo reconsiderar o conhecimento humano começando pelo fato de podermos saber mais do que percebemos. Esse fato parece ser bastante óbvio, mas não é fácil dizer exatamente o que ele significa. Pense no seguinte exemplo: conhecemos o rosto de uma pessoa e podemos reconhecê-lo entre milhares, aliás, entre milhões de outros rostos. E, ainda assim, não sabemos como conseguimos reconhecer um rosto que conhecemos. (p. 4)

Lee percebeu que o que ela estava procurando talvez não fosse dito diretamente. Ela precisava analisar mais seus dados iniciais. Mesmo quando começou suas observações formais nas quatro turmas, ainda estava insegura, ainda analisava o que ela poderia estar procurando. Algumas pessoas talvez critiquem Lee e seus orientadores por seguir em frente com pouca explicação, mas, na pesquisa qualitativa, esperamos que ocorra renovação com o foco progressivo (seção "Foco progressivo", Capítulo 7). A pesquisa de Lee visava tanto ao modo como ela estava desenvolvendo seus métodos de observação do tato quanto aos dados provenientes desses métodos. Em parte, ela estava estudando sua própria investigação, um processo que poderia se tornar uma descoberta em sua dissertação.

No Capítulo 11, discutiremos em detalhes a ênfase do pesquisador qualitativo na particularização, e não na generalização. Os quatro estudos de caso de You-Jin Lee eram estudos de caso qualitativos. Ela não buscava representar outras turmas em que a arte é ensinada e a sensibilidade háptica pode ser importante, mas queria analisar as relações entre os fenômenos hápticos e pedagógicos nos locais que observou diretamente. Mais tarde, ela e seus leitores refinariam o estudo dessas relações e poderiam usá-las no planejamento da instrução e na modificação da teoria do curso de artes visuais. Em seu estudo, Lee utilizou algumas noções de generalização, mas seu objetivo principal era a análise e a compreensão de episódios específicos. O estudo de Lee continuou sendo realizado após a conclusão de meu livro, mas esta é a minha previsão:

> A cada dia, depois de encontrar uma observação especialmente pertinente, Lee descreverá episódios individuais para *microanálise*, buscando o

significado de cada evento. Sua memória, suas gravações de áudio, suas anotações no guia de observação e a ocasional descrição de entrevistas ajudarão Lee a reconstruir, a analisar e a escrever sobre o episódio, o fragmento. Mais tarde no estudo, ela encontrará fragmentos que se combinam, uma síntese. Os formulários de guia e as descrições dos episódios serão classificados de acordo com os subproblemas e os elementos da consciência háptica. Ela examinará os grupos separadamente, interpretando-os de acordo com seus problemas e com sua questão de pesquisa, fazendo *comentários sobre os problemas* (mais fragmentos). Sua análise continuará agregando esses comentários durante o progresso do estudo. Quase no fim da coleta de dados, ela começará a rascunhar os *capítulos* que relatam o melhor desses episódios, análises e comentários. Jin analisará tudo isso inúmeras vezes, triangulando, obtendo ajuda de revisores, refinando as interpretações e criando contraposições recém-percebidas. Isso pode soar como uma fórmula pronta para você, mas, posso garantir, como garanti para Lee, que, se o raciocínio e os registros e gravações forem bem feitos, a dissertação quase se escreverá sozinha.

A pesquisa não pretende somente produzir assertivas importantes, mas também quer obter uma compreensão melhor de sua própria investigação (Becker, 1998). O que quero dizer é que, durante a pesquisa, a análise e a síntese são contínuas, interativas, processos investigativos frequentes. Na pesquisa qualitativa, a análise raramente é um conjunto formal de cálculos em uma determinada fase entre a coleta de dados e a interpretação. A análise e a síntese existem desde o início do interesse pelo assunto e continuam até as horas gastas em um teclado escrevendo o relatório final.

TRABALHANDO COM FRAGMENTOS

As melhores observações feitas por You-Jin Lee podem ser consideradas fragmentos, classificadas de maneiras diferentes, sintetizadas com fotos, citações e reflexão sobre fragmentos. Surgem, então, padrões diferentes. Na Figura 8.2, é possível ver uma pequena reunião de fragmentos do estudo de You-Jin. Utilizando cópias eletrônicas ou fotocópias, os fragmentos de Lee ficariam armazenados para cada uma das quatro turmas, armazenados também de acordo com os problemas e os elementos do tato, provavelmente de algumas outras formas também. Aos poucos, com o desenvolvimento do estudo, ela reagrupará essas peças e, cada vez mais, sentirá como o relatório final deve ser organizado. Discutiremos essa síntese na seção "Interpretação e classificação", neste capítulo.

[Diagrama com fragmentos rotulados:]
- Observação do projeto Five Egg, curso de *Design* Industrial
- Narrativa da cerimônia do chá (22 de outubro)
- Citação de William James
- Minhas reflexões sobre as relações entre o conhecimento tácito e a experiência visual após a discussão na manhã de segunda-feira na cafeteria

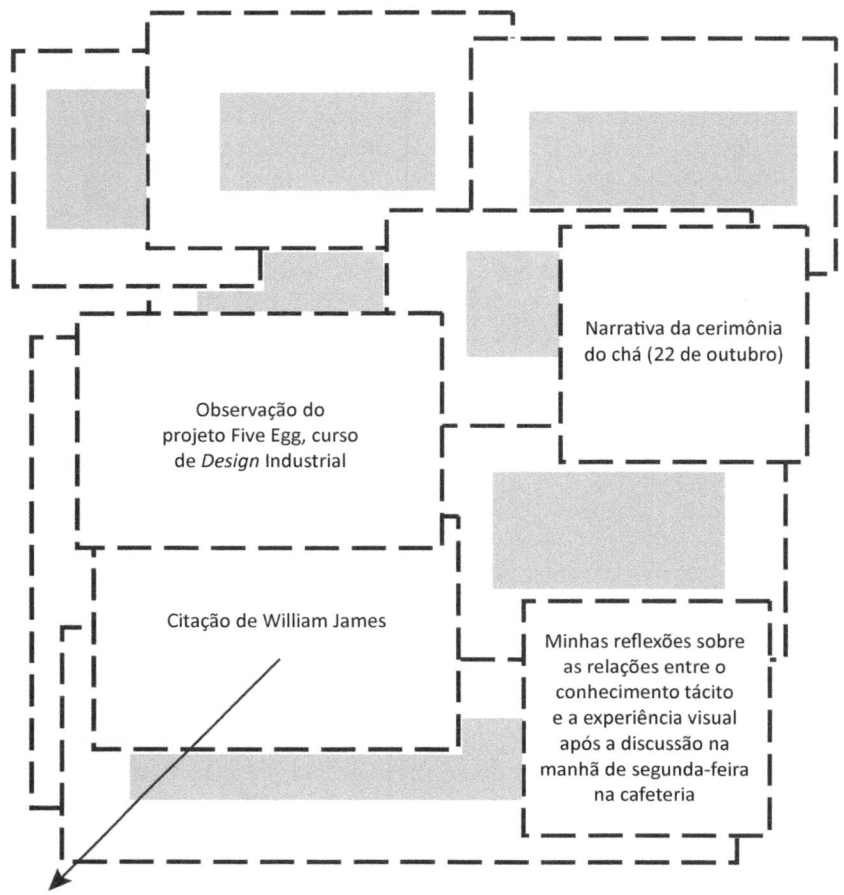

"A afirmação mais racional é que sentimos tristeza porque choramos, raiva porque atacamos, medo porque trememos, e não que choramos, atacamos ou trememos porque estamos tristes, com raiva ou com medo, como pode ser o caso. Sem os estados corporais resultantes da percepção, esta seria puramente cognitiva na forma, pálida ou incolor, destituída de calor emocional."

Figura 8.2 Fragmentos a serem trabalhados no relatório final de You-Jin Lee.

Quero mostrar um fragmento longo, mas não tenho um bom exemplo do estudo de Lee. Mostrarei, então, um fragmento complexo de um evento em uma escola de ensino fundamental em Chicago, ilustrando alguns problemas principais. Ele descreve o experimento do chiclete (Quadro 8.1) e veio de uma pesquisa sobre o desenvolvimento profissional oferecido pela

Chicago Teachers Academy for Mathematics and Science (Academia de Professores de Matemática e Ciência de Chicago) (Stake, 2000). Ao ler este longo fragmento, procure saber se ele seria útil para descrever como funcionava o desenvolvimento profissional na Academia.

Esta é uma história sobre pessoas tentando descobrir como algo funcionava. Como as marcas de chiclete eram comparadas? Como o experimento se deu? Como este ensino de matemática funcionou entre a confusão ética? A história descreve como tudo isso funcionou, ou não, na turma da Srta. Grogan. Discutiremos mais sobre histórias no Capítulo 10.

A descrição da atividade na sala de aula da Srta. Grogan ilustra diversos aspectos que tentamos obter na pesquisa qualitativa. Tentamos observar e registrar em detalhes para que possamos descrever tudo de forma que o leitor possa vivenciar, ter a sensação de estar ao lado do observador. A passagem do dia, a permanência do espaço físico, a proximidade do restante da escola e da vizinhança são sinais: o vento, as sirenes, alguém que calça botas entrando pela porta. Qual é a relação disso com o funcionamento de tudo? Lembre-se da ideia epistemológica: os significados dos fenômenos são influenciados até por eventos quase impossíveis de observar. A professora já tem uma explicação pronta caso o diretor pergunte sobre o barulho. Talvez ela não queira contar para a Srta. Jackson que seu cálculo não deu certo. Os significados de uma lição de matemática ao acaso alcançam as complexidades desde o desenvolvimento profissional, *status* social, expectativas dos pais quanto à educação até incontáveis complexidades. Essas complexidades raramente são identificadas na questão de pesquisa ou no planejamento da pesquisa. Elas são reconhecidas pela mente perambulante do pesquisador e transformadas em um fragmento para reflexão, revisão e possível inclusão no relatório final.

Quadro 8.1 O experimento do chiclete

> Na última sexta-feira de maio, a Srta. Grogan anunciou que eles fariam uma pesquisa sobre o chiclete na aula de matemática. Anteriormente ela estava contando os tabletes e várias crianças se esticaram para ver o que ela estava fazendo. Depois de voltarem da aula de computação, ela pediu que ficassem quietos.
>
> 13h07: "Tirem tudo de suas carteiras, deixem apenas o caderno". A sala fica tranquila, com cada criança em seu lugar. Grogan aponta para cinco mesas
>
> *continua*

Quadro 8.1 *continuação*

ao redor da sala, cada uma com um cartaz indicando o nome de uma marca de chiclete e uma pequena quantidade de chicletes.

"Ok. Após o almoço, contei que faríamos uma pesquisa sobre chicletes e desenharíamos alguns gráficos. Quais foram as regras que mencionei para a pesquisa?" (Silêncio na sala, mas com uma expectativa alegre de que algo bom estava prestes a acontecer.) "Faremos gráficos sobre o tamanho da bola e a elasticidade."

"Existem tipos diferentes de chicletes e não sabemos se eles são igualmente bons para fazer bolas. Todos vocês devem fazer uma bola com cada uma das cinco marcas e, usando os compassos de plástico, um colega do grupo vai medir o diâmetro." (Ela havia colocado réguas em cada uma das mesas.) "Todos vocês devem anotar as medidas em seus cadernos e na folha exposta na mesa. Em seguida vocês vão pegar o chiclete, esticar como se fosse uma corda e ver até onde vocês conseguem chegar, medindo o comprimento com a régua."

"Depois que vocês tiverem feito as duas medições, embrulhem o chiclete em sua embalagem e coloquem no copo descartável. Não coloquem os chicletes em outro lugar, apenas no copo descartável que se encontra em cada uma das mesas. Se vocês deixarem cair no chão, vocês *devem* limpar. Não queremos chicletes no chão ou embaixo das cadeiras." (Carlos diz que há chiclete grudado embaixo da mesa *dela*.) Ela repete: "Coloquem os chicletes mascados nos copos."

"Prestem atenção. Outra regra: quando vocês estiverem mascando, é para usar somente um tablete. Espero que vocês não peguem tabletes extras. O experimento só vai funcionar se vocês mascarem um tablete. Se você encher a boca de chiclete, o experimento não vai dar certo. [Pausa] Teremos um grande problema se alguém tiver a boca grande. Algumas pessoas podem conseguir soprar melhor que outras." [Risadas]

"Vamos falar sério agora. Não queremos que a Sra. Bravo entre e pense que não estamos estudando, mas ela entenderá que um experimento é importante."

13h25: "Precisamos de cinco grupos, de três ou quatro pessoas, pode ser de cinco. Cada grupo fica encarregado de anotar as informações de uma marca de chiclete. Já é hora de formar os grupos? [Pausa] Dividam-se em grupos."

Há um pouco de agitação. Quatro dos alunos mais desenvolvidos intelectualmente se juntaram em uma mesa, em seguida outro grupo se formou. A maioria dos outros alunos permanece sentada esperando para ver como fica a situação da sala. Um a um, eles se aproximam e se sentam com outros dois ou três alunos. Ninguém se aproxima de um quarteto existente. No momento, existem cinco grupos de quatro alunos e três crianças sobraram; agora Carlos junta-se aos três alunos para formar um grupo. Alguns grupos continuam a se reorganizar, deixando, por fim, duas meninas sem uma mesa de chicletes. Elas parecem não se importar enquanto batem papo.

continua

Quadro 8.1 *continuação*

"Tirem tudo de suas carteiras, deixem apenas o caderno e o lápis. Em seus cadernos, escrevam os nomes das pessoas que estão no grupo." (Cada aluno mantém seu próprio caderno.) "Coloquem seus nomes também." Agora dois garotos trocam de grupo, deixando todos os grupos, exceto um, com todas as crianças do mesmo gênero.

"Em seguida, escrevam os nomes dos chicletes, deixando bastante espaço para cada um. Ok, precisamos saber se todos os pedaços têm o mesmo tamanho? [Alguns "sins" hesitantes] Vamos descobrir os tamanhos e anotar cada um deles nos cadernos."

1. Bazooka. "Quantos gramas em cada tablete, Mônica?" Ela lê o rótulo: "Cinco gramas por tablete." "Anotem esse número."
2. Bubble Yum. "Alejandro, quantos gramas em cada tablete de Bubble Yum?" "Cinco gramas."

(Todos os alunos estão escrevendo, embora Alfonso só tenha começado depois de ser encarado pela professora.)

3. Carefree Bubble Gum. "Verônica, quanto em cada tablete?" "Tem 2,5 gramas."
4. Bubblicious. "Maria, quanto em cada tablete?" "Oito gramas."
5. Extra Bubble Gum, sem adição de açúcar. "Cláudio, qual é o peso do seu chiclete?" "Cada tablete tem 2,7 gramas."

"Agora façam as bolas e anotem os resultados. Primeiro o diâmetro, depois a elasticidade. Anotem os resultados em cada uma das mesas. [Resmungando] David, se você tagarelar, vai ter problemas."

13h45: Todas as crianças estão ocupadas mascando chiclete, fazendo mais ou menos barulho. A Srta. Grogan relembra que eles devem anotar os resultados das outras crianças também, que estão fazendo um experimento de matemática. Omar, com cuidado, coloca as pontas de plástico para medir a bola feita por David. Ao tocar a esfera rosa de Anna, Ângela encontra um ângulo de 32 graus. Amélia reclama dizendo que todos os outros estão medindo em centímetros. Agora eles decidem ver se Anna consegue fazer uma bola maior.

Cláudio estica seu chiclete até 2 metros, mas anota como 2 polegadas. A tentativa de Roberto de esticar seu chiclete ameaça não dar certo. Sammy conseguiu esticar o seu por mais de 10 pés. É impossível manter a corda de chiclete longe do chão. Alguém menciona isso para a Srta. Grogan. Novamente, ela pede

continua

Quadro 8.1 *continuação*

que eles parem de tagarelar. "Na próxima vez que eu ouvir vocês conversando, eu vou..." Em relação à elasticidade, parece que logo teremos problemas. Não há espaço suficiente para esticar sem cruzar com a corda de chiclete de outra pessoa, mas a Srta. Grogan continua com um sorriso no rosto e uma câmera pendurada no pescoço.

"Vejam se vocês anotaram o comprimento e o tamanho da bola no caderno. Acabou o tempo dessa primeira leitura. Vocês devem ter as duas medidas para o primeiro pedaço de chiclete. Troquem de mesa e façam tudo novamente."

A CRISE

De repente, "Parem! Todos parados! Os Bubblicious acabaram! Eles precisam ser devolvidos. Somente quatro pessoas vieram pegar chicletes. A caixa estava cheia. Sentem-se. Vocês estragaram o experimento." (Grogan está gritando, irritada).

Apontando para um tablete de chiclete, Gabriel diz "Tem Bubblicious na minha carteira". Como muitas vezes acontece, ele é ignorado. A maioria dos alunos ainda está conversando entre si. Grogan não diz nada por o que parece ser um minuto. Em seguida, "Deveria haver pelo menos 10, 15 tabletes ali. Eu disse que o experimento só daria certo se todos nós trabalhássemos em equipe. Se sobrassem chicletes, poderíamos distribuí-los. Alguém abusou e pegou mais do que deveria. E quando as pessoas abusam das coisas, tiramos as coisas. Carlos? Alguém? Estou muito decepcionada. Essa é a primeira vez que uma coisa desse tipo acontece. Ninguém vai confessar ou devolver os chicletes? [Silêncio] Tudo bem.".

Ela sai da sala de aula. (Nós dois observadores seguimos.) Ela retorna. "Já chega. Voltem para seus lugares. Vamos ver os números que temos e calcular os resultados." (Outra longa demora até as crianças irem para suas carteiras.) "Ok, vamos somar os números e obter a média. Aqui eles estão em centímetros, escrevam em seus cadernos: 3,1, 2,6, 4,2, 3,5, 3, 2,9, 4, 3,8, 2,6, 3,5 e 3,1. Somem esses números." [Pausa longa] "Quando vocês acabarem de somar, contem quantos resultados vocês possuem." (Ela conta.) "Nós temos 11 resultados, então vamos dividir o total por 11." (Um tenso minuto se passa.)

A Srta. Grogan dirige-se às crianças individualmente para falar do comprimento, fazendo comentários concisos. Alguns dos alunos parecem estar com dificuldades. Outros estão calmos e sentados, sem prestar muita atenção. Grogan sugere que eles verifiquem seu trabalho. Agora, todas as cabeças estão olhando para seus cadernos. Ela não lembrou os alunos do objetivo de calcular essa média.

14h15: "É melhor vocês verificarem novamente." A verificação demora bastante. "Verifiquem novamente suas respostas." (Aparentemente, ela encontrou um

continua

Quadro 8.1 *continuação*

erro. Os decimais sempre parecem um convite para cometer erros.) "Verifiquem se vocês organizaram seus números corretamente. Juan, você já terminou? O que você deve fazer com o total?" Carlos diz: "Acho que eu cometi algum erro".

Fica evidente que Grogan não pretende fazer nada com a média hoje. Ela diz "Contem em voz baixa. Vocês estão atrapalhando uns aos outros. Talvez se eu estivesse com um humor melhor, deixaria vocês usarem calculadoras, mas vocês estragaram meu humor também". Ela continua andando pela sala, olhando os cálculos, fazendo sugestões para alguns alunos em voz baixa. Repreendendo David, ela diz: "Em primeiro lugar, não se faz cálculos com uma caneta".

Em seguida, "David, vá buscar água para as lousas. Sem conversas paralelas. [Pausa] Ok, parem o que vocês estão fazendo. Coloquem seus nomes na folha de exercício. Em silêncio, Alejandro. E, em seguida, quero a atenção de todos." Ela está encarando Alejandro.

"O que vocês prefeririam ter feito, isso ou o experimento do chiclete? Quem preferiria ter feito a folha de exercício?" Somente Carlos levanta a mão. "Verônica me perguntou se ela poderia usar a calculadora. Em outro momento, eu poderia dizer 'sim', mas vocês precisam conseguir fazer esses cálculos sozinhos. Às vezes, em uma prova, vocês não podem usar a calculadora. Vocês querem fazer algum comentário sobre o que aconteceu hoje?" (Nenhuma resposta, mas ela espera.) Ângela diz "Você está brava". Olhando para toda a turma, Grogan responde "Eu estaria bem menos brava se vocês tivessem sido honestos. É mais fácil confessar do que fazer tudo isso."

"Após hoje, vocês ainda têm duas semanas de aulas. Podemos voltar ao uso das folhas de exercício e à leitura de livros. Sugiro que, durante o fim de semana, vocês pensem se devemos dar outra chance para a turma. Estou realmente decepcionada. Não gosto de comprar 16 pacotes de chiclete para passar vergonha. Talvez eu não devesse correr o risco de a Sra. Bravo entrar aqui e ver vocês mascando chicletes. Mas um aspecto positivo no que aconteceu é que não há embalagens no chão. Então, na segunda-feira, discutiremos sobre isso e talvez eu dê uma segunda chance para vocês."

14h30: "Se vocês quiserem fazer isso de forma anônima, pode ser assim. Vocês terão que provar para mim que posso confiar na turma. Como eu disse, essa é a primeira vez que isso aconteceu. Só depende de vocês. Podem começar a arrumar seus materiais para irem embora."

O que aconteceu durante essa aula de matemática ilustrou a ligação da Srta. Grogan com as crianças, sua preocupação com o desenvolvimento social delas e seu desejo de utilizar os tipos de atividades de matemática promovidos pela Academia. O fim do ano estava se aproximando, e a separação seria muito difícil para ela e para as crianças. Ela havia formado laços pessoais com cada uma

continua

Quadro 8.1 *continuação*

delas, e vice-versa. Na maioria dos dias, as horas passavam sem que ocorresse uma única expressão de desrespeito. Com frequência, ela dizia, em tom mais alto, "um", depois "dois", depois "dois e meio" para a turma parar de fazer bagunça e, às vezes, encarava por um bom tempo a criança que não estivesse atendendo a sua expectativa, mas raramente ocorria uma crise. Nesse dia, na opinião de Grogan, eles passaram dos limites.

Como a maioria dos professores, iniciantes e experientes, a Srta. Grogan pareceu aqui sacrificar uma boa oportunidade de aprendizado por uma oportunidade de desenvolvimento social. Ela poderia ter adiado a resolução do caso dos chicletes desaparecidos e continuado o experimento com as quatro marcas restantes. Ter cinco marcas diferentes não era fundamental para a atividade, mas era importante para ela mostrar que a confiança havia sido quebrada, que roubo e possível conluio não devem ser ignorados. Essa escolha entre a oportunidade de aprendizado acadêmico e a oportunidade de ética social não é incomum nas escolas de ensino fundamental de todos os lugares, mas raramente é discutida. É o senso de civilidade da professora que decide, e a opção feita pela Srta. Grogan seria apoiada normalmente pelos outros professores e pelos pais. Quando questionadas sobre isso, muitas crianças das escolas afiliadas à Academia também demonstraram seu apoio em manter o decoro e punir o mau comportamento, mesmo à custa de boas atividades de aprendizado.

A Srta. Grogan ficou bastante decepcionada não apenas com seus alunos, mas também com a impossibilidade de concluir o experimento com os gráficos. Ela reconheceu, depois de refletir, que analisar a elasticidade e o tamanho da bola eram tarefas maiores que o tempo da aula permitiria realizar. Se tudo tivesse ocorrido bem, ela não teria tempo naquele dia para cada uma das crianças terminar um gráfico de barras e discutir seus significados, questionando se fatores como o peso do chiclete e o tamanho da boca poderiam ter alterado os resultados. Ela estava acostumada a realizar atividades que durassem mais de um dia, mas, como acontece com outros professores que observamos, nem todo projeto interrompido é retomado. Grogan estava entusiasmada em realizar atividades motivadoras e com base nos padrões e apreciava as explicações matemáticas que recebeu da Academia, e a interrupção dessa atividade a fez começar o fim de semana mal-humorada.

CONTINUAÇÃO

Na terça-feira seguinte ao experimento: "Ok! Todos têm uma calculadora? Os cadernos de matemática devem ser abertos na seção da página em que anotamos aqueles números que vocês estavam somando e subtraindo. O que eu gostaria de fa-

continua

Quadro 8.1 *continuação*

zer é pegar os outros... Um! Dois! Mônica! Vou dar a vocês a chance de verificar as respostas que vocês obtiveram ontem." Ela distribui calculadoras para os alunos.

Bubble Yum	20, 10, 11, 7,5, 7,5, 7,5, 14,5, 14,5, 8,5, 18,5, 2
Extra	5,3, 3, 2,7, 4, 4, 4, 6,6, 7,9, 7,5, 7,7, 11,3, 6, 6,5, 3, 3
Bubblicious	5,5, 9, 10, 9, 4, 7, 8, 12, 8,5, 12, 23, 14, 7,7
Bazooka	10, 14, 11, 5, 11, 11, 2,5, 7, 7, 19
Carefree	5, 6, 7, 6, 4, 5, 5, 7, 5, 3, 2, 7, 8, 6, 8

"Ontem vocês calcularam as médias dos três primeiros chicletes. Agora vocês precisam fazer as duas últimas." Todos rapidamente começam a trabalhar, a maioria das crianças está usando uma calculadora. David pede ajuda, e a professora pergunta "Quais são os números inteiros?", e ele aponta os números. Roberto pergunta sobre como fazer divisões na calculadora.

"Omar, você já terminou de calcular as cinco médias?" Ela volta para a lousa e reforça as vírgulas entre os números para ficarem mais legíveis. Em uma das mesas, há uma agitação sobre o conteúdo de uma garrafa de água e começa surto de risos. "Ângela!"

Os cabelos vermelhos de Grogan estão ainda mais parecidos com uma juba de leão hoje. Ela me conta que ontem tudo correu bem. Ela entregou um pedaço de cada uma das marcas de chicletes, uma embalagem para cada aluno, e disse que eles tinham apenas 10 minutos para fazer suas medições.

Às 12h35, ela diz "Ok, parem. [Pausa] Ok, qual é a média para o Bazooka? Lisa?" A aluna responde "9,75". "E a do Carefree, Anna? Que número você obteve quando dividiu?" "Eu não dividi." "Por que não?" [Olhar penetrante] Alguém responde "Carefree: 5,6".

"E para o Bubble Yum? Somente quatro alunos têm as respostas?" Ela aproxima-se da mesa que está trabalhando menos. "David, você terminou?" "Não." "Então por que você está conversando? Anna, que número você obtave?" Anna parece nervosa. Quando Grogan se afasta, Anna rói as unhas. Seus colegas de grupo desviam o olhar. Grogan demonstra que está impaciente, querendo que todos façam o trabalho. No momento, as crianças estão empenhadas, mas ela não está conseguindo obter uma verdadeira produtividade. O nível de interesse no problema é baixo; ele se tornou trabalho. O chiclete perdeu seu sabor.

"Então qual é a média do Bubble Yum? Mônica?" [Nenhuma resposta] "Juan?" "Eu não sei a resposta." "Então por que você está tão desatento?... Esperanza, que número você obteve?" Ela responde "11". Outro aluno diz "Eu obtive 11,9." "Quantos de vocês obtiveram 11,9?... Cinco. Sammy, qual é seu resultado?

continua

Quadro 8.1 *continuação*

Crianças, parem o que estão fazendo. Apaguem o que está na calculadora. Vamos fazer isso juntos."

Todos juntos, eles digitam os números enquanto Grogan os lê em voz alta. Olhando para sua calculadora, ela diz: "Vocês deveriam chegar a 121,5. Pressionem o botão de divisão. Esperem! Nós temos 11 números, então temos que dividir por 11. Assim o resultado correto é 11. Se vocês não chegaram a esse resultado, a soma está errada. É muito fácil cometer um erro. A calculadora não consegue calcular corretamente se vocês não digitarem os decimais corretamente".

"Ontem obtivemos 12." "Oh, eu cometi um erro, desculpem. Eu usei as anotações do Juan. Todos apaguem o que está na calculadora. Agora vamos calcular para o Extra. Apaguem a calculadora." Mais uma vez, ela lê os números em voz alta, e as crianças digitam na calculadora, errando no meio do caminho e tendo que começar tudo de novo.

"Qual é o total?" "103." "Quantos de vocês chegaram a 103? [Pausa] Então dividimos por [ela conta] por 18. Chegamos a 5,72. [Algumas risadinhas] Isso não tem graça, temos muito trabalho pela frente. Ângela, você anotou esse resultado? Vamos prestar atenção ao que fizemos juntos. Então, 103 dividido por 18 dá um total de 5,7. A média do Extra é 5,7."

O mesmo procedimento é feito com o Bubblicious. A maioria dos alunos obtém 136 como total e, dividindo por 14, a resposta modal é 9,7. Isso está certo? Grogan está impaciente porque muitos alunos não estão conseguindo chegar à mesma soma, e o mesmo procedimento é feito com as chicletes Bazooka e Carefree.

Na lousa, no fundo da sala de aula, há uma grande rosa desenhada com giz. As palavras abaixo da rosa dizem: "A Srta. Grogan é a melhor".

MÉDIAS

"Todos vocês conseguiram chegar à média?" "Sim." "Essa não é a única média, existem três tipos. Os nomes das três médias são média, mediana e moda. Média. Mediana. Moda." Ela escreve as três palavras na lousa. "A média é o que vocês acabaram de fazer. O segundo tipo é a mediana. Para encontrar a mediana, quero mostrar um truque que a Srta. Jackson me ensinou."

Os valores para o chiclete Bazooka ainda estão na lousa. Grogan riscou o número 10 no começo, à esquerda da linha, e o número 19 no fim, à direita. Ela repetiu essa ordem de esquerda e direita, até que quatro valores tivessem sido riscados em cada extremidade, deixando apenas o número 11 repetido duas vezes no meio. Ela diz "Esses dois números são iguais, então a mediana é 11." Ela não havia colocado as medidas em ordem de valor crescente. Ela indicou que a mediana é o número do meio em uma linha de dados fora de sequência.

continua

Quadro 8.1 *continuação*

Ela agora fala sobre a moda. Ela identifica esse tipo como o número que ocorre com mais frequência em um grupo de dados. "É qualquer valor que aparecer mais vezes. Então, no caso do Bazooka, o número 11 é o que mais se repete. O que é a mediana? Mediana, Anna? O que é a mediana? Eu acabei de dizer." Grogan continua falando sobre a mediana com rapidez.

"O que é a moda?" Ângela responde "O número que aparece mais vezes..." "Diga a moda do Bubble Yum." "7,5 é a moda do Bubble Yum." "Qual é a moda do Extra, Carlos? Temos o número 4 três vezes e apenas duas vezes o número 7. E do Bubblicious?"

"Prestem atenção, vou devolver para vocês a folha de exercício que usaram na sexta-feira. Amanhã iremos fazer um gráfico com essas informações. Não retirem a folha do caderno. O que vocês vão fazer, Mônica?" "Matemática." "E o que vocês vão fazer na aula de matemática?" "As folhas de exercício."

Na segunda-feira da semana seguinte, voltei a Audubon. No corredor, notei um grande cartaz novo e colorido com a pergunta "Qual chiclete faz a maior bola?". A resposta indicava o "Bubblicious". Cerca de 12 gráficos de 22 x 28 cm estão em exposição, cada um com cinco linhas uniformes codificadas por cores como indicado na legenda para as cinco marcas de chiclete. O gráfico feito por Harry é mostrado na Figura 8.3.

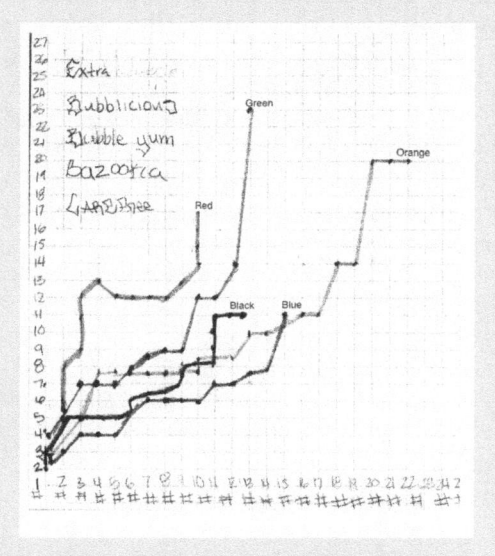

Figura 8.3 Desenho feito por Harry em sua atividade.

continua

Quadro 8.1 *continuação*

>   As outras 11 funções representadas nos gráficos eram muito parecidas com as de Harry, mas não exatamente. Harry e os outros alunos numeraram o eixo vertical de 1 a 34 e o eixo horizontal de 1 a 35, mas não havia outras informações para identificar as duas variáveis. No gráfico de Harry, deduzi que o eixo horizontal representava os alunos, com 13 alunos tendo fornecido as medidas do Bubblicious, e que a medida vertical indicava o tamanho da bola em centímetros. Grogan, mais tarde, confirmou essa informação. Também perguntei se o Bubblicious havia sido declarado o vencedor porque a maior de todas as bolas registradas, uma bola de 23 centímetros de diâmetro, havia sido feita com ele. Grogan disse que não, que eles chegaram à conclusão sobre as bolas maiores antes que todos os gráficos fossem finalizados. As cinco médias foram comparadas, e o Bubblicious possuía a maior média. Embora eu não tenha observado essa aula do quarto período, os alunos aparentemente compararam os tamanhos médios das cinco marcas de chiclete e declararam o vencedor, finalizando o experimento planejado inicialmente.
>   O experimento começou com entusiasmo, passou por um trauma, virou praticamente uma rotina de seguir as regras, incluiu o ensino de um equívoco e terminou com um produto que necessitava de mais questionamentos, mas que não aconteceram. Ficou evidente que Grogan não conhecia toda a matemática envolvida no exercício e somente pediu ajuda para Srta. Jackson. Descrevi esse episódio para vários professores de matemática, que ficaram muito chocados. Minha análise foi a de que os alunos conseguiram aprender mais do que aprenderam incorretamente, que eles não foram prejudicados.
>   O que vi os alunos aprenderem das diversas aulas de matemática foi a noção de um estudo de ciência ou engenharia. Era preciso pensar sobre comparação, causa e medição, representando, por exemplo, o tamanho e a elasticidade em números. Eles deveriam ter aprendido algo sobre a tendência central de uma distribuição, mas aprenderam muito pouco. Podem ter aprendido incorretamente algo sobre a mediana, mas, como trataram do conceito de média tão rapidamente, seus erros de cálculo provavelmente não apresentaram grandes consequências. Tiveram a experiência de tentar resolver um problema, de realizar um experimento, de chegar à resposta de uma pergunta interessante usando suas habilidades matemáticas. Não foi uma demonstração. Eles realmente raciocinaram. A lição não foi o sucesso que poderia ter sido, mas proporcionou uma oportunidade contínua de realizar um experimento.

Junto com diversos alunos de pós-graduação, estive avaliando as atividades de desenvolvimento profissional da Academia nos últimos cinco anos. Todos os anos preparamos um relatório indicando nossas observações sobre o trabalho dos funcionários e o trabalho dos professores participantes. Visitei a sala de aula da Srta. Grogan diversas vezes antes desse projeto de matemática. Eu não achava que iria querer publicar essa história em detalhes, mas foi o que fiz e estou fazendo novamente aqui.

Os instrutores da Academia incentivaram os professores a realizar projetos e até mesmo a pensar em dar aulas sobre experimentos. Em algum momento, eles incluíram uma aula para os professores sobre pesquisa-ação e outra sobre medidas de tendência central. Não fiz um acompanhamento com perguntas para Grogan sobre como ela havia planejado esse projeto porque achei que ela estivesse constrangida em razão do roubo do chiclete e de seu erro ao calcular a mediana.

Descrevi aqui um pouco do contexto e em outras oportunidades sobre a atividade profissional de Grogan: sua participação no desenvolvimento dos funcionários, sua admiração pela Academia, sua vizinhança hispânica, as características da escola, incluindo as exposições no corredor e o forte ensino de artes. Tentei pensar em como o contexto estaria influenciando o ensino de Grogan: o apoio dos pais e de outros professores, as aspirações do diretor, o envolvimento das escolas de Chicago em mais de 10 anos de "reforma escolar". Tudo era uma possível parte do experimento do chiclete, mas a história já estava longa. Para meus leitores da Academia, não parecia ser importante explicar ainda mais o motivo de as coisas terem funcionado ou não nesse projeto. Como um pesquisador qualitativo, eu queria retratar o episódio de forma que os funcionários da Academia e outras pessoas pudessem usá-lo em seus trabalhos.

Esta história foi, e a sua também será, intensificada pela atenção dada às pessoas: a teatralidade de Grogan, a impetuosidade de Sammy, Gabriel sendo ignorado. Ela foi intensificada por apresentar um tema profundo: acertar, moral e academicamente, é mais importante que permanecer envolvido em uma situação conceitual de solução de problema? Isso levantou a questão de se um pesquisador visitante que sabe como calcular a mediana deveria intervir ou não para auxiliar no ensino. Muitas perguntas como essas surgem de forma espontânea, algumas sendo um pouco antecipadas e outras exigindo decisões rápidas sobre como o estudo será útil.

Este fragmento foi usado como uma de três partes do relatório anual de 2000 sobre a avaliação da Chicago Teachers Academy (Academia de Professores de Chicago). Ele inclui o relato cronológico dos acontecimentos em sala de aula, uma descrição detalhada (mas sem relação com uma teoria científica, não uma descrição densa) do ensino da matemática e algumas interpretações da conexão com a instrução contínua de professores. Devemos fazer uma associação com o Capítulo 2 e discutir mais sobre interpretação. Estamos nos aproximando da terceira e última parte deste livro e precisamos nos focar em nossas assertivas e na organização do relatório final.

INTERPRETAÇÃO E CLASSIFICAÇÃO

Dizer como algo funciona requer descrição e interpretação. Classificar faz parte da interpretação. No Capítulo 2, observamos que a pesquisa qualitativa é, às vezes, chamada de pesquisa interpretativa. As pesquisas históricas e filosóficas também o são. A pesquisa quantitativa também é interpretativa, mas depende muito menos do que o pesquisador interpreta de forma experiencial. Frequentemente usando a si mesmos como instrumentos, os pesquisadores qualitativos encontram muitos significados a partir de suas próprias experiências, das experiências com as pessoas que eles entrevistam ou que conhecem por meio de documentos.

No Capítulo 1, fizemos uma distinção entre macropesquisa e micropesquisa. Os tamanhos são diferentes, o global *versus* o local, mas os dados também são diferentes. As análises são diferentes, e as interpretações são de um tipo diferente. A macropesquisa geralmente lida com grandes conjuntos de dados provenientes de muitos lugares, mas a singularidade de cada um desses lugares não aparece na análise e na interpretação. Assim, o contexto local não é importante, é tratado como "variação de erro". Na investigação quantitativa, diferenças como essas somente são vistas como merecedoras de atenção se puderem ser somadas, tais como diferenças baseadas na etnia ou na época do ano integradas ao projeto.

A codificação (classificar, organizar) é uma característica comum da micropesquisa e de todas as análises e sínteses qualitativas. Codificar é organizar todos os conjuntos de dados de acordo com tópicos, temas e problemas importantes para o estudo. A codificação serve mais para a interpretação e o armazenamento do que para a organização do relatório final. Ela pode ser estruturada pela questão de pesquisa, pelo mapa de conceito e pelos grupos de fragmentos que se desenvolvem durante o estudo. Ela pode começar cedo ou pode ser evitada até que a maioria dos dados tenha sido coletada. As categorias de código apresentam foco progressivo, mudando conforme a questão de pesquisa adota novos significados e o trabalho de campo revela novas histórias e relações. Essas mudanças, entretanto, significam que os dados já codificados talvez precisem ser recodificados. A codificação classifica todos os dados. Os dados que mais merecem ser incluídos no relatório final são identificados como fragmentos. As "caixas de April" geralmente terão a aparência de um plano de codificação. Alguns conselhos sobre codificação e armazenamento são apresentados no Quadro 8.2.

A micropesquisa qualitativa presta atenção em diversas situações locais, principalmente nas situações que podem ser vividas pelo pesquisador. Os efeitos da "liderança de tolerância zero", por exemplo, podem variar bastante dependendo da hostilidade dos funcionários, dos líderes comunitários e da legislatura estadual. Os episódios individuais dessa liderança serão o centro da interpretação. Muitas vezes, o pesquisador qualitativo faz muitas de suas interpretações a partir de suas experiências pessoais com as pessoas estudadas. Os dados, a análise e a base da interpretação serão diferentes dos coletados em levantamentos de grande escala. No relatório qualitativo, existem menos tabelas e mais diálogos e narrativas. Muitas vezes as histórias são contadas de uma forma que ajuda o leitor a fazer suas próprias interpretações. Discutiremos mais sobre síntese no Capítulo 11.

Um plano ilustrativo que pode facilitar a interpretação (talvez eu devesse ter comentado sobre ele antes) é um formulário para preparar a organização do relatório ou da dissertação final. Aconselho os pesquisadores a começarem esse plano nos estágios iniciais do estudo, talvez não muito depois de obter a aprovação do conselho institucional. O formulário é mostrado na Figura 8.4.

Quadro 8.2 Dicas de armazenamento de dados

1. Mantenha um registro pessoal da pesquisa, como uma cópia de reserva, de certa forma, para o armazenamento de dados. Faça anotações sobre os fragmentos.
2. Crie um *link* do armazenamento de documentos para a coleta de dados e os textos da pesquisa. Muitos dos documentos principais são criações suas, incluindo planos, rascunhos, anotações, cálculos, fotos, análises e interpretações.
3. Logo no início, faça um modelo preliminar do relatório final, tentando distribuir as páginas. Não comece a atribuir fragmentos para as partes do relató-

continua

Quadro 8.2 *continuação*

    rio. Se estiver trabalhando em equipe, as tarefas de escrever os textos também devem ser atribuídas aos outros membros.

4. O autor de um tópico ou seção deve ficar responsável pelo armazenamento dos documentos referentes a esse tópico.
5. Uma quantidade insuficiente de arquivos ou uma quantidade excessiva são erros. Tenha, ao menos, um arquivo para cada problema, local da atividade, fonte de dados (pessoa), padrão, contexto, quadro e seção do relatório final.
6. Para a primeira versão do relatório é útil preparar um pressuposto com dados recém-coletados. Você deve fornecer uma cópia dessas assertivas para os outros membros da equipe, se for o caso. Quase todo dia você deve desenvolver um pouco mais a preparação dos textos da pesquisa.
7. Os pesquisadores acostumados a armazenar em computador as pesquisas em andamento podem transformar seus arquivos principais em arquivos eletrônicos. Os outros pesquisadores devem manter seus arquivos principais como arquivos em papel.
8. Os registros dos dados mais importantes devem ser constantemente duplicados e armazenados em mais de um arquivo.
9. Os registros e as assertivas que precisam de discussão (com os outros membros da equipe ou patrocinadores da pesquisa) devem ser destacados, por exemplo, grampeando-se uma estrela vermelha. Para clarificação e triangulação, é recomendável que sejam agendadas regularmente discussões para falar sobre os dados.
10. Por causa da pressão do tempo, as gravações de áudio e vídeo só devem ser usadas e transcritas quando for evidente que elas são essenciais para o relatório final.
11. Os documentos encontrados devem ser numerados, armazenados e breves resumos sobre eles devem ser colocados em arquivos adequados.
12. Sua memória será um depósito importante ao escrever o relatório final. Uma forma de torná-la mais confiável é manter um bom registro, incluindo nomes, telefones, endereços, datas e horários, reflexões.

Pesquisa Qualitativa 169

Seções de tópicos	Páginas	Páginas de contexto	Problemas	Inclusões de fragmentos da Zona 3	Zona 3: Fragmentos	
					Outros tópicos	Citações, impressões
					1.	A.
					2.	B.
					3.	
					4.	C.
					5.	D.
					6.	
					7.	E.
					8.	F.
					9.	G.
					10.	
					11.	H.
					12.	I.
Total						

Figura 8.4 Plano para organização do relatório final (em branco).

Um dos objetivos deste plano (Figura 8.4) é (em um momento inicial) calcular e distribuir as páginas que serão usadas no relatório (uma cópia preenchida do formulário está na Figura 11.3). Obviamente, ninguém sabe quantas páginas serão necessárias, mas alguns fatores são conhecidos: se o relatório for muito curto, ele não será respeitado; se for muito longo, não será lido por muitas pessoas. Algumas organizações possuem um formato padrão para os relatórios. Os relatórios eletrônicos podem ser menos restritivos em relação ao uso das páginas. Todos temos prazos finais para os relatórios e, às vezes, leva menos tempo escrever 200 páginas do que 100. O papel e a postagem não são gratuitos. Considerando-se uma dissertação, vamos calcular um total de 180 páginas, não incluindo as referências e os apêndices – aproximadamente a mediana para nossas disciplinas de estudo.

No formulário em branco da Figura 8.4, você deve escrever "180" abaixo dos quadrados na coluna "Páginas". A primeira grande tarefa é distribuir essas 180 páginas nos tópicos (quadros ou capítulos). Se você já tem um resumo do estudo ou o relatório, pode inserir os tópicos nas 16 linhas da coluna à esquerda. Se você possui muito mais que 16 tópicos, por enquanto, junte alguns dos tópicos semelhantes. Provavelmente se for usar títulos de capítulos convencionais para uma dissertação, você pode incluí-los, algo como: "Resumo", "Questão de pesquisa", "Revisão da literatura", "Métodos", "Trabalho de campo", "Análise", "Interpretação" e "Conclusões". (Não gosto de títulos que não digam algo importante sobre a dissertação, mas a escolha é sua e de seus superiores.) Provavelmente você usará de 5 a 10 capítulos, e alguns desses capítulos precisam de subdivisões. No estudo de You-Jin Lee, por exemplo, ela pode usar uma linha separada na Figura 8.4 abaixo do capítulo "Trabalho de campo" para cada um de seus quatro locais. No exemplo da Figura 11.3, os títulos dos tópicos indicam mais claramente o conteúdo da seção. As células da coluna "Páginas" devem ser preenchidas a lápis com a quantidade de páginas que você calcula que serão necessárias e permitidas. Logo, pode ficar evidente que algumas seções precisarão ser reduzidas, em parte porque não é recomendável contar tudo que você sabe. Seu lápis deve ter uma borracha na ponta superior.

Na coluna "Páginas de contexto": em um estudo qualitativo, é importante reservar alguns textos detalhados para o contexto, para os cenários organizacionais, comunitários, políticos, econômicos e históricos dessa pesquisa. Embora seja muito cedo, é bom começar a ter noção em quais seções você vai falar sobre isso. Um de seus tópicos principais pode ser "Contextos", mas, ainda assim, é provável que seja necessário colocar um pouco de descrição sobre o contexto em outros lugares. Indique quantas páginas, dentre o número que você inseriu na coluna "Páginas", você usaria para descrever os contextos. Não é má ideia escrever (em letras bem pequenas) sobre quais contextos você está se referindo naquela linha. Calcule o número de páginas e de páginas de contexto para cada uma de suas linhas de tópico.

Já falamos o bastante sobre a distribuição de páginas. A partir de agora, iremos apenas colocar coisas nas linhas de tópico. As seis colunas seguintes são destinadas para os grandes temas ou problemas espalhados por todo o relatório. Um dos temas no relatório final de Lee sobre a sensibilidade háptica pode ser sobre sentir os materiais que serão tocados com a mão: a argila, as folhas impressas do computador, as xícaras de chá de porcelana. Se, por acaso, esse for o terceiro de seus problemas (ficando, assim, na quinta coluna, mais estreita), ela marcaria as linhas (os locais dos tópicos principais) em que acha que fará mais que uma simples menção sobre esses materiais. Ela não vai tratar de materiais "tocados com a mão" em todos os 16 espaços para tópicos. Se a questão fosse tão importante, ela usaria uma das linhas de tópicos principais (lembre-se de que há outro exemplo na Figura 11.3).

Ao utilizar este plano de organização pela primeira vez você pode não saber ao certo o que colocar em cada lugar, mas ele pode ser útil. Você precisa supor onde as ideias podem ser colocadas. Você mudará as páginas e os locais. Cada vez mais, vai perceber como há pouco espaço. Isso também deve ajudar a pensar sobre como utilizar seu tempo para coletar os dados. Provavelmente haverá boas oportunidades com as quais você usaria páginas demais se as investigasse, atribuindo a essas questões uma ênfase excessiva no relatório. Você precisa aprender a resistir à vontade de passar mais um dia em um lugar sobre o qual já possui mais dados do que consegue incluir no relatório. Dados em excesso de um mesmo tipo, mesmo que sejam bons dados, desequilibram o relatório. Sim, o próximo dado a ser coletado pode melhorar o relatório, e isso é constante, mas você tem uma vida a viver que vai além da realização do relatório.

A décima e última coluna de blocos é destinada à localização dos fragmentos, itens importantes que serão incluídos somente em um local, alguns diálogos, talvez algumas impressões e citações. Importantes, mas que não devem ser apresentados diversas vezes. Um exemplo desse tipo de fragmento é a boa citação de William James. Lee pode ter colocado a citação na linha M da coluna de citações. Se ela decidir colocá-la no Tópico Principal 2, ela acrescentaria a letra *M* na coluna de inclusões de fragmentos na segunda linha horizontal. Todos os tópicos e citações que "devem ser mencionados uma vez" serão identificados com um tópico principal em algum lugar das seis colunas estreitas para, de certa forma, ajudar a evitar o uso de um fragmento acidentalmente mais de uma vez.

Parte do mérito desse plano de organização é ajudar o pesquisador a ter uma noção preliminar do relatório final e a manter o controle de seus fragmentos[2]. O plano pode ser alterado, e você pode programar reformulações regulares do projeto para incluir dados novos ou alterações que surgirem.

Analisar é buscar elementos e associações. A Figura 8.1 apresenta uma lista de elementos. O relatório final da pesquisa também é uma forma de síntese, reunindo tudo isso. Existem algumas receitas para realizar a análise e a síntese. Elas são processos intuitivos, mas os formulários podem ajudar. Entretanto, também podem afastar você de tarefas mais importantes, como organizar os livros em sua prateleira.

Experiências anteriores e a experiência de realizar a pesquisa são estruturas para síntese. Um bom projeto de pesquisa, uma boa revisão da literatura, um bom armazenamento de dados, tudo isso contribui para saber como e o que você deve dizer sobre como uma coisa funciona. Alguns de nós simplesmente sentamos e começamos a escrever, mas, pouco tempo depois, abrimos arquivos de fragmentos e buscamos livros na prateleira. Não ignoramos como outras pessoas descreveram a tarefa de pesquisar. Copiar as assertivas que outro pesquisador já publicou é plágio, mas é de bom senso seguir o processo de escrita de um pesquisador mais experiente. Como foi dito certa vez nas transmissões de rádio de ondas curtas: Câmbio?

NOTAS

1 Na filosofia, a síntese é o processo de reconciliação da tese e da antítese. Às vezes, isso é uma ideia útil para a síntese dos dados da pesquisa qualitativa se os dados forem classificados em duas pilhas, a dos dados a favor e a dos dados contra a questão de pesquisa ou a assertiva sendo considerada. As assertivas são importantes na pesquisa qualitativa, mas é raro haver somente dois lados a se considerar. As histórias a serem contadas, as compreensões a serem obtidas, possuem várias dimensões. Entretanto, a ideia de apresentar visões diferentes e mostrar-se mais a favor de uma do que das outras é uma das boas abordagens. Na maioria das vezes, usaremos o termo síntese apenas para significar a reunião dos principais fragmentos separados.

2 Os fragmentos com frequência contam o inesperado. Eles caem de um arquivo ou surgem na memória, sem serem procurados. Cada um possui suas próprias conexões

e aberturas para outros fragmentos, algumas vezes para a questão de pesquisa. O que antes não era um fragmento agora se torna um, é destacado em um periódico, vira uma anotação na margem da folha. Outros serão descartados. O etnógrafo de salas de aula Louis Smith retornou a Cambridge durante suas férias, bem depois de sua biografia sobre Nora Barlow, neta de Charles Darwin e guardiã de seus documentos. Nessa viagem, ele refletiu sobre a influência da maternidade na vida de Nora e o significado do termo *merecedor* (uma pessoa respeitada e de muitas realizações). Alguns de seus encontros inesperados tornaram-se fragmentos e passaram a competir para serem mencionados na biografia. Refletindo sobre sua busca, Smith (2008) escreveu "The culture of cambridge: cound and constructed" (A cultura de Cambridge: encontro e construção), sobre a estrutura dos fragmentos da sua investigação. Ele disse:

> A biblioteca da universidade cresceu muito além da Sala de Manuscritos. O salão de chá ganhou vida própria. O catálogo de livros e periódicos, em seus antigos volumes verdes "colados" e em sua mais recente forma computadorizada, abriu a abundância de materiais disponíveis para qualquer acadêmico interessado que tenha conseguido obter um cartão de admissão. Os quilômetros de estantes de livros e os diversos outros nichos (sala de livros de referência e sala de livros raros) possuem tesouros inimagináveis.

Smith estava muito entusiasmado com esse cenário de universidade antiga, mas também estava dizendo que qualquer investigação pode ser aprimorada perguntando para a pessoa sentada a seu lado o significado de alguma coisa ou lendo uma nota de rodapé adicional. Smith comentou: "A cultura da pesquisa é tanto encontrada quanto construída".

9

Pesquisa-ação* e autoavaliação
descobrindo você mesmo como seu local funciona

Grande parte da sua vida e da minha é passada prestando atenção informalmente em como as coisas estão funcionando, em casa, no escritório e na sala de aula. Ou realmente não prestando atenção, apenas arrumando as coisas e tornando-as mais fáceis de fazer na próxima vez, sem raciocinar muito. Entretanto, às vezes, nós nos esforçamos para descobrir o que está errado: observando mais de perto, refletindo, pedindo ajuda. A pesquisa-ação é muito parecida com isso. Ela começa com uma avaliação. Algo não está certo. Ela leva a um estudo de si mesmo, dos recursos, das pessoas que trabalham com você. Não é como descobrir uma cura para o câncer. Na minha opinião, ela está no mesmo nível de obter acesso aos locais de pesquisa ou de tentar imprimir os endereços para enviar os questionários de pesquisa, mas ela pode ser uma avaliação muito mais abrangente da empresa da pessoa. Muitas vezes se trata de trabalhar com as mesmas ideias da semana passada e do ano passado, talvez tentando uma maneira diferente de entender como funciona ou não funciona. Como grande parte das pesquisas qualitativas, muito da pesquisa-ação é seguir o senso comum, tentando ser cauteloso e disciplinado com ela[1]. Realizá-la bem, como descreveu Donald Schön (1983) em *The reflective practitioner* (O profissional reflexivo), é um trabalho difícil. Este capítulo trata da investigação de como as coisas funcionam em seu próprio campo de atividade.

---

* N. de R.T.: O entendimento do autor sobre a natureza da pesquisa-ação necessariamente como um autoestudo não é consenso entre os autores de referência no Brasil.

A pesquisa-ação geralmente começa com um profissional percebendo que as coisas poderiam ser melhores e se preparando para olhar atentamente no espelho. O profissional pode ser um técnico, uma enfermeira, talvez um *coach*. Os gerentes e os líderes também estudam a si mesmos. Quase sempre é uma pessoa agindo sozinha. Quase sempre a pesquisa-ação participante é realizada por uma pessoa, trabalhando com outras pessoas. Pode ser uma equipe ou uma família observando a si mesmas. Algumas vezes, essas pessoas recebem ajuda de alguém mais experiente ou um instrutor. Muitas pesquisas-ação, realizadas por uma única pessoa, nunca são conhecidas. Em muitas empresas, os funcionários de "recursos humanos" incentivam cada membro da equipe a realizar uma pesquisa-ação, sozinhos ou com outros colegas. Obviamente, não é muito importante se esse exercício de observação é chamado de "pesquisa-ação" ou não.

A pesquisa-ação possui outra história, uma de protesto e confronto de decisões de gerentes ou de restrições de uma cultura autoritária. Esses estudos ficaram bastante conhecidos com o trabalho antiautoritário de Kurt Lewin, Ron Lippitt e Ralph White (1939). A pesquisa mais recente foi revisada pelos australianos Stephen Kemmis e Robin McTaggart (2006). Uma excelente dissertação foi realizada por Markus Grutsch (2001) em colaboração com seu colega doutorando Markus Themessl-Huber, na Universidade de Innsbruck. Grutsch começou como avaliador externo do Friends of Remedial Education [Amigos da educação corretiva], um órgão de serviço de assistência social de Tirol, na Áustria. Seu trabalho em conjunto evoluiu para a avaliação participante (Greene, 1997), com os trabalhadores concentrados em sua urgência por uma mudança organizacional. No fim, eles estavam envolvidos com a pesquisa-ação.

PESQUISA-AÇÃO PARTICIPANTE

Se você pensa que a pesquisa é basicamente a coleta de informações ou a produção de conhecimento, você pode estar enganado. A pesquisa envolve informação e conhecimento, mas, com mais frequência, é a associação a outras pessoas em um ambiente social para compreender melhor como algo funciona. Para destacar a interdependência social, Kemmis e McTaggart (2006) chamaram de "pesquisa-ação participante". A pesquisa-ação é o estudo da ação, quase sempre com a intenção de conseguir aprimorá-la, mas é especial por ser realizada pelas pessoas diretamente responsáveis pela ação. Essa pessoa poderia ser um assistente social ou a equipe da Casa Branca. É um autoestudo com menos ênfase na teorização e mais no desempenho, fazendo perguntas como "O que eu estou fazendo?", "O que deveríamos estar fazendo de maneira diferente?".

O Quadro 9.1 é a descrição de Kemmis e McTaggart (2006) de um projeto de pesquisa-ação participante em Yirrkala, Austrália. Uma pesquisa-ação como essa é uma mistura de investigação, defesa* e transformação. Diferentes pesquisadores usarão ingredientes em proporções diferentes.

Os autoestudos podem ser encontrados em qualquer lugar. O credenciamento de algumas instituições e programas às vezes inclui uma forma de autoestudo. Antes de o órgão de credenciamento começar o requerimento e os registros disponíveis, em alguns casos, ele solicita que os funcionários da instituição façam um autoestudo. Com muita frequência, essa responsabilidade é repassada a um pequeno comitê ou consultor com pouca discussão e consulta a toda a equipe. Esses representantes frequentemente organizam materiais de autopromoção e escrevem um relatório autocongratulatório com a intenção de garantir uma boa situação. Entretanto, a filosofia do credenciamento é a de que os membros da equipe irão se beneficiar com o que os visitantes têm a dizer. Quando realizado no espírito de comunidade, o credenciamento é uma pesquisa qualitativa e uma resolução de problemas direcionada à ação corretiva.

A pesquisa-ação é uma autoavaliação. Se iniciada por outra pessoa, mas realizada pelos profissionais ou funcionários, provavelmente será chamada de "avaliação participante", ainda com ênfase no que pode ser aprendido e aprimorado pelos que estudam a si mesmos (Patton, 1997, muitas vezes incluída em sua avaliação "baseada na utilização"; e Jorrín-Abellán, 2006, tese de doutorado). A seguir, observaremos formas de avaliação diferentes da pesquisa-ação e da avaliação participante, mas ainda assim importantes para compreender o autoestudo.

Quadro 9.1 Pesquisa-ação em Yirrkala

> Durante o fim da década de 1980 e a década de 1990, no extremo norte da Austrália, na comunidade de Yirrkala, no nordeste de Arnheim Land, no Território do Norte, o povo nativo Yolngu queria realizar mudanças em suas escolas. Eles
>
> *continua*

---

* N. de R.T.: Ver nota na p. 218.

Quadro 9.1 *continuação*

queriam que as escolas fossem mais adequadas para as crianças Yolngu. Mandawuy Yunupingu, na época vice-diretor da escola, escreveu sobre o problema da seguinte forma:

> As crianças Yolngu têm dificuldade em aprender as áreas de conhecimento dos Balanda [homens brancos]. Isso não é porque os Yolngu não conseguem pensar, é porque a grade curricular nas escolas não é relevante para as crianças Yolngu e, muitas vezes, os documentos da grade curricular são desenvolvidos pelos Balanda que são etnocêntricos em seus valores. A maneira como as pessoas Balanda institucionalizaram seu estilo de vida é pela preservação do processo de reprodução social em que as crianças são enviadas à escola e são ensinadas a fazer as coisas de uma forma específica. Muitas vezes, as coisas que elas aprendem favorecem [os interesses de] ricos e poderosos. Porque, quando eles acabam a escola [e vão trabalhar], o controle da força de trabalho está nas mãos das classes média e alta.
> Uma grade curricular adequada para os Yolngu é a que está situada no mundo aborígene e que permite que a criança atravesse para o mundo dos Balanda. [Isso permite] a identificação de partes do conhecimento dos Balanda que são consistentes com a maneira Yolngu de aprender. (Yunupingu, 1991, p. 202)

Os professores Yolngu, junto com outros professores e com a ajuda de sua comunidade, começaram uma jornada de pesquisa-ação participante. Trabalhando em conjunto, mudaram o mundo da educação do homem branco. Obviamente, ocorreram alguns conflitos e divergências, mas todos foram superados à maneira dos Yolngu para chegar a um consenso. Eles receberam ajuda, mas nenhuma verba para realizar sua pesquisa.

A pesquisa não era sobre escolas e educação escolar *em geral*. Mais exatamente, a pesquisa-ação participante deles era sobre como o ensino era realizado em suas escolas. Como Yunupingu (1991) disse:

> Então esta é uma diferença fundamental em comparação com as pesquisas tradicionais sobre a educação Yolngu: começamos com conhecimento Yolngu e desenvolvemos o que vem das mentes Yolngu como sendo de importância central, e não o contrário. (p. 102-103)

Durante todo o processo, os professores foram orientados por sua própria pesquisa colaborativa para seus problemas e suas práticas. Eles coletaram histórias das pessoas mais velhas. Coletaram informações sobre como a escola funcionava e não funcionava para eles. Os professores fizeram mudanças e observaram os efeitos. Pen-

continua

Quadro 9.1 *continuação*

saram cuidadosamente sobre as consequências das mudanças que fizeram, e depois ainda fizeram mais mudanças com base nas evidências coletadas.

Com sua jornada compartilhada de pesquisa-ação participante, a escola e a comunidade descobriram como limitar os efeitos culturalmente destrutivos da forma de ensinar do homem branco e aprenderam a respeitar tanto as formas dos Yolngu quanto as formas dos homens brancos. Inicialmente, os professores chamaram a nova forma de ensino de "educação dos dois caminhos". Mais tarde, inspirados em uma história sagrada de sua própria tradição, chamaram de "educação Ganma". Yunupingu disse:

> Espero que a pesquisa Ganma se torne uma pesquisa educacional importante, que ela dê autonomia aos Yolngu, que destaque os aspectos libertadores e que ela tome partido, assim como as pesquisas dos Balanda sempre tomaram partido, mas nunca revelaram isso, sempre afirmando serem imparciais e objetivos. Meu objetivo com o projeto Ganma é ajudar, mudar, fazer o equilíbrio do poder deslocar de lado. (1991, p. 583)

Fonte: Kemmis e McTaggart (2006, p. 583). Direitos reservados de Sage Publications, Inc., 2006. Reproduzido com autorização.

AVALIAÇÃO

A avaliação de um programa nacional, o NYSP (National Youth Sports Program), foi descrita no Capítulo 5. Embora a avaliação só tenha durado um ano, o estudo foi amplo, realizado por cinco pesquisadores acadêmicos externos (Stake, DeStefano, Harnisch, Sloane e Davis, 1997) e diversos alunos de pós-graduação. Como avaliação de um programa qualitativo, proporcionou aos leitores a experiência indireta (vicária) de estar presente, mostrando a qualidade do programa de diferentes formas e analisando diversos problemas educacionais e sociais. A questão da conformidade *versus* a independência das operações nos *campi* e também dos instrutores e jovens foi um problema importante, mas que fez o Conselho Consultivo suspender a avaliação, depois de rejeitar os métodos e a intenção de estudar o funcionamento do próprio Conselho Consultivo como parte da avaliação.

A avaliação de um programa é metodologicamente diferente da avaliação de funcionários, da avaliação de produtos e da avaliação de políticas, mas todas elas são buscas para reconhecer e relatar sobre a qualidade do funcionamento do programa. A coisa sendo avaliada, às vezes, é chamada de *evaluand*. O *evaluand* é o objeto avaliado, como o serviço de telefonia celular, o técnico de um acampamento de verão, o desempenho de uma fanfarra marcial, uma política de admissões. Mesmo em um estudo breve, o pesquisador tenta conhecer as atividades do *evaluand*, suas propriedades físicas, funcionários, custos e organização.

A qualidade é vista de forma diferente por pessoas diferentes, então, ao avaliar, precisamos considerar as diversas visões sobre *evaluand*. Encontrar visões diferentes não é indicação de invalidade do *evaluand*, embora as avaliações possam ser inválidas, mas os vários pontos de vista podem ser considerados como uma arena de debate, um argumento, uma dialética, em que novas compreensões do *evaluand* e de sua qualidade podem ser descobertas.

A qualidade é com frequência muito difícil de se discernir e, algumas vezes, mais difícil ainda de se explicar. Podemos dividi-la em partes, para analisar a qualidade dos resultados, a qualidade do processo, a qualidade da equipe, o ambiente e outras condições, e, ainda assim, a soma da qualidade das partes pode não representar muito bem a qualidade do todo.

Para tornar a avaliação prática, muitas pessoas substituem as questões secundárias pela busca por qualidade, questões como:

O programa está em conformidade com as obrigações?
O programa atende as necessidades e expectativas dos clientes?
O programa é produtivo?
O que funciona?

Todas essas questões podem ser importantes e nos ajudam a chegar mais perto de uma compreensão da qualidade, mas elas não são o objetivo central da avaliação, que é "Qual é a qualidade?".

Como parte da prática profissional dos professores, assistentes sociais, enfermeiros e contadores, a avaliação é o ato ou a responsabilidade de avaliar o desempenho das pessoas, de classificá-lo. Mesmo o conselheiro indireto e o amigo crítico examinam o trabalho do "outro", informalmente, intuitivamente, considerando-o de determinada qualidade e útil para realizar as próximas etapas. Um pouco como Deus. No Gênesis está escrito "E criou Deus os animais selvagens, segundo suas espécies; os animais domésticos, e todos os répteis, da terra, cada um segundo sua espécie. E viu Deus que isto era bom". Não diz que Deus teve que medir alguma coisa. Não diz que Deus teve que identificar alguns critérios. Não diz que Deus teve que criar alguns padrões. Deus viu que isso era bom. Os profissionais também olham para seu próprio trabalho e o trabalho de outras pessoas e consideram que o trabalho chegou a algum estado de excelência. Formal ou informalmente, eles estão avaliando.

Os professores avaliam o trabalho dos alunos e sabem que seu dever é entregar notas que indiquem quais alunos estão fazendo os melhores trabalhos e quais estão fazendo os de qualidade inferior. Comparações, classificações ou carinhas felizes são muito mais fáceis que o reconhecimento real da qualidade (como boa organização, ilustração e noção de contexto). É muito conveniente para os educadores pensar na avaliação do trabalho dos alunos como nada mais que apenas testá-los ou classificá-los como bons ou maus, talvez com letras como notas. A maioria dos educadores passou a associar a palavra *avaliação* com as formalidades de referência às normas, embora um dos aspectos que eles respeitam em si mesmos como professores é a habilidade informal de reconhecer diretamente a qualidade do trabalho que os estudantes realizam.

A avaliação informal e a avaliação formal são atos frequentes e similares na vida moderna.

ESTUDANDO SEU LOCAL

É muito oportuno que os pesquisadores estudem seus próprios locais. Algumas vezes, muitos fatores são necessários para adquirir confiança nas descobertas de um autoestudo ou na avaliação de uma unidade supervisionada pelo pesquisador. Um projeto melhor, um estudo mais longo e mais triangulação são alguns dos fatores necessários.

A maior preocupação que as pessoas que não participam de um autoestudo têm é que ele será em causa própria, autoprotetor, promocional, defendendo o ponto de vista próprio. E, na realidade, muitas pesquisas internas e institucionais são exatamente assim, e a ética corporativa, institucional, do mundo moderno não desaprova as pesquisas autopromocionais descaradas. Também é comum que o cliente espere que os pesquisadores evitem levantar questões que possam constrangê-lo.

O pesquisador tem a escolha no meio da atividade de (1) estudar a ação mais profundamente e (2) trabalhar com afinco para mudar a ação. É tentador agir rapidamente e fazer as mudanças que parecem necessárias, mas também deveria ser tentador explorar o problema por mais tempo para chegar a uma compreensão melhor.

Um estudo sobre o próprio local é característico da pesquisa do doutorado profissional. Com notáveis exceções, o doutorado profissional geralmente não é considerado um título de pesquisa acadêmica. Exemplos disso são os títulos de Doutorado em Educação, Doutorado em Psicologia e Doutorado em Engenharia. A maioria desses doutorados exige pesquisas extensas, mas espera-se que o valor seja mais para uma prática profissional específica do que para a ciência. Assim, é oportuno que o superintendente de uma escola estude seu próprio distrito escolar com relação a um problema específico, como despesas públicas excessivas ou a negociação de conflitos raciais. Esses tópicos também são adequados para uma pesquisa de Doutorado em Filosofia, mas, para o Doutorado em Educação, geralmente haveria pouco empenho em fazer generalizações para os outros distritos. Também é verdade que a maioria dos estudos quantitativos busca descobertas generalizáveis e corresponde às expectativas do título de Doutorado. Além disso, muitos estudos qualitativos doutorais são mais particularistas que generalizáveis em suas descobertas. Deve ser observado que muitas instituições de pós-graduação não percebem essa distinção.

> Os lugares nos fazem – não vamos imaginar que depois de chegarmos aqui, qualquer outra coisa faça isso. Primeiro os genes, em seguida os lugares – depois disso é cada um por si... O que provavelmente é mais fascinante, entretanto, é que agora os mesmos lugares – uma escola ruim, por exemplo, com maus professores – conduzem um homem para o mundo da arte e levam outro para o mundo do crime – as únicas duas arenas que realmente temos: arte, criar; crime, tomar... Mas isso não significa que são as pessoas que nos fazem ser o que somos? Certamente, mas as pessoas são lugares. (Saroyan, 1972, frontispício)

PARCIALIDADE*

A parcialidade é onipresente e, às vezes, indesejável. Representar as realizações dos estudantes de forma equivocada, enxergar a administração como essencialmente conspiratória e não conseguir reconhecer a discriminação racial são exemplos da indesejável parcialidade do pesquisador. Tornar-se um pesquisador, especialmente para alguém realizando pesquisas qualitativas, é, de certa forma, uma questão de aprender a lidar com a parcialidade. Todos os pesquisadores apresentam parcialidade, todas as pessoas apresentam parcialidade, todos os relatórios apresentam parcialidade

---

* N. de R.T.: O autor empregou a palavra *bias*, que em uma tradução literal significa "viés". Como este é um termo específico da pesquisa quantitativa, neste contexto o termo mais adequado é "parcialidade".

e a maioria dos pesquisadores esforça-se muito para reconhecer e limitar as parcialidades prejudiciais. Eles ficam atentos, preparam armadilhas para detectar sua própria parcialidade, e os melhores pesquisadores ajudam seus clientes e leitores a perceber essa parcialidade também.

Discursando em meu simpósio de aposentadoria em 1998, Michael Scriven disse "Parcialidade, a falta de objetividade, é por definição uma predisposição ao erro... Seria difícil pensar em uma razão mais importante, uma razão melhor, para querermos aprimorar nossas qualificações [como pesquisadores] nas dimensões da objetividade" (Scriven, 1998, p. 15). Essas são palavras que todos nós devemos estudar. Ainda não terminei de estudá-las. Espero que você aceite esse desafio.

Para que haja objetividade, para que haja falta de objetividade, precisa haver uma verdade. Podemos aceitar afirmação de que há 10 pessoas na sala como verdadeira, sabendo que uma dessas pessoas pode estar grávida, mas aceitamos 10 como a verdade objetiva. Temos mais dificuldade com a verdade da afirmação de que este doutorando está pronto para realizar a tese. Se o comitê afirma que sim, aceitaremos, mas a verdade da prontidão não foi estabelecida. Não há qualquer evidência que possa fazer essa prontidão ser uma verdade antes da realização da pesquisa. Estamos satisfeitos em confiar na decisão consciente, mas subjetiva, dos membros do comitê.

Quase o mesmo acontece com os cirurgiões prontos para uma operação. Queremos realmente acreditar que eles estão prontos, mas não há nenhuma evidência que alguém possa apresentar para provar que eles estejam prontos. Eles são treinados, são experientes, estão sóbrios, estão descansados e se mostram atenciosos. Os cirurgiões são confiantes, mas, mesmo no momento em que a anestesia é aplicada, eles próprios não sabem se estão prontos. Eles podem estar tão prontos quanto poderiam estar. Não têm como saber se estão prontos. A verdade objetiva não está disponível para nós. Ou, como prefiro ver, já que é impossível alguém saber isso, não existe uma verdade objetiva sobre a prontidão do doutorando ou do cirurgião.

Há muitas partes de conhecimento importantes nas relações humanas para as quais não existe uma verdade objetiva e, ainda assim, nós as estudamos: a segurança do sistema de segurança, o perigo de simplificar demais as apresentações de *slide*, a iminência do Mal de Alzheimer, a carta de recomendação escrita para você por seu orientador. Podemos encontrar boas informações sobre todas essas coisas, como elas funcionam e podemos consultar as visões de pessoas experientes e de especialistas. Entretanto, é difícil fazer afirmações objetivas sobre as condições, agora ou no futuro, relativas aos quatro exemplos mencionados aqui e muitos outros.

Talvez você prefira acreditar que existe verdade além de nossa capacidade de enxergá-la. Essa é uma crença comum, e eu não recomendo que você mude. O conselho de Scriven é consistente com essa crença. Todos nós acreditamos que é bom estudar a situação e ler as melhores informações que conseguimos encontrar. Michael há muito tempo é leitor (e, há algum tempo, crítico) de *Consumer reports* (Relatórios de clientes). E sabemos que tanto o estudo quanto o questionamento nos proporcionarão interpretações mais objetivas e mais subjetivas.

A parcialidade também é a falta de subjetividade adequada. Seria imprudente ignorar a afirmação subjetiva da prontidão do cirurgião. É imprudente não levar em consideração o pressentimento do agente de segurança. Precisamos incluir nossa intuição sobre como será elogiosa a carta de recomendação. Nós nos baseamos nas experiências, em conselhos, em nossas próprias parcialidades para avaliar as informações subjetivas disponíveis para nós. Não devemos ser muito influenciados pela reputação da objetividade.

Entretanto, a coisa mais importante que Scriven (1998) disse em meu simpósio de aposentadoria foi que a parcialidade é uma predisposição ao erro, uma inclinação a errar maior que o erro resultante. Em sua apresentação, ele afirmou que haverá erros em nossos dados, alguns poderemos consertar, outros não. O treinamento que precisamos dar a nós mesmos, porém, não é tanto para consertar nossas percepções, opiniões, parcialidades, mas para reduzir os efeitos que essas parcialidades terão sobre a pesquisa. Como fazemos isso? Mais uma vez, com projetos melhores, triangulação e ceticismo.

Tentaremos reconhecer e limitar nossas parcialidades, mas vá além ao verificar a coleta de dados e a análise utilizando a validação, principalmente com revisões de amigos críticos e ajudando os leitores a reconhecer o trabalho que surge, mesmo que parcial. Uma estratégia inicial para lidar com a parcialidade é a explicação, isto é, deixar algumas das coisas importantes mais explícitas que anteriormente. Isso significa colocar no papel ou na tela do computador para que possa ser circulado, analisado e espremido. Isso significa ser muito cauteloso ao definir termos e operações. Isso significa testar com antecedência a coleta de dados repetidamente e abrir o uso dos instrumentos e protocolos à revisão crítica. Isso significa ser objetivo, permitindo o mínimo de influência das preferências pessoais. Isso também significa reservar uma grande parte da verba para o planejamento, a padronização, o desenvolvimento das questões, os formatos de apresentação dos dados e os testes preliminares. E, para algumas pessoas, isso significa formalizar o processo de comparação do desempenho avaliado com os padrões explícitos.

Fico incomodado com uma ênfase muito forte na explicação e na padronização. Eu as vejo como cantos, buracos e fendas onde a parcialidade se esconde. Como eu disse antes, quero que a objetividade e também a subjetividade se desenvolvam. Quando pode existir a verdade, precisamos medir bem. Quando a visão subjetiva pode contribuir para a profundidade da percepção, ela deve fazer isso. Em qualquer um dos casos, e Michael Scriven concordaria, precisamos ajudar o leitor a enxergar as parcialidades com as quais estamos tentando lidar.

ASSERTIVAS

A conclusão de uma pesquisa qualitativa geralmente apresentará uma assertiva (possivelmente várias) sobre um problema importante, provavelmente muito relacionado à questão de pesquisa original. Muitas vezes, ela é mais limitada que a questão original, mas pode ser mais abrangente. Pode haver menção de diferentes percepções ou interpretações do problema. Geralmente, o pesquisador se concentrará aqui na interpretação que acredita ser mais lógica, útil, original ou elegante. Ela certamente será influenciada por um pouco da parcialidade do autor, mas pode ser escrita de maneira que convide a outras interpretações. Aqui temos uma assertiva do relatório do Ano 1 de nossa avaliação do NYSP (Stake et al., 1997, p. 252A):

> A direção operacional do programa nacional foi realizada de maneira eficaz pelo diretor e sua equipe e pelo avaliador principal [interno] e seus colegas. As relações entre o Escritório Nacional e os avaliadores [regionais], de um lado, e o Conselho Consultivo, de outro, eram hierárquicas [com] pouca administração interativa saudável. O Conselho Consultivo demonstrou uma grande preocupação com a prosperidade dos programas locais e, principalmente, com o bem-estar dos jovens, mas demonstrou menos preocupação com o bem-estar da NCAA. Eles pareciam não perceber a necessidade de apoiar as pessoas dentro da NCAA que possuem grandes dúvidas sobre continuar com o apoio ao NYSP. Perder a NCAA seria uma perda monumental para esses serviços para os jovens. Nossas observações não foram extensas, mas concluímos que o inter-relacionamento entre o NYSP e a NCAA foi insuficiente.

Outras assertivas no relatório eram sobre a qualidade dos projetos locais, as características dos estudantes e os problemas na política do NYSP. A maioria das assertivas era relacional e comendatícia. Meu próximo exemplo de uma assertiva elaborada formalmente vem de um estudo sobre a fanfarra marcial nacional realizado por Terry Solomonson (2005, p. 29). Ele escreveu:

> Parece haver um número crescente de participantes de fanfarras marciais que retornam aos ambientes de ensino médio e ensino superior como professores, determinados a conduzir seus programas com a mesma intensidade e estilo, sem honrar ou aceitar a diversidade de outros programas de atuação como necessária para uma grade curricular de sucesso. De um ponto de vista sociológico, há o perigo evidente de os estudantes que não são capazes de participar integralmente da grade curricular conforme o estilo da fanfarra marcial serem excluídos tanto pelo corpo discente quanto pelo corpo docente de música dessas instituições. Da mesma forma, é um perigo evidente que outras formas de música instrumental recebam menos destaque, ao contrário da apresentação mais "glorificada" da fanfarra marcial, até chegar ao ponto em que elas não serão mais ensinadas na maioria das escolas.

Em alguns casos, é possível incluir uma reflexão cuidadosa (um fragmento) do diário de pesquisa como uma assertiva sobre a dificuldade encontrada para coletar dados sobre o problema. Um exemplo retirado do diário de uma pesquisadora começava da seguinte forma:

> Uma de minhas questões principais é sobre o papel do pesquisador. Estou envolvida em um estudo no qual meu papel está realmente integrado. Tenho várias faces nessa pesquisa. Sou a mãe de uma criança que vai à escola no distrito que estamos estudando. Já fui noiva de um homem que trabalha nesse distrito. Hoje não sou mais. Todas as circunstâncias tiveram alguma função em meu trabalho. Não seria sincero dizer que nenhuma dessas circunstâncias influencia minha visão do que está acontecendo. Entretanto, não sei bem como me apresentar. Digo a todos os participantes da pesquisa que tenho um filho no distrito e, quando eu estava noiva, contei a todos que essa era a situação. Isso é apenas uma questão de respeito, creio eu. Mas, quando penso no que está acontecendo e no que vejo, e nas implicações, fico em dúvida. E fico em dúvida quando penso em apresentar meu trabalho. Não quero que ele seja desacreditado por causa de meu envolvimento, mas também não quero me representar como uma parte desinteressada. Isso seria mentira. Entretanto, também seria mentira dizer que meu romance fracassado teve uma influência negativa sobre minha visão, ou que minha avaliação positiva da educação que meu filho está recebendo teve uma influência positiva sobre minha visão. Prefiro pensar que vejo o que vejo, mas sei que o que vejo deve estar influenciado de alguma forma.

Muitos pesquisadores não iriam querer colocar uma assertiva tão pessoal em seus relatórios de pesquisa, mas a ideia da pesquisadora, aqui, foi que isso poderia ajudar os leitores, fazendo-os considerar como os diversos papéis poderiam afetar o que ela veria e sua forma de relatar isso.

Um último exemplo, novamente de um estudo pequeno. Rita Frerichs (2002, p. 32) estudou uma associação de produtores de soja que fizeram um acordo com usuários individuais para entregar grãos que atendessem a altas especificações.

> As associações de produtores são grupos de produtores grandes e mais progressivos, e são esses grupos de pessoas "cujas fortunas estão aumentando" que transformam a sociedade (Turner e Killian, 1987, p. 247); mas a associação está tentando trabalhar de forma cooperativa em um mundo que ainda está organizado de forma hierárquica (Craig, 1993). Os membros da associação mudaram sua mentalidade, mas a cultura na qual trabalham ainda não. Os processadores dos grãos estão tão racionalmente interessados em obter lucro quanto os produtores, mas os processadores têm mais poder e apoio do que os produtores. Como Enid disse "Sejamos realistas. Não podemos competir com nomes como Cargill e ADM. Como produtores, não temos os bolsos cheios de dinheiro como eles têm".

As assertivas não são resumos de todo o estudo, mas uma declaração ponderada sobre um problema ou condição que resume uma parte do estudo, talvez resumindo o que o pesquisador concluiu sobre a questão de pesquisa. Essas declarações foram desenvolvidas a partir de dados objetivos e subjetivos. Seus significados foram questionados pela verificação com os envolvidos, com revisores formais e com amigos críticos. Elas representam o que há de melhor a ser dito em uma voz qualitativa.

NOTA

1 Em um estudo sobre a história da pesquisa-ação, o especialista em teoria da educação, Arthur Foshay (1993), descreveu os esforços antes e após a Segunda Guerra Mundial para que os professores estudassem suas salas de aula. Os professores eram incentivados a usar projetos experimentais e testes padronizados. Os poucos que publicaram suas pesquisas-ação foram ridicularizados por membros da American Educational Research Association [Associação Americana de Pesquisa Educacional], que chamaram os professores de ingênuos. Os pesquisadores profissionais não reconheciam, naquela época, como vimos no Capítulo 1, que a pesquisa pode ser baseada e desenvolvida com o conhecimento profissional, o conhecimento de fazer seu próprio trabalho. Ela não precisa ser voltada ao conhecimento científico.

10

Narração de histórias
ilustrando como as coisas funcionam

Você quer dizer como uma coisa funciona. Você quer usar palavras que as pessoas entendam, mas que também sejam respeitadas por outros pesquisadores. Os pesquisadores têm a liberdade de falar de várias formas, incluindo usar citações de outras pessoas, de sábios a profissionais ou crianças. Muitas pessoas têm suas opiniões sobre como a coisa está funcionando, e mesmo os apócrifos podem nos conduzir a compreensões. Como pesquisador, você não tem o privilégio de inventar histórias, mas sua percepção de como algo tem funcionado pode ser contado no formato de uma história, incluindo as histórias que outras pessoas contaram para você. A narração de histórias faz parte da prática do pesquisador qualitativo.

Parte do estudo qualitativo é essencialmente a captura de uma história. Não somente a história de uma pessoa ou de um grupo, mas também a história de uma organização ou movimento social. O registro e a publicação de uma história oral é uma realização desse tipo. A história ou o relato parece existir e o trabalho do pesquisador é investigar, interpretar e disponibilizar essa história para outras pessoas. A musicologia, em especial a etnomusicologia, algumas vezes utiliza um formato de história para apresentar suas descobertas. Em sua dissertação sobre música urbana, a brasileira Walênia Silva (2007, p. 122) escreveu:

> As aulas de violão de Dave no Instituto duraram cerca de oito meses. Depois disso, ele praticou sozinho e tocou profissionalmente em um grupo local. Quatro anos depois, foi convidado a ensinar um curso no Instituto. Ele realizou outros cursos e deu aula para alunos particulares. Considerou

dar aulas como uma possibilidade de ganhar dinheiro. Foi incentivado a ensinar por dois motivos: dinheiro e Frank Hamilton. Ele descreveu o curso de Hamilton:
Tocaram "On Top of Old Smokey" e "Freight Train, Freight Train", duas músicas muito antigas, mas ele fez todo mundo tocar. E as coisas estavam acontecendo – a harmonia. Mais tarde, eu e ele tomamos chá e eu disse "Eu gostaria de conseguir ensinar uma aula como essa". Ele disse "Você consegue!". "Mas não tenho muito conhecimento sobre música." Ele respondeu: "E o que isso tem a ver? Você começa, faz perguntas e depois tenta respondê-las. Se for muito difícil, faça algo mais simples. Não é?".

A história era sobre aprender a tocar música *folk* no Instituto de Música Urbana de Chicago, com imersão de grupos, apenas tocando, sem avaliações. A história é ilustrada pela experiência contada por Silva, que lá aprendeu a tocar novos instrumentos e adaptou as técnicas para as escolas de música no Brasil. Foi assim que a coisa funcionou em Chicago. É assim que as coisas podem funcionar no Brasil.

PEQUENAS NARRATIVAS

Algumas vezes nossas histórias serão breves, um momento no tempo, contribuindo pouco para o conhecimento experiencial, mas dando vida a um problema central para a pesquisa ou a um que mostre a complexidade. Alguns de nós chamamos essas cenas de "pequenas narrativas" ou "relatos". O Quadro 10.1 é uma pequena narrativa que apresenta um dos problemas éticos mais profundos, a escolha entre atender aos requisitos educacionais e tornar as oportunidades iguais para as crianças.

Quadro 10.1 Gêmeos

> "Você ensinou para Sammy como usar a câmera, mas não ensinou a Sally."
> "Mas, Sra. Johnson, Sally precisava fazer a lição de matemática."
> "Não é justo."
> "Eu adoro os dois. Eu nunca seria injusta com eles."
> "Sally odeia matemática. Você não pode fazer a escola ser boa para ela como fez para Sammy?"
> "Eles são crianças diferentes."
> "Mas você deveria ser igual para os dois."

O problema ilustrado com um relato nem sempre é obviamente entendido a partir deste. A maioria de nós é relutante em explicar nossas piadas para as pessoas, mas temos a obrigação de explicar nossos relatos. Aqui, a professora considerou ser adequado recompensar a criança que havia terminado a tarefa de matemática, reforçando seu bom desempenho. Mas a mãe pensou menos em produção e mais em tornar a escola atrativa para uma filha que talvez tenha menos habilidade em matemática. Os dois objetivos parecem interessantes, mas são concorrentes.

Como ilustrado pelo antropólogo Frederick Erickson (1963), as assertivas das pesquisas qualitativas às vezes são esclarecidas com as narrativas. Uma narrativa é uma ilustração verbal de uma resposta a uma questão de pesquisa, não necessariamente generalizável, às vezes, mordaz. Como no Quadro 10.1, pode ser o trecho de um diálogo. Em alguns casos ela vai além de uma anedota e vira um conto como o experimento do chiclete, mas, geralmente, ela é curta. Pode ser apenas a indicação de uma ação, como a marca de batom em uma foto sobre o piano. Momentaneamente, ela é uma "impressão", mas se torna "base" para um problema maior.

Considere a questão dos serviços de transição para os jovens com deficiência que desejam conseguir um emprego. Os serviços de transição da escola para o trabalho são limitados. Nem todos os jovens qualificados de uma comunidade podem ser admitidos em um programa preparatório pequeno. Alguma seleção é necessária. Os grupos de defesa reconhecem cinco prioridades, como aceitar primeiro (1) os jovens que concluíram o ensino médio mais recentemente, (2) os jovens com as deficiências mais graves, (3) os jovens que, segundo previsões, apresentarão mais ganhos com a empregabilidade do programa, (4) os jovens que demonstram mais vontade de participar ou (5) os jovens que moram mais longe dos serviços sociais. Essa foi uma questão discutida em um projeto de pesquisa qualitativa (veja o Quadro 10.2). A narrativa e o projeto de pesquisa não precisam resolver essas questões. A pesquisa é considerada boa se explica os fenômenos, as atividades, o ambiente e os problemas. Uma narrativa qualitativa não precisa indicar se o acontecimento é comum, embora o pesquisador possa realizar ações para descobrir isso. A assertiva, nesse caso, poderia ser formulada da seguinte forma:

> A preocupação com a produtividade do programa algumas vezes vai contra a igualdade. Ser justo pode ser custoso. Um projeto que honra a igualdade pode parecer menos bem-sucedido em encontrar empregos para os estagiários e mantê-los empregados. Com a igualdade, o financiamento é

menor, em grande parte por causa dos gastos com os jovens que abandonaram os estudos e com os que apresentam baixo desempenho. No programa estudado, a retórica foi igualitária, mas as tentativas de recrutamento e o incentivo foram distribuídos de forma desigual entre aqueles que apresentavam maior ou menor probabilidade de colocação.

Quadro 10.2 Serviços de transição

> Havia uma vaga no programa. Aimie inscreveu-se. Depois de concluir os estudos, morou com seus pais, sem estar empregada, mas ajudava em casa. Em um momento anterior, ela já havia demonstrado interesse no Projeto Transição, mas este ficava a 40 quilômetros. No passado, as garotas que moravam em áreas rurais, muitas vezes com menos frequência que os garotos que também moravam nessas áreas, completavam o treinamento e aceitavam uma oferta de emprego. Os pais de Aimie estavam preocupados com a possibilidade de o salário dela diminuir pela metade os pagamentos que recebiam como auxílio do governo. Aimie já estava na lista de "qualificados" há seis meses. Frank era novo na comunidade, queria muito trabalhar, não conseguia achar emprego sozinho e parecia levar a situação muito a sério. Considerando a prioridade da ordem de chegada, Aimie foi convidada a participar. O programa seria avaliado, em parte, com base na quantidade de estagiários que conseguiu empregar.

Vamos analisar outra narrativa, anônima (Quadro 10.3).

Quadro 10.3 Alívio para a dor

> Eu não fazia parte da equipe de plantão no dia anterior e não conhecia o paciente, mas expliquei para sua mãe que seria possível realizar o procedimento sem sedativo e que eu sentia muito por não ter dado certo, mas com o sedativo, hoje, Lennie deveria estar calmo o bastante para que o procedimento fosse realizado com sucesso. Analisando a lista dos medicamentos de Lennie e percebendo a ausência de analgésicos, indiquei para a mãe do paciente que ela poderia pedir aos médicos para receitar um analgésico para depois do procedimento, já que muitas vezes os pacientes podem sentir dor no local da aplicação da agulha e apresentar dores de cabeça... A mãe respondeu que havia solicitado o analgésico no dia anterior. Entretanto, o médico não anotou isso na ficha médica, nenhuma enfermeira pediu que isso fosse anotado e, portanto, Lennie não recebeu nenhum analgésico após o procedimento malsucedido.

ELEMENTOS DA HISTÓRIA

A forma tradicional de uma história é, primeiro, uma introdução dos personagens e do contexto e, depois, a revelação dos problemas que apresentam apreensão, aumentando a complexidade cada vez mais e acabando com uma resolução boa ou ruim dos problemas. É uma cronologia, como ir de "Era uma vez" até "E viveram felizes para sempre", com algumas lembranças no meio. Esse formato, obviamente, é bem diferente do formato tradicional de pesquisa que parte da declaração do problema e segue para a revisão da literatura, a coleta de dados, a análise e a interpretação. O formato de história é uma apresentação alternativa, preferida em alguns contextos acadêmicos. Entretanto, mesmo nos contextos mais tradicionais, uma história geralmente pode ser usada em algumas seções de um relatório.

Existem os pesquisadores que defendem que devemos deixar a história se contar sozinha (Coles, 1989; Denny, 1978). Isso significa que a situação específica deixa claro o que será descrito em detalhes e avaliado. Isso implica que o pesquisador deve chegar preparado para ouvir, com pouca prioridade de informações necessárias, aceitando o quadro de referência e interesse em detalhes das pessoas desse lugar. Isso, às vezes, funciona. Como indicado durante todo este livro, entretanto, o pesquisador geralmente possui uma questão de pesquisa, um plano para coletar os dados e fragmentos de relatos já coletados, e ele corre riscos ao deixar que o narrador da história decida qual história quer contar. Geralmente, o pesquisador faz algumas perguntas, possivelmente faz referência a outras histórias e interrompe habilmente para direcionar a história para caminhos que correspondam ao projeto da pesquisa. A estratégia do pesquisador para as histórias pode variar de ouvidos abertos a uma entrevista altamente estruturada.

O estilo do pesquisador qualitativo é empático, respeitoso em relação à realidade retratada pelo narrador da história. Ainda assim, geralmente, mais coisas serão perguntadas do que o narrador contou voluntariamente, e menos coisas serão incluídas no relatório do que foram contadas. Mais frequentemente, é o pesquisador que decide o que conduz à compreensão dos fenômenos de interesse do estudo. O relatório será o tempero do pesquisador para a história do narrador. Todos os critérios de representação são de responsabilidade do pesquisador.

A pesquisa qualitativa é uma pesquisa holística, detalhada, abrangente, contextual. Gostaríamos de contar toda a história, mas não podemos contar aquilo que excede o limite de páginas e a paciência dos leitores. E sempre há mais histórias a serem contadas.

A seguir, temos um exemplo de história em uma pesquisa qualitativa. Os profissionais responsáveis pela administração do programa da International Step by Step Association (ISSA) queriam saber as realizações e a diversidade de seus projetos na educação pré-escolar em todo o Leste Europeu e a Ásia central. Eles encomendaram um estudo de vários casos em 29 nações participantes[1]. Para cada caso, selecionaram de dois a quatro de seus próprios experientes instrutores de professores como pesquisadores e deixaram o diretor do programa de cada país escolher a questão de pesquisa ou o tema.

"Inclusão" foi o tema do caso de estudo na Ucrânia – inclusão principalmente de crianças com deficiência. A equipe de pesquisa, Svitlana Efimova e Natalia Sofiy, decidiu contar a história da Step by Step em seu país, selecionando Liubchyk, uma criança com deficiência matriculada na 1ª série tradicional com uma professora da Step by Step. Liubchyk foi diagnosticado com autismo. Ele frequentava a escola Maliuk, perto de seu apartamento em L'viv. Com Liubchyk como o eixo central do estudo, elas moveram um pouco o foco para estudar o treinamento de professores, o envolvimento dos pais e a mídia, além das relações com as autoridades de educação locais e estaduais, incluindo o Ministério da Educação e da Ciência. A complexidade das mudanças na Ucrânia, passando de um sistema de educação especial institucional para uma prática de inclusão, foi ilustrada por diversas observações e entrevistas. O gráfico do estudo de caso é mostrado na Figura 10.1. Analisamos uma observação sobre Liubchyk no Quadro 3.2. O Quadro 10.4 é outro relato de observação em sua sala de aula.

O conhecimento profissional adquirido na Ucrânia e nos outros 28 países incluiu generalizações sobre o ensino pré-escolar da Step by Step em países dentro de uma grande área do mundo, mas, obviamente, não produziu generalizações para todas as educações pré-escolares do mundo. As particularidades referem-se a salas de aula como a de Liubchyk e ao Ministério da Educação ucraniano. Muitos leitores das assertivas do relatório ucraniano poderiam generalizá-las para outras agências de treinamento de professores e ministérios. E esses leitores presumiriam a aplicabilidade de muitas das descobertas dos relatórios de todos os casos, como o valor do treinamento de professores que ocorreu em jardins de infância reais, com estagiários da Step by Step desempenhando o papel de professores das crianças que pertenciam às turmas participantes. Aqui, podemos ver as particularizações e as generalizações convivendo lado a lado, como acontecerá nas mentes dos profissionais, especialistas em políticas e pesquisadores iniciantes, combinando conhecimento de pesquisa e conhecimento profissional.

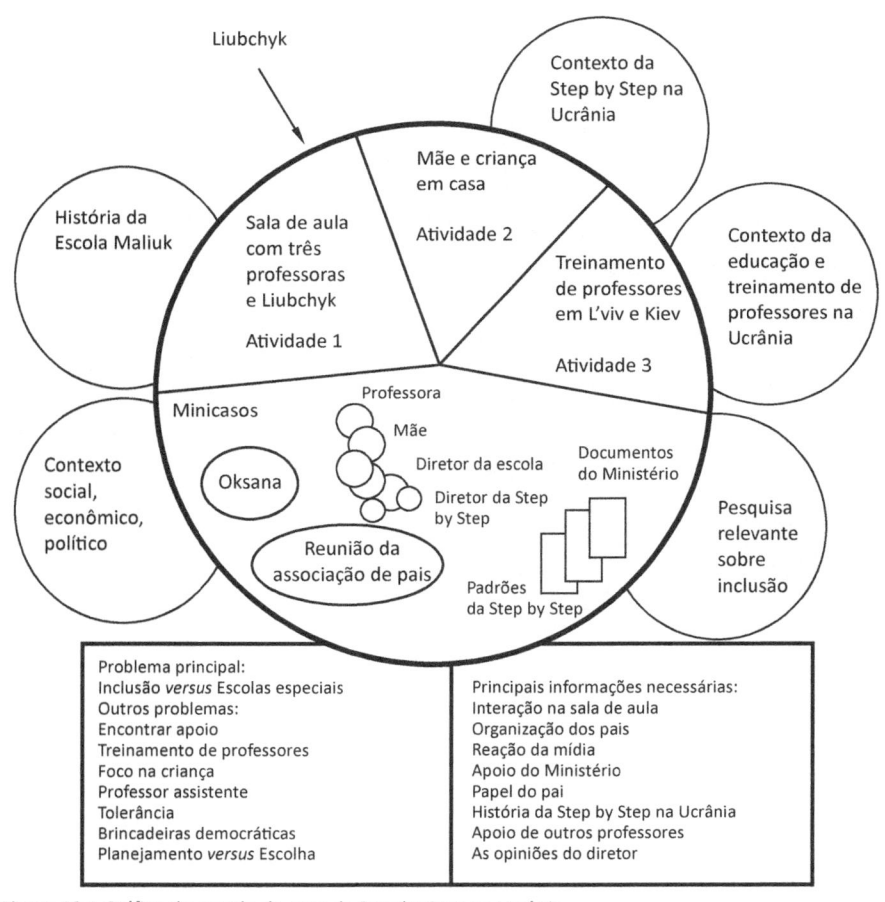

Figura 10.1 Gráfico do estudo do caso da Step by Step na Ucrânia.

Quadro 10.4 A sala de aula de Liubchyk

A próxima tarefa das crianças é colorir um desenho impresso do conto de fadas "A Polegarzinha" e organizar as cenas na mesma ordem que aparecem na história. As crianças trabalham em grupos. Liubchyk, de 7 anos, escolhe uma das figuras oferecidas por Halyna, a professora assistente, mas ele se recusa a fazer parte de um grupo. Ninguém o pressiona. "Que pássaro é este?", ela pergunta. Liubchyk abre os braços e diz "Uma andorinha". Halyna diz "Muito bem" e dá um tapinha em seu ombro. As crianças trabalham em suas cenas. Quando terminam de pintar, as crianças se reúnem e colocam as cenas em ordem. "Liubchyk, venha aqui, está faltando sua figura", diz sua amiga Anychka. Liubchyk entrega a ela sua andorinha colorida perfeitamente, mas continua próximo a Halyna.

Um ano antes, embora ele quisesse frequentar a escola, Liubchyk não conversava nem com as crianças nem com as professoras. Agora ele está falando com as duas professoras, com a assistente social e interage algumas vezes com duas meninas que regularmente o ajudam. Oksana, sua professora, inicialmente foi contra a passar Liubchyk do jardim de infância para a 1ª série, mas, depois de conhecer melhor o menino e sua mãe e de se aprofundar nos métodos de ensino da Step by Step, ela o aceitou e virou defensora da inclusão de crianças com necessidades especiais em escolas tradicionais. Resistindo um pouco à recomendação de um consultor, Oksana deu a Liubchyk bastante liberdade para participar ou sair das atividades quando o quisesse.

Os pesquisadores estudaram o treinamento de professores da Step by Step em L'viv e também em Kiev. Eles observaram estagiários trabalhando em uma sala tradicional e observaram grupos de estagiários estudando atitudes relativas à política de inclusão. Por exemplo, com o exercício dos Quatro Cantos, uma placa era colocada em cada canto da sala. As placas indicavam quatro princípios de organização alternativos:

1. As crianças com necessidades especiais devem frequentar as mesmas classes que as outras crianças se forem capazes de dominar os mesmos materiais.
2. As crianças com necessidades especiais devem frequentar escolas especiais que atendam a suas necessidades médicas e educacionais específicas.
3. Todas as crianças, independentemente de suas habilidades, devem frequentar aulas tradicionais.
4. Os pais das crianças com necessidades especiais devem decidir qual escola a criança deve frequentar.

Olga, a instrutora, pede que os participantes leiam as placas e se dirijam à que melhor expressa a opinião deles. Os participantes se deslocam, lendo as afir-

continua

Quadro 10.4 *continuação*

mações. A Placa 1 obteve o maior grupo e a Placa 2, o menor. As discussões são baseadas principalmente em experiências pessoais. "Meus vizinhos têm um filho assim...", "Eu tenho uma criança com necessidades especiais em minha sala de aula tradicional, mas os pais não prestam atenção na criança." Olga toca um pequeno sino e... convida os representantes a tomar a palavra.

A ideia de organizar um grupo de defesa da inclusão foi discutida em uma longa entrevista com Volodymyr Kryzhanivskiy, diretor de um centro de assistência médica administrado por pais. Ele era engenheiro, pai de um menino com paralisia cerebral e procurou conseguir educação igualitária para ele. Adiou inúmeras vezes até que, seguindo o conselho de um oficial do governo, ele e outros colegas defensores formaram uma organização não governamental (ONG), a Shans. Mais tarde, inspirados pelo Hospital 18, em Moscou, eles construíram um centro de assistência e educação, não apenas para as crianças com deficiência, mas também para os pais, outros profissionais de saúde e defensores.

Efimova e Sofiy escreveram em detalhes sobre a tradição e a legislação da assistência à infância na Ucrânia. Seguindo a ideologia comunista, todas as crianças deveriam ser educadas, mas as crianças com deficiência eram escondidas do público, em internatos ou possivelmente em casa, tratadas de acordo com seus diagnósticos, mas a experiência de crescer com crianças e professores comuns era negada para essas crianças. Lentamente, hoje essa desigualdade está sendo reconhecida. Essa especialização profissional criou um grande grupo de profissionais treinados, como diagnosticadores e outros profissionais de saúde, que se opunham à inclusão das crianças com necessidades especiais em escolas tradicionais, porque isso causaria uma dispersão muito grande dos cuidados que eles foram treinados a dar. Se esse estudo tivesse sido continuado, ele provavelmente apresentaria uma investigação sobre os cuidados das crianças nessas escolas especiais.

Ainda desenvolvendo a história centrada em Liubchyk, as autoras descreveram o trabalho da Fundação Step by Step na Ucrânia, detalhando seus programas, capacidades e parcerias. Os principais objetivos eram obter a autorização do Ministério para o treinamento dos professores e verba para contratar professores assistentes. O diretor declarou:

> Tudo teve início em 1996, durante a International Outreach Meeting da Step by Step, em Praga, quando a iniciativa para inclusão das crianças foi anunciada... No segundo semestre de 1997, nós... convidamos oficiais do Ministério da Educação e da Ciência... Foi difícil para eles entender e aceitar a ideia da inclusão. Eles enxergavam riscos para o sistema existente de instituições especializadas.

continua

Quadro 10.4 *continuação*

> Nos anos de 2003 e 2004, a Step by Step ucraniana avaliou sua iniciativa de inclusão e concluiu que as crianças com deficiência estavam envolvidas com sucesso na grade curricular nacional e que as outras crianças também se beneficiaram com a experiência.
>
> A Step by Step ganhou o apoio do Institutional Building Partnership Programme IBPP da União Europeia e obteve sua licença do Ministério para treinar os professores, mas a verba para os professores assistentes continuou a ser obtida apenas localmente. Ao concluir o relatório, as autoras incluíram as seguintes palavras em sua assertiva sobre a inclusão escolar de Liubchyk em uma escola tradicional:
>
>> Para a mãe de Liubchyk, a oportunidade de matricular seu filho na escola Maliuk foi um grande alívio. Isso fortaleceu a crença dela de que qualquer problema com Liubchyk poderia ser resolvido. Obviamente, essa foi uma alternativa à orientação apresentada nas consultas médicas, psicológicas e pedagógicas de enviá-lo a uma instituição especializada. Liubchyk é uma criança muito interessante. Ele apresenta habilidades muito singulares. Ouvindo sua mãe falar, conseguimos imaginar uma criança superdotada, realmente uma criança muito especial. Mas essa é exatamente a essência da educação inclusiva. Todas as crianças são habilidosas. Todas as crianças são especiais. A educação está disponível para todos, incluindo crianças com habilidades de todos os tipos!

Fonte: Efimova e Sofiy (2004). Direitos reservados de Open Society Institute, 2004. Reproduzido com autorização.

HISTÓRIA *VERSUS* COLAGEM DE FRAGMENTOS

Como você conceitua seu próprio estudo? Alguns estudos qualitativos às vezes podem ser considerados histórias em desdobramento. Os fenômenos ou casos em estudo continuam a se desenvolver e a englobar novos contextos. O pesquisador relaciona seu desenvolvimento com a passagem do tempo, enxergando-as como história atual. Outros estudos qualitativos ainda são mais a história dos pesquisadores, de uma pessoa ou equipe investigando fenômenos, episódios ou casos. Cada um desses acontecimentos é um relato autobiográfico daquela investigação específica. Entretanto, estudos desses dois tipos são incomuns. É incomum a pesquisa ser contada exclusivamente como uma história, mesmo que ela tenha uma forte estrutura cronológica e relatos detalhados dos problemas e da resolução. Geralmente, a pesquisa qualitativa será compreendida de forma mais efetiva como episódios, fragmentos costurados por ideias, não a história dos pesquisadores nos locais do estudo. Os projetos serão vistos como uma sucessão de tópicos, como descrições e interpretações de eventos, reconhecendo o pesquisador como coletor dos dados e intérprete, mas não como um personagem central na ação.

A administração de seu projeto de pesquisa será mais fácil se você tiver em mente uma seleção de fragmentos: observações, fotografias, narrativas e entrevistas importantes, as que têm mais chance de aparecer em detalhes no relatório final. Isso ocorre naturalmente, mas você pode trabalhar para fazer isso de forma mais produtiva, de forma mais elegante. (Os fragmentos foram imaginados na Figura 8.2.) Ao mesmo tempo, parcialmente a partir do plano gráfico circular (Figura 10.1), você estará pensando cada vez mais sobre quais podem ser seus tópicos no relatório final. No caso da Ucrânia, os fragmentos e os tópicos são mostrados na Figura 10.2. Na pesquisa qualitativa, surge a oportunidade de perceber o estudo como uma colagem de fragmentos, estruturada pela experiência e pelos contextos. Mas há estabilidade e segurança em enxergar a pesquisa como uma história ou uma progressão da questão de pesquisa para as assertivas. Talvez você tenha visão binocular.

20 Fragmentos

Liubchyk vai para a escola	Liubchyk ajuda a professora
Srta. Oksana	A defesa de sua mãe
Padrões da Step by Step	Perguntas de repórteres
Notícias nos jornais	O exercício dos Quatro Cantos
Alexander e Ann	Ministério da Educação
Ailsa Cregan, uma mentora	Entrevista com Volodymyr
Reunião da associação	O "internato" especial
Políticas soviéticas	Entrevista com Ogneviuk
Entrevista com Zasenko	Entrevista com Sofiy
A Polegarzinha	A andorinha

16 Tópicos

Liubchyk	A professora de Liubchyk
Treinamento de professores em L'viv	Coletiva de imprensa em L'viv
Treinamento de professores em Kiev	Treinamento de professores na Ucrânia
A mãe de Liubchyk	Shans, uma ONG para os pais
O contexto nacional	Legislação
O tratamento das crianças com deficiência	A Fundação Step by Step na Ucrânia
Parceiros	Opiniões sobre a política de educação
Opiniões sobre o treinamento de professores	Opiniões sobre a inclusão

Figura 10.2 Fragmentos e tópicos do estudo sobre a Step by Step na Ucrânia.

PESQUISA DE CASOS MÚLTIPLOS

A pesquisa sobre a Step by Step que acabou de ser descrita era um projeto de estudo de casos múltiplos. Integrados ao plano, estavam estudos de caso em 29 países. Muitos desses casos nacionais apresentavam um ou mais minicasos integrados a eles[2]. No estudo da Ucrânia, por exemplo, Liubchyk era o caso principal, e sua professora foi estudada como um minicaso, assim como também foi a Shans, uma organização de apoio e assistência às crianças com deficiência criada por pais. A seguir, temos um trecho de diálogo em uma reunião de diretoria da Shans (retirado do relatório final):

> Sra. Marina (uma jovem mãe): Temos que dar mais atenção ao desenvolvimento dos hábitos de autoajuda. Devemos permitir que a criança aprenda tarefas domésticas comuns, como cortar, usar o telefone, coisas assim.
> Sr. Ljuda: Nós pais queremos muito "hipercuidar". Posso entender isso. Tenho dificuldade com isso. Vou à casa de meu vizinho e sento lá dolorosamente por 30 minutos, deixando meu filho sozinho em casa.
> Sra. Marina: Eu não tive alternativa com meu filho que usa muletas. Eu disse "Se ele quiser sobreviver, ele vai sobreviver". Eu preciso trabalhar. Eu estava deixando-o para cuidar de minha filha Dimka, de 1 ano e meio.

Uma mensagem importante dos pais da Shans para a equipe profissional era tomar o ensino de "independência da deficiência" tão importante quanto ensinar a ler. Esse problema não foi mencionado nos outros estudos de caso da Step by Step, em parte porque a inclusão de crianças com deficiência na pré-escola não era de grande prioridade na maioria das histórias dos países.

O envolvimento dos pais era uma prioridade em todos os países. Esse era um problema a ser descrito em todos os casos. Isso foi identificado como um problema antes mesmo de o estudo de casos múltiplos ser iniciado. Utilizei o termo *quintain** para identificar um problema que aparece em todos os casos (Stake, 2006). O envolvimento dos pais na educação foi um *quintain* para o estudo sobre a Step by Step. Na análise de um estudo desse tipo, uma disputa interessante surge entre os problemas específicos do caso, como a independência do ensino, e os problemas que são os *quintains*. Os pesquisadores do caso não querem desistir das assertivas que eles desenvolveram com tanto cuidado, sendo elas encontradas ou não em outros lugares. Os pesquisadores de mais de um caso querem manter a atenção nas assertivas comuns à maioria ou a todos os casos.

---
* N. de R.: Para definição do termo, consultar Glossário.

É uma competição interessante, com a visão profissional mais evidente nos casos individuais e a visão científica mais aparente entre todos os casos.

Os métodos da pesquisa quantitativa, por mais que sejam emprestados da matemática, se desenvolveram a partir da busca pelas grandes teorias da ciência. Para fazer generalizações que se mantenham em diversas situações, a maioria dos pesquisadores orientados à ciência social faz observações em várias situações diferentes. Eles tentam eliminar as informações que são meramente situacionais, permitindo que os efeitos contextuais "se compensem". Os efeitos contextuais são influências como pobreza, religião, políticas promocionais e outras similares, a menos que sejam os efeitos estudados. Os métodos quantitativos intencionalmente anulam os contextos para encontrar as relações explicativas mais gerais e predominantes. "Generalização" é o nome que damos às relações encontradas repetidamente entre as variáveis, como dependência e deficiência; entre a idade dos pais e a independência do ensino; entre todos os fatores estudados na ciência social e no trabalho profissional.

A maioria das pesquisas sociais formais é caracterizada pela busca da explicação definitiva. A medição controlada e a análise estatística, ou seja, a quantificação, têm sido utilizadas para possibilitar estudos simultâneos de grandes quantidades de casos diferentes, para poder colocar o pesquisador em uma posição em que possa fazer generalizações formais sobre os fenômenos sociais. Para estudar o Mal de Alzheimer ou a liderança policial, a maioria dos pesquisadores procura obter a maior amostra possível.

Para as políticas e as teorias, usamos a macroanálise. Para compreender como as coisas funcionam em geral, precisamos dos métodos que levam à generalização. Geralmente isso é um estudo quantitativo. Entretanto, também precisamos entender como as coisas particulares funcionam. As verdades necessárias, às vezes, estão nas coisas bem diante de nós. Para isso, precisamos do estudo disciplinado do particular.

NOTAS

1 Este estudo de caso é apresentado integralmente e analisado em meu livro *Multiple case study analysis* (Análise de estudos de casos múltiplos) (Stake, 2006).
2 O programa da International Step by Step poderia ter sido considerado um "macrocaso". Com os *quintains* de todos os 29 casos, os pesquisadores realizaram macrointerpretações. No caso da Ucrânia, porém, Liubchyk foi "abarcado".

11

A elaboração do relatório final
uma convergência iterativa

As pessoas têm jeitos diferentes de escrever, e seu jeito provavelmente é bom para você. O conteúdo é mais importante que o estilo no relatório final[1]. A tarefa de organizar o conteúdo é importante na preparação para o texto final. Ao menos em sua mente, você tem tentado, de algumas formas, organizar o conteúdo conforme coletava os dados, fazia interpretações preliminares, considerava seu valor como evidência e armazenava as informações. Talvez você tenha quadros e já tenha distribuído as páginas. Alguns de seus fragmentos estão prontos para a versão preliminar do relatório final. Sua intuição está em ação. Para algumas pessoas, isso já basta para poder sentar em frente ao teclado e começar a elaborar o texto final.

Entretanto, outras pessoas precisam de mais estrutura organizacional, algum tipo de esquema formal para costurar aqueles dados agora parcialmente analisados e interpretados. Talvez você seja uma daquelas pessoas cujas assertivas e reunião de fragmentos precisem de uma organização final.

Podemos usar um processo iterativo partindo da força intelectual da questão de pesquisa e da força experiencial do trabalho de campo. Podemos usar as duas forças para reconhecer e descartar as ideias mais fracas. Devemos examinar as evidências para cada orientação, refletindo sobre como cada uma leva a uma melhor compreensão e a melhores assertivas.

Para o relatório final, você tem muitas ideias para juntar, colocar em ordem. A síntese não deve ser principalmente uma questão de apresentar todas essas ideias, em ordem de importância ou em grupos, mas chegar a algumas compreensões novas, complexas e integradas considerando todas as ideias juntas. Fazemos algo parecido com o raciocínio comum, contemplando de forma intuitiva, por exemplo, o quadro geral de uma conferência, de um pronto-socorro ou de uma viagem de férias. A intuição, entretanto, pode ser sustentada por uma estratégia iterativa formal. É exatamente isso que o procedimento iterativo a seguir deve fazer.

SÍNTESE ITERATIVA

Para iterar, precisamos fazer esboços sucessivamente para chegar mais perto do esboço final para elaborar o relatório. Todas as etapas precisam de reflexão. Gosto de pensar nisso como um mergulho nos significados do estudo, mas Iván Jorrín-Abellán me ensinou que era melhor representar a iteração como na Figura 11.1. Observe que alguns esboços estão mais próximos da questão de pesquisa e outros mais próximos dos fragmentos do trabalho de campo. Pense como se tivéssemos passado todo o projeto de pesquisa seguindo dois grandes planos. Seguimos dois caminhos intelectuais. Você ficou atento a eles durante todo o estudo, embora, no momento, você talvez não consiga identificá-los. Um deles é o plano de responder à questão de pesquisa, isto é, obter uma compreensão maior sobre os tópicos, as relações, o problema e o conteúdo mais relacionados à questão de pesquisa. O outro plano é trabalhar a partir da reunião de fragmentos, das descrições dos acontecimentos e das perspectivas encontradas no trabalho de campo. Muitas vezes enxergamos esses dois planos como um único plano, mas eles conduzem a conclusões, no mínimo, ligeiramente diferentes.

Os dois planos são buscas por padrões, consistências, significados comuns. Alguns padrões são padrões de inconsistência. A questão de pesquisa qualitativa, conforme desenvolvida, torna-se mais complexa (não menos), mais situada e aparentemente dependente de seu contexto. Ao guiar-se pelo desenvolvimento da questão e do problema, pode parecer cada vez mais, por exemplo, que (1) o modo como os professores ensinam será influenciado pela disponibilidade de cadeiras ou que (2) a inclusão de crianças com deficiência em turmas tradicionais exige uma renúncia aos padrões de desempenho. Esses podem ser padrões que se tornam mais evidentes ao basear-se na questão de pesquisa para impulsionar a coleta de dados e a interpretação (Bourdieu, 1992).

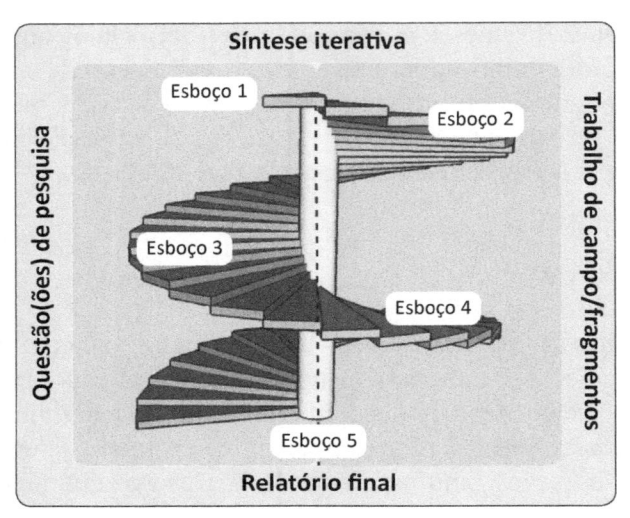

Figura 11.1 Síntese iterativa do esboço para o relatório.

Outros padrões podem ficar evidentes ao reler e reorganizar os fragmentos, os principais incidentes, os temas. Por exemplo, (3) as cadeiras eram importantes para um dos professores em seu controle do comportamento dos alunos, e (4) os pais das crianças na turma de Liubchyk ofereceram seu apoio diversas vezes para a professora. Dentre esses quatro padrões, qual deve receber maior prioridade no relatório? O procedimento iterativo ajudará a determinar a prioridade dos tópicos e dos problemas por seu valor para a questão de pesquisa e sua colocação entre os outros fragmentos.

Para começar a iteração, você deve concentrar-se nos tópicos e problemas mais fortes e descartar os mais fracos para compreender a questão de pesquisa. Em seguida, você deve fazer uma classificação similar de acordo com as formas que os fragmentos apresentam quando colocados juntos, quase sem considerar o desenvolvimento do tópico original ou da questão de pesquisa, descartando os fragmentos que fornecem as evidências mais fracas sobre como a coisa funcionava. Em seguida, voltamos para a seleção dos fragmentos que sustentam melhor a questão de pesquisa, descartando outros fragmentos, e depois fazendo isso novamente, por talvez mais duas iterações[2].

A síntese tem algo de dialética, é um propósito principal e um contrapropósito principal, uma resolução intelectual de forças concorrentes. Como indicado na seção "Assertivas particulares e gerais", começamos a pesquisa com muitos pensamentos perambulantes, mas então estabelecemos uma questão de pesquisa, ou duas ou três. Podemos mudar o foco dessa questão mais tarde, talvez mais de uma vez. A questão de pesquisa pode ser complexa, precisando de mais de um parágrafo para ser formulada. Questões desse tipo são organizadores avançados, servindo de estrutura para nossa coleta de dados e interpretação. No estudo sobre a Step by Step na Ucrânia, a questão nos fez encontrar o garoto Liubchyk. Como poderíamos compreender seu aprendizado e seu autismo como aluno da 1ª série? Entretanto, a pesquisa também era sobre a pedagogia alternativa centrada nas crianças desenvolvida pela Step by Step na Ucrânia. As questões de pesquisa eram complexas, mas ajudaram a manter as etapas de observação, entrevista e revisão de documentos no caminho certo em direção aos objetivos temáticos. Esse era o plano da questão de pesquisa, o caminho superior na Figura 11.2.

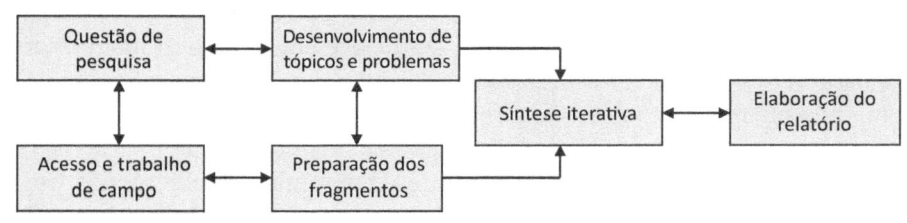

Figura 11.2 Fluxograma dialético da questão ao relatório.

O plano concorrente era conhecer os lugares, os eventos nos locais e as fontes de dados. A proposta da pesquisa identificava diversos locais, fontes de dados, contextos e episódios para conhecer em detalhes. A proposta reconhecia que todos esses elementos eram complexos, manifestados com objetivos humanos e limitados pelos problemas sociais. Os métodos qualitativos usados possibilitaram ricas descrições, reconhecimento de múltiplas realidades e interpretações elaboradas. Os eventos encontrados não estavam contidos na questão de pesquisa; eles se estendiam muito além. Eles nos convidavam a considerar questões de pesquisa alternativas.

Na Ucrânia, os pesquisadores em campo descobriram que o treinamento dos professores era breve e repleto de defesa[*] em relação à inclusão de alunos com necessidades especiais nas salas de aula tradicionais. A missão do programa incluía relações públicas e petições ao Ministério da Educação. A resposta dos colegas de turma de Liubchyk em relação a

---
[*] N. de R.T.: Ver nota na p. 218.

seu tratamento especial para fazer somente o que quisesse era mais de consciência dos cuidados necessários do que de distração e confronto. Havia muitas histórias para contar. Havia muitos fragmentos para organizar. Alguns fragmentos deveriam ser destacados no relatório mesmo se não apresentassem boas evidências para a questão de pesquisa? Essa convergência iterativa não respondeu à questão, mas nos deu base para montar a reunião final de fragmentos e interpretações.

Para realizar uma dialética como essa, você precisa esboçar seu relatório final uma vez em cada iteração, talvez usando quadros (Figura 4.3) ou o plano para organização (Figura 8.4), remodelando todas as vezes, um pouco ou muito. O primeiro esboço deve ser baseado em sua questão de pesquisa. Mais tarde, faça o segundo esboço pensando em como o relatório poderia representar e tornar sua reunião de fragmentos compreensível. Você agora possui dois esboços, criados separadamente, os dois mostrados na parte superior da Figura 11.1.

Pense novamente na questão de pesquisa e em como o primeiro esboço pode ser melhorado incluindo elementos do segundo esboço, mesclando e omitindo alguns. A modificação torna-se o terceiro esboço. Em seguida, você parte do segundo esboço, ainda destacando os fragmentos, mas acrescenta e combina alguns elementos do primeiro esboço, omitindo alguns dos fragmentos de menos importância. Você cria o quarto esboço (para o relatório final) mais sensível à questão de pesquisa do que o segundo esboço o era. Em seguida, compare o terceiro e o quarto esboço atentamente e crie um quinto esboço com o melhor material que esse estudo pode apresentar. O esboço final não é determinado pela questão de pesquisa ou pelos fragmentos, mas pela sua decisão sobre o que contar principalmente aos leitores.

Uma iteração similar poderia ter sido feita muito antes, no planejamento inicial, durante a organização das anotações de campo, entre os capítulos ou em intervalos planejados. O resumo de seu relatório não será igualmente baseado na questão de pesquisa e nos dados do trabalho de campo; haverá uma inclinação em relação ao que você enxerga sobre os fenômenos estudados.

Falando sobre uma abordagem naturalista como essa, Robert Emerson (2004) descreveu como um pesquisador (o renomado Howard Becker, 1961) trabalhou gradativamente, iterativamente, para transformar um incidente ocorrido durante as rondas médicas em hospitais em uma assertiva sobre como os estudantes de medicina enxergavam os pacientes. Era uma questão de reinterpretar durante a coleta de dados.

Emerson concluiu dizendo "O naturalismo exige que os etnógrafos desenvolvam as proposições teóricas *durante e depois* da imersão no campo". Eu consideraria tanto a descrição de Emerson quanto sua citação como fragmentos.

Para usar uma dialética naturalista, como Becker, você deve evitar a ideia de que existe uma assertiva correta (ou um relatório correto), uma integração perfeita da questão de pesquisa e do trabalho de campo, e deve aceitar a ideia de que o relatório final pode ser mais voltado para o trabalho de campo ou para a questão de pesquisa. Uma das inclinações pode não ser aceitável para você, para seu chefe ou para o comitê de avaliação do doutorado, mas qualquer uma das duas pode ser uma síntese de pesquisa respeitável.

O RELATÓRIO DA UCRÂNIA

Vamos ilustrar a iteração usando o estudo na Ucrânia. Sua questão de pesquisa poderia ter sido formulada dessa forma: "Como o programa da International Step by Step foi desenvolvido na Ucrânia entre 1995-2005?". Uma segunda questão de pesquisa poderia ter sido "Como o programa da Step by Step na Ucrânia possibilitou que Liubchyk, um menino autista, se tornasse aluno da 1ª série?". O plano circular para o estudo ucraniano foi mostrado na Figura 10.1. Os quadros (problemas e tópicos, e os fragmentos de Efimova e Sofiy do relatório ucraniano foram apresentados na Figura 10.2. Agora usamos o procedimento iterativo para praticar a criação de um esboço para escrever o relatório final. (Já sabemos que as pesquisadoras ucranianas, no começo da pesquisa, decidiram usar o esboço e a distribuição de páginas mostrados na Figura 11.3.)

Estudaríamos as questões de pesquisa ucranianas cuidadosamente mais uma vez, observando os principais conceitos e, com um mapa de conceito mental, avaliaríamos os tópicos relacionados. Poderíamos colocar todos os tópicos em cartões para mover como quisermos em uma mesa. Depois de reordenar esses tópicos, possivelmente discutindo-os com colegas, poderíamos afirmar que o conteúdo principal (conforme voltado para a questão de pesquisa) para o relatório final deveria ser (1) o treinamento para professores centrado nas crianças, (2) a inclusão, (3) as crianças com deficiência, (4) o apoio dos pais, (5) as oportunidades iguais e (6) a política legislativa. Esse é o Esboço 1.

Seções de tópicos	Páginas	Páginas de contexto	Informações do questionário	Inclusão	Treinamento de professores	Foco na criança	Brincadeiras democráticas	Programa de tolerância	Escolha versus padrão	Inclusões de fragmentos da Zona 3
Liubchyk	5			X			X			D, C, 3
Oksana	3	1		X	X	X			X	F, 1
Treinamento de professores, Aviv	3	1		X	X	X				4
Coletiva de imprensa, L'viv	2			X				X		
Treinamento de professores, Kiev	2				X					
Treinamento de professores, Ucrânia	2	2		X	X					
Liubchyk	3		X	X						3
Os pais de Liubchyk	2		X	X						
Organizações dos pais	2	2		X						
LEA, Aviv	2	1								8,9
O Ministério	2	2		X		X	X			
Step by Step na Ucrânia	2	2		X		X	X		X	2,8
Interpretação: Política de educação alternativa	4					X				10
Interpretação: Treinamento de professores	4		X		X					
Interpretação: Inclusão	4			X						E, 5
Liubchyk	2			X						A
Total		44	11							

Zona 3: Fragmentos

Outros tópicos	Citações, impressões
1. Seleção de professores	A. Preto hoje, verde amanhã
2. Proteção à criança	B. Diretor, não burocrata
3. Visão das crianças sobre a deficiência	C. A visão de Liubchyk sobre tempo e gerenciamento
4. Visão dos professores sobre a deficiência	D. Contato corporal
5. Natureza da deficiência	E. Contratação de professores *versus* obstáculos
6. Papel da igreja	F. Os centros de atividade de Oksana
7. Sindicatos de professores	G. O apoio dos pais por meio de voto
8. TACIS, União Europeia	H. Avaliação psicológica
9. Efeitos de Chernobyl	I. Agressividade, afetividade
10. Alternativas de educação especial	
11. Preparação dos pais	

Figura 11.3 Plano para organização do relatório final da Ucrânia.

Em seguida, estudaríamos os fragmentos e lembraríamos as experiências no trabalho de campo, produzindo um novo bloco de cartões. Ao colocá-los em ordem de importância, gostaríamos de vê-los como representações dos fenômenos estudados, e não dando muita atenção à questão de pesquisa. Poderíamos selecionar a seguinte distribuição de conteúdo para o relatório final: (1) o treinamento de professores, (2) a defesa por mudanças, (3) a inclusão, (4) a natureza do autismo e (5) o aprendizado social na escola. Esse é o Esboço 2.

Voltando para a consideração de como a questão de pesquisa poderia estruturar o relatório da melhor forma possível, mas querendo que a experiência em campo seja mais importante, usaríamos o segundo esboço para modificar o primeiro. As novas prioridades (Esboço 3) poderiam ser: (1) o treinamento para professores centrado nas crianças, (2) Liubchyk, (3) a política de inclusão, (4) a defesa por mudanças, (5) o autismo e (6) o apoio dos pais. O próximo esboço usaria o Esboço 1 para modificar o Esboço 2, ainda destacando os fragmentos, mas prestando mais atenção à questão de pesquisa. Assim, o Esboço 4 seria: (1) Liubchyk, (2) a política de inclusão, (3) as limitações das crianças, (4) o treinamento dos professores, (5) o aprendizado social na escola e (6) a defesa promovida pelos pais. Finalmente, os Esboços 3 e 4 seriam combinados e formariam o Esboço 5, talvez colocando o treinamento dos professores uma posição acima.

Essas prioridades não indicam a ordem ou o tamanho dos tópicos no relatório. Esses termos podem ser ou não os títulos das seções do relatório. Tudo isso pode ser feito no formulário de distribuição de páginas (Figura 8.4). Na Figura 11.3, estão os nomes dos tópicos e a distribuição das páginas decididos pelas pesquisadoras, Svitlana Efimova e Natalia Sofiy. Na coluna "Seções de tópicos" estão os tópicos identificados apenas em linhas gerais. Depois de serem informadas pelos representantes da Step by Step de que o relatório deveria ter 45 páginas, as duas pesquisadoras decidiram que gostariam de utilizar 10 páginas para a descrição de Liubchyk. Entretanto, como você pode ver, elas também queriam começar com Liubchyk, ter mais algumas páginas sobre ele no meio e concluir o relatório falando sobre ele. Elas previam que a maioria dos fragmentos obtidos teria uma essência experiencial, como no exemplo que você leu sobre Liubchyk no Capítulo 10. Elas queriam que cerca de 25% do relatório fossem sobre o menino, embora tivessem uma obrigação evidente de escrever sobre o trabalho da Styep by Step em todo o país. Elas queriam que os leitores pudessem ter a experiência de enxergá-lo como uma pessoa real e que ficassem cientes sobre ele enquanto liam sobre o treinamento dos professores, o envolvimento dos pais e os problemas de inclusão e de política nacional.

Os contextos físicos e políticos da Ucrânia foram importantes. A comunidade de Liubchyk não era muito distante do local do acidente nuclear de Chernobyl. Muitas crianças apresentavam deficiências. Distribuídas entre sete seções do relatório, 25% das páginas, 11 de 44, foram divididas proporcionalmente para os contextos. Você está seguindo tudo isso na Figura 11.3, certo?

De modo ainda mais explícito do que em muitos programas, a organização Step by Step necessitava de uma defesa política. Os instrutores de professores queriam pressionar o Ministério da Educação a dar mais apoio às pré-escolas em geral e às pedagogias "alternativas", principalmente o ensino centrado no aluno. A visão profissional deles era, de certa forma, a visão da política e da mídia. As pesquisadoras ucranianas decidiram fazer uma coletiva de imprensa sobre o problema de inclusão escolar de crianças com deficiência e depois, ao planejar o estudo do caso, observá-lo e registrá-lo no relatório[3].

Na época em que Efimova e Sofiy imaginaram pela primeira vez seu plano para organização do relatório, elas ainda não tinham fragmentos. Entretanto, dois meses mais tarde, elas tinham 11 tópicos curtos e 9 citações. Esses fragmentos gradativamente foram atribuídos aos tópicos identificados na coluna à esquerda. A sugestão de roupa que Liubchyk deu para a professora assistente ("Preto hoje, verde amanhã") foi atribuída, como mostrado, às últimas duas páginas do relatório.

O plano para organização do relatório pode proporcionar ao pesquisador uma visão geral prévia do estudo em desenvolvimento e futuro relatório. No plano da Ucrânia, a visão científica não estava muito visível em parte porque a questão de pesquisa central estava cercada de várias questões conflitantes. Mais exatamente, uma visão profissional foi fortemente sustentada, com temas alternativos e episódios observados recebendo muitas das páginas.

Para estruturar o relatório com mais prioridade na questão de pesquisa, Efimova e Sofiy poderiam ter usado a primeira seção do relatório para identificar o programa da Step by Step na Ucrânia e o problema da inclusão nas escolas de ensino fundamental. Liubchyk provavelmente teria sido descrito em uma seção em vez de em três. A questão de pesquisa recebeu alta prioridade nas três seções próximas ao fim dedicadas às interpretações, encerrando com atenção à inclusão. As autoras escreveram o relatório, discutindo-o entre si e comigo, e depois distribuíram versões preliminares para ver a reação provocada. Alguns revisores pressionaram para que falassem mais sobre outros locais com atividade da Step by Step no país, mas a quantidade de páginas era muito limitada, e os fragmentos descrevendo episódios na escola de Liubchyk, ou na região, conseguiram manter sua participação no relatório.

AS DUALIDADES E A DIALÉTICA

Talvez você tenha a sensação de que essa dialética e a abordagem iterativa foram importantes para mim ao escrever este livro. Propus diversas dualidades em capítulos anteriores[4]. Espero que você se lembre de algumas delas ao utilizar a dialética convergente:
- Pesquisa qualitativa e pesquisa quantitativa.
- Macrointerpretação e microinterpretação.
- O geral e o particular.
- Conhecimento científico e conhecimento profissional.
- Conhecimento coletivo e conhecimento individual.
- Dados agregativos e dados interpretativos.
- Medição e compreensão experiencial.
- Realidade única e múltiplas realidades.
- Análise e síntese.

Os dois lados de cada dualidade podem ser encontrados em nossa dialética. O caminho da questão de pesquisa e o Esboço 1 provavelmente obterão mais macrointerpretação, possivelmente um pouco de ênfase no conhecimento geral e no científico e tratarão mais sobre dados coletivos e agregativos. Os fragmentos do trabalho de campo provavelmente receberão mais microinterpretação, com ênfase evidente no particular e nos dados interpretativos e individuais, possivelmente com um pouco de atenção ao conhecimento profissional. (Raramente será útil classificar os fragmentos e os tópicos usando essas categorias, mas pode ajudar a pensar "Meus Esboços 1 e 2 se baseiam nessas dualidades tanto quanto eu gostaria?".)

Devo dizer novamente que usar essas formas gráficas pode ser um longo "trabalho em andamento". Você faz um rascunho delas com antecedência e depois as revisa enquanto o trabalho de campo está acontecendo. Sim, provavelmente haverá um determinado momento em que você sentará em frente ao computador e dirá "Agora tenho que escrever sobre tudo isso". Entretanto, com sorte, você já possui muitos fragmentos planejados. Obviamente, ainda há muitas decisões a serem tomadas sobre o formato, as ilustrações, o estilo, a bibliografia e muitos outros aspectos, mas você deve deixar o mais claro possível para o leitor o que você está procurando, o que você fez, o que você descobriu e o que você conclui sobre tudo isso. Em outras palavras, como a coisa funcionou.

O teórico organizacional John van Maanan (1988) falou sobre sete opções de apresentação: realística, impressionista, confessional, crítica, formal, literária e contada em conjunto – muitas opções. Entretanto, as opções são limitadas por muitos fatores: patrocinadores, possíveis leitores, convenção retórica, possibilidade de publicação, aceitação, colegas do pesquisador, padrão da área e muito mais. Alguns dos critérios sobre como escrever um relatório são definidos por noções sobre o que melhor responderá à questão de pesquisa. Alguns compromissos são feitos quando o estudo está sendo planejado e outros são feitos quando o corretor ortográfico está fazendo uma última verificação.

ASSERTIVAS PARTICULARES E GERAIS

Uma das dualidades, sobre geral e particular, pode nos ajudar a decidir como queremos formular nossas assertivas. Queremos que uma assertiva faça referência aos fenômenos específicos sendo estudados ou que seja feita de forma mais geral? Conforme desenvolvemos nossas observações e interpretações e conforme nos aproximamos do momento de reunir todas as partes que escrevemos, o que temos a dizer? Proporcionamos ao leitor uma experiência indireta (vicária). Selecionamos nossas melhores interpretações sobre os fenômenos. Temos novas ideias sobre como as coisas funcionam. E destacamos isso com algumas assertivas. Às vezes, ampliamos nossas assertivas até uma generalização e, outras vezes, concentramos essas assertivas nos detalhes que estudamos. Obviamente, isso depende das evidências encontradas, mas, geralmente, usamos um pouco dos dois.

Como você talvez lembre, nos primeiros capítulos deste livro, comparei o geral e o particular. Eu os apresentei como um dilema, meu dualismo favorito. Eu os descrevi como opostos para aumentar a tensão, para ampliar as diferenças, porque achei que isso ajudaria você a entender as coisas. Mas agora quero que você encare a realidade de que o geral e o particular coexistem em tudo que fazemos, nos pensamentos que temos, relatórios que escrevemos. Eu, por exemplo, penso em cada um de vocês como leitores individuais e, ao mesmo tempo, penso em todos os leitores que possam vir a ler estas palavras. Neste exato momento, você pode estar pensando que sou um escritor solitário perdido em uma floresta de ideias nebulosas, mas, ao mesmo tempo, como um dos muitos autores que não têm em mente muitas de suas necessidades. Aqui, juntos, estão o geral e o particular, assim como na Figura 11.4. Qualquer relatório que você escreva pode favorecer a especificação ou a generalização, mas incluirá as duas. Acredito que suas assertivas precisam de uma porção de cada.

Em uma página ou um pouco mais, cito o poeta William Blake enfurecido com a generalização, mas ele também escreveu (em "Auguries of innocence", editado por Walter Feldman):

> Ver um mundo num grão de areia
> E o céu numa flor silvestre,
> Capturar o infinito na palma da mão
> E a eternidade numa hora. (1982a/1997)

O micro e o macro coexistem. O científico e o profissional coexistem. O geral e o particular são diferentes, mas são encontrados juntos.

Seja qual for a informação de um relatório, ele dirá coisas diferentes para leitores diferentes, alguns verão mais a descrição particular, e outros verão mais a possibilidade de generalização. Outra citação de Blake ("The everlasting gospel") dizia:

> Nós dois lemos a Bíblia dia e noite,
> Mas tu lês negro onde eu leio branco.(1982a/1982b)

Uma das expectativas de seus leitores é que seu relatório possa ser um guia para definir uma política para situações como as situações estudadas. Outra expectativa possível é que o relatório possa proporcionar às pessoas uma experiência indireta para que possam lidar melhor com as situações semelhantes que eles encontrarão. Essas duas expectativas podem parecer iguais, mas não o são. Elas correspondem a nosso interesse no geral e no particular, nos macrocosmos e nos microcosmos, no qualitativo e no quantitativo. Desde a Grécia Antiga, os estudiosos debatem o valor relativo do conhecimento geral e do conhecimento particular.

Sócrates e Platão buscavam os "grandes significados" das questões mundanas, generalizações que pudessem servir para aprimorar as leis, comunicações e costumes das pessoas coletivamente. Quase sempre, as ciências físicas e as ciências sociais têm seguido um objetivo similar, promovendo as grandes teorias e considerando as experiências pessoais, profissionais e públicas individualistas como um nível de conhecimento inferior.

Assertivas particulares	Assertivas gerais
1. Este escritório e o escritório central do departamento possuem diferentes percepções sobre o plano de reorganização.	1. A percepção da reorganização varia do núcleo para a periferia nos departamentos de assistência social.
2. O retiro de verão serviu mais para exigir lealdade e conformidade do que para oferecer instrução contínua para os profissionais.	2. As reuniões de treinamento estão servindo mais para exigir lealdade e conformidade do que para oferecer instrução contínua para os profissionais.
3. Ano passado, esta escola de música aumentou suas ofertas de ajudar os estudantes a se prepararem para ensinar as bandas instrumentais.	3. O mercado de trabalho para os músicos que ensinam as bandas instrumentais está limitando a grade curricular nas escolas de música universitárias.
4. As funcionárias da equipe aqui protestaram duas vezes mais sobre as novas regras de tempo de serviço.	4. As mulheres são mais propensas que os homens a correr riscos que possam ameaçar sua estabilidade no emprego.

Figura 11.4 Exemplos de assertivas gerais e particulares.

Aristóteles reconheceu que o grande conhecimento, coletivo e impessoal pode ajudar a lidar com as questões mundanas, mas, discordando de Sócrates, ele afirmou que as pessoas não conseguem evitar em se basear no conhecimento proveniente de suas próprias experiências passadas. Lidar de forma prudente com os aspectos grandes e pequenas da vida exige atenção aos valores particulares de cada situação. E o significado de cada situação está relacionado mesmo com situações anteriores. Muitas generalizações então têm sua origem nas experiências pessoais, e não tanto no que as pessoas dizem. (Deborah Trumbull e eu [Stake e Trumbull, 1982] as chamamos de "generalizações naturalísticas".) A mais importante dessas origens experienciais precisa ser lembrada em detalhes e em contexto. Tanto quanto a generalização abstrata, o conhecimento experiencial é essencial para o conhecimento individual e das entidades. O estudo da atividade humana quase sempre perde muito de seu valor para os profissionais quando o relato conta principalmente o que é comum entre os diversos e os universais do público geral e muito pouco sobre o individual e o pessoal.

Aristóteles não chamou de "conhecimento prudente", "conhecimento intencional" ou "conhecimento experiencial", ele chamou de *phrónesis* (sabedoria prática). O filósofo da ciência Bent Flyvbjerg também utilizou o termo de Aristóteles. Ao criticar a ciência social de Sócrates e o grande desejo dos pesquisadores por leis supremas para guiar as relações humanas, Flyvbjerg (2001, p. 2) disse:

> A *phrónesis* vai além do conhecimento científico e analítico (*epistéme*) e do conhecimento técnico ou especializado (*téchne*) e inclui julgamentos e decisões feitas e tomadas à maneira de um ator social e político virtuoso.

Argumentarei que a *phrónesis* é normalmente envolvida na prática social e que, por essa razão, tenta reduzir a teoria e a ciência social à *epistéme* ou à *téchne*, ou que compreendê-las nesses termos é equivocado.

Em seu livro *Making social science matter* (Como fazer a ciência social ser importante, 2001), Flyvbjerg afirmou que a ciência social não tem sido útil o bastante na resolução dos problemas humanos. Sua intenção de generalizar contribuiu muito pouco para consertar o que não está funcionando.

A fragilidade da ciência tradicional em estudar individualmente uma pessoa, grupo, episódio ou política foi destacada há muito tempo, e novamente por Barry MacDonald e Rob Walker (1977) e por Robert Yin (1981). O conhecimento do particular flui de uma tradição de investigação descrita por Georg Henrik von Wright (1971) como a busca por compreensão. Discutimos isso nos Capítulos 1 e 3. Você provavelmente já deve achar que isso hoje já está ultrapassado. Os pesquisadores, as pessoas leigas, os filósofos e os profissionais frequentemente precisam conhecer a particularidade de um caso, sua situacionalidade e seu contexto social.

Aprecio as particularizações, mas outra citação de William Blake vai muito além. Em "Annotations of to Sir Joshua Reynolds's 'Disclosures'", ele afirma:

> Generalizar é ser idiota. Particularizar é a única distinção de mérito. Os conhecimentos gerais são aqueles que os idiotas possuem. (1808/1982, p. 641)

Por que ele diria isso? Eu não entendo. Todos os momentos pensantes têm suas generalizações. Duas experiências nunca são completamente diferentes. A partir do momento em que temos duas, começamos a prever algo sobre a terceira. Nós generalizamos. Embora, às vezes, generalizemos demais, nós, às vezes, generalizamos de menos. Manter o equilíbrio é importante. Particularização e generalização, em equilíbrio. O equilíbrio não informa qual é o próximo o passo a ser dado. Todos os acampamentos de verão proporcionam para as crianças experiências que elas não teriam em casa? Os acampamentos de verão, algumas vezes, são realizados em uma casa. E, algumas vezes, queremos compreender como um acampamento de verão incomum funciona. Para poder escrever bons relatórios, precisamos de uma disciplina do particular tanto quanto uma do geral.

A decepção de Flyvbjerg com a ciência social pode ser justificada, mas a expectativa pública sobre a ciência parece fortificada. No futuro, haverá a expectativa de que a pesquisa sirva mais para fornecer generalizações formais para guiar as políticas e as práticas coletivas. E também a expectativa de que a análise e a resolução de problemas podem ser ativadas rapidamente pelo pensamento sistemático[5] da psicologia clínica, da medicina, da educação e de outras práticas profissionais. Inicialmente, a ciência social pode ajudar a definir o projeto fornecendo descritores e conceituando novamente questões de pesquisa comuns. Essas expectativas de organização avançada possuem mérito, mas uma abordagem epistêmica às vezes diminui a valiosa compreensão de que os fenômenos são únicos e situados. Mesmo que se aproximem de uma verdade, as generalizações cognitivas com frequência são muito abstratas e muito descontextualizas para guiar a prática. Ainda assim, o pensamento epistêmico é tão natural quanto artificial, e, por isso, nós nos esforçamos para mantê-lo conectado relacionado à prática.

É provável que as generalizações epistêmicas sejam baseadas em relações duradouras e possam ser usadas para prever os efeitos da mudança na prática. As generalizações científicas continuam sendo respeitadas nas comunidades de pesquisa e nos círculos administrativos, mas elas são problemáticas por levarem a uma expectativa de que possibilitam do modo mais eficiente a prática profissional. A maioria dos profissionais concorda que os objetivos e limites da prática de uma profissão possam ser estabelecidos com a generalização epistêmica. O ícone da medição, Lee Cronbach (1974, p. 14), disse "As generalizações enfraquecem". E as decisões sensatas das ações profissionais continuarão se baseando no costume e na defesa.

Ainda assim, as generalizações formais fazem uma contribuição importante para o debate e a reflexão sobre a política social. Quando tratadas como hipóteses e condições de trabalho[6], as generalizações oferecem contraposições valiosas para a experiência e a convenção. Ambas são base para o debate e a reflexão (House e Howe, 1999). A *phrónesis*, a *epistéme* e a *téchne* têm, cada uma, sua contribuição a dar.

GENERALIZAÇÕES COM BASE EM SITUAÇÕES PARTICULARES

Flyvbjerg (2004) escreveu que um dos mais graves mal-entendidos da ciência social foi a crença de que o estudo de caso não é útil para formular generalizações sobre como o mundo funciona. Observamos seu raciocínio anteriormente no Capítulo 1. Trabalhamos regularmente com generalizações, formais e informais, como "As crianças com autismo não gostam de ser tocadas" ou "As pessoas com Mal de Alzheimer lembram-se muito mais de experiências antigas do que de experiências recentes". E depois encontramos exceções. Nós, então, modificamos nossas generalizações, tornando-as mais condicionais, ou estocásticas*, ou menos proféticas, ou fazemos uma nova generalização, ou evitamos fazer generalizações sobre o assunto por um tempo. Uma pequena quantidade de pesquisas qualitativas pode distorcer uma generalização. É raro uma pequena quantidade de pesquisas qualitativas conseguir fortalecer uma generalização, mas isso acontece também, principalmente na prática profissional. Um anúncio publicitário para uma campanha política ou uma campanha de vendas provoca um protesto, e o organizador diz "Eu nunca mais farei isso", mas ele fará algo similar. A extensão da generalidade de nossas generalizações normalmente não é evidente. Mesmo na melhor das ciências, não temos certeza sobre para quais populações as descobertas se aplicam. O planejador da pesquisa reconhece a necessidade de incluir uma determinada variabilidade nas observações e nos contextos, mas muitas variações não são incluídas. Isso também acontece nas pesquisas qualitativas. Prestamos atenção na diversidade com a qual temos que lidar. Descrevemos essa diversidade para os leitores, mas também falamos especificamente da probabilidade de as descobertas serem diferentes em outras situações.

Mesmo quando particularizamos, como ao escrever sobre uma clínica ou um corpo de bombeiros, fazemos pequenas generalizações. Elaboramos assertivas e esperamos que elas se mantenham ao menos por um tempo. Esperamos que as pequenas mudanças na contratação de pessoas, nas regras ou no financiamento não farão as coisas mudar totalmente. Esperamos que a clínica ou o corpo de bombeiros do outro lado da cidade apresentem complexidades similares e um compromisso similar com seus arredores. Talvez isso não aconteça. Temos palpites sobre quais são as pequenas generalizações mais vulneráveis e falamos para nossos leitores sobre os limites da generalização. Entretanto, nós e nossos leitores esperamos aprender sobre outras clínicas e corpos de bombeiros estudando um ou alguns exemplos (Ercikan, 2008, p. 207). Todas as experiências são similares nesse sentido. A primeira experiência de trocar uma fralda, beijar ou aparecer fios de cabelos brancos influencia o que esperamos para o futuro. Nós generalizamos. Nós transferimos. Nós extrapolamos. É difícil especificar os limites ou riscos da generalização, mas nós muitas vezes generalizamos a partir de situações particulares.

---

* N. de R.: Do grego *stochastikós*, se refere àquilo que está submetido às leis do acaso, sobre o qual só é possível enunciar probabilidades.

A VISÃO PROFISSIONAL

Seu relatório final pode se beneficiar de uma perspectiva profissional mais do que você já imaginou. Como indicado na seção "Conhecimento profissional", no Capítulo 1, o conhecimento profissional é aprimorado pelo conhecimento distinto da própria área do profissional. O serviço de assistência social possui uma sabedoria baseada, em parte, na familiaridade com as famílias com necessidades, uma sabedoria que é diferente da sabedoria do aconselhamento pastoral, que também possui profundo conhecimento sobre pessoas necessitadas. Os assistentes sociais, os assistentes comunitários, os psiquiatras e os padres trabalham em conjunto, mas suas visões de mundo e a prática técnica são baseadas principalmente em suas experiências profissionais, embora, em parte, também sejam baseadas em sua comunidade profissional: seu histórico específico de apoio financeiro, suas crenças morais e sagradas e seu compromisso com a responsabilidade legal, por exemplo. E as subdivisões dentro de seus trabalhos, como no caso do assistente social com as adoções e o auxílio para imigrantes, criam seus próprios conhecimentos clínicos especiais, um conhecimento do serviço realizado em locais de trabalho especiais. O profissional aproveita as experiências pessoais e as ciências sociais, mas apresenta uma visão profissional aprimorada e confiada por meio da ética e das reputações da área.

A visão profissional deriva principalmente da experiência de atendimento a outras pessoas, trabalhando com colegas, equipes e serviços associados, todos com treinamento especial, rotinas e sensibilidades. Essa visão é caracterizada especialmente porque a forma como as coisas funcionam pode variar de acordo com a situação. Há profissões famosas, como a medicina, o direito, o sacerdócio e a educação, com experiência e compreensão da situação humana, coletivamente e caso a caso. Seus membros decidem, a partir de observação e investigação, a partir de treinamento e experiência, com padrões éticos, como trabalhar dentro das limitações e teorias que encontram. Os profissionais de profissões novas e antigas exercem de forma similar a escolha em relação aos cuidados com as pessoas: o treinador, a enfermeira, o conselheiro, o urbanista, o fisioterapeuta, o psicômetra. Quais reservatórios de conhecimento eles procuram quando se deparam com um novo problema?

A prática profissional se baseia muito na investigação qualitativa. Sejam refinados ou não os métodos usados, é provável que as escolhas de ação não sejam determinadas mecanicamente, mas por meio da interpretação. Essas interpretações dependerão da experiência do pesquisador, da experiência das pessoas que estão sendo estudadas e da experiência das pessoas para as quais as informações precisam ser transmitidas. O conhecimento profissional de nossos relatórios se baseia muito nas experiências pessoais dentro de um cenário organizacional.

Alguns profissionais permanecem muito interessados em novas experiências. Outros não. Os representantes oficiais e os patrocinadores das entidades querem saber como as coisas estão funcionando em diversos cenários pelos quais eles são responsáveis. Talvez eles não tenham muita convicção de que sua pesquisa seja capaz de proporcionar uma experiência indireta (vicária) de forma tão sofisticada quanto o seria se vissem a situação pessoalmente. Eles possuem experiência no estudo disciplinado do particular. Você também quer isso. E você está aprendendo, em parte com este livro, a escrever seus relatórios finais com uma disciplina de pesquisa qualitativa que a maioria deles não tem.

NOTAS

1 Boas ideias sobre a publicação de um relatório podem ser encontradas em *Doing qualitative research* (A realização da pesquisa qualitativa, 2000), de David Silverman, e em "Publishing qualitative manuscripts" (Publicação de manuscritos qualitativos, 2004), de Donileen Loseke e Spencer Cahill.
2 Talvez eu devesse ter proposto que você se preparasse para essa dialética iterativa, mas achei que havia muitas coisas com as quais você precisava familiarizar-se primeiro. A força dos fragmentos pode não ser sentida até você já ter alguns. O propósito principal da questão de pesquisa pode não ser apreciado até que você já esteja mais familiarizado com ela durante a coleta de dados.
3 A equipe da Step by Step fez a inclusão escolar de crianças com deficiência virar assunto das manchetes dos jornais. Seus pesquisadores internos, de certo modo, estavam na posição de criar e informar as notícias. Eles agiram de forma profissional. Poderia ter sido antiético se tivessem escondido dos leitores esse compromisso de autopromoção.
4 As dualidades podem ser simplistas, estereotipando questões complexas, mas também podem ser um ponto de partida para observar as diferenças.
5 O pensamento sistemático é o que encontramos nas declarações de regras, na probabilidade, nas relações funcionais e nas comparações categóricas.
6 Observe a mudança desta definição de estudo qualitativo a partir do que costumava ser permitido com relutância: "...mas [a pesquisa qualitativa] pode ser útil nas etapas preliminares de uma investigação, já que fornece hipóteses que podem ser testadas..." (Abercrombie, Hill e Turner, 1984, p. 46).

12

Defesa* e ética
como fazer as coisas funcionarem melhor

Há um grande consenso de que a pesquisa deve fazer as coisas funcionarem melhor. Há menos consenso de que os pesquisadores devem utilizar sua pesquisa para defender soluções particulares. Alguns escolhem suas questões e interpretam a pesquisa de modo a ampliar a ajuda para as coisas funcionarem melhor. Precisamos de estudos críticos, mas a defesa de uma pesquisa destaca algumas falhas e esconde outras. Isso pode ser um problema. Algumas pessoas dizem que o mundo não ficará melhor enquanto não o entendermos melhor. Fico consternado quando sinto que os pesquisadores estão pulando muito rapidamente da investigação para o aperfeiçoamento.

TODA PESQUISA É DEFENSORA

A maioria dos pesquisadores se vê buscando objetivamente explicação e compreensão. Eles sentem calafrios se alguém diz que eles são parciais ou muito subjetivos. Muitos de seus próprios mentores já disseram que "a pesquisa deve ser livre de valores", mas quase ninguém hoje acredita que o pesquisador social possa desenvolver seu trabalho sem empregar valores pessoais. Ainda assim, às vezes, eles criticam indignados as pesquisas que intencionalmente tomam partido, promovendo ou se opondo a uma causa. E, ainda assim, fica evidente que os pesquisadores, como as outras pessoas, possuem sentimentos fortes sobre os problemas sociais e demonstram sua defesa em seus relatórios. O Quadro 12.1 relaciona as defesas dos pesquisadores qualitativos.

---
* N. de R.T.: O termo *defesa* (no original, *advocacy*), neste livro, traz o sentido de "engajamento". Para definição, consultar Glossário.

Quadro 12.1 Seis defesas comuns nos estudos qualitativos

1. Nós nos preocupamos com os grupos com os quais trabalhamos. Com frequência queremos ver o trabalho deles melhorar. Alguns pesquisadores estão estudando uma parte de sua própria organização. Certa vez, Barry MacDonald disse "Uma pessoa não deve estudar um programa se não apoiar seus objetivos". Raramente temos um grande conflito de interesses em nossas pesquisas, mas, muitas vezes, temos uma *confluência* de interesses, interesses em comum. Queremos ver o grupo progredir. Estamos inclinados a enxergar evidências de sucesso.
2. Nós nos preocupamos com os métodos que usamos. Queremos ver as outras pessoas se preocuparem com eles. Queremos incentivá-las a usar esses métodos também. Às vezes, promovemos o estudo qualitativo como um serviço profissional para ajudar as pessoas. Favorecemos métodos que alcançam a profundidade dos problemas e incentivamos as outras pessoas a investigar de formas similares. Nossos métodos são uma defesa que ostentamos.
3. Defendemos a racionalidade. Estamos à vontade com o conhecimento pessoal e a intuição, mas apoiamos muito a racionalidade. Gostaríamos que as pessoas que estudamos e para as quais realizamos o estudo, e os nossos colegas e os administradores do *campus*, explicassem, fossem lógicos e imparciais. Às vezes, interrompemos nossa coleta de dados e a elaboração do texto para indicar formas em que as pessoas poderiam ter se comportado mais racionalmente.
4. Queremos ser ouvidos. Ficamos preocupados se nossos estudos não são usados. Achamos que o estudo qualitativo é mais útil se os participantes assumem um pouco da autoria da pesquisa. Alguns de nós somos defensores do autoestudo e da pesquisa-ação. Mesmo um estudo quantitativo pode usar de maneira proveitosa o retorno dos clientes, incluindo sugestões para o planejamento e a interpretação.
5. Ficamos aflitos pelos menos privilegiados. Enxergamos lacunas entre os privilegiados (os patrocinadores, os administradores e os funcionários) e os participantes e as comunidades menos privilegiadas. Com frequência dedicamos parte do estudo a esse assunto, elaborando questões de pesquisa que esclareçam ou que possam ajudar os menos privilegiados. Queremos que a distribuição de nossas descobertas chegue até as pessoas distantes da pesquisa.
6. Somos defensores de uma sociedade democrática. Vemos as democracias dependendo do intercâmbio de boas informações, e nossos estudos podem fornecer parte dessas informações. Mas, além disso, vemos as democracias precisando do exercício de expressão pública, do diálogo e da ação coletiva. A maioria dos pesquisadores de estudos de caso tenta elaborar relatórios que proporcionem base para ação e a estimulem.

Nós realmente defendemos, e, ainda assim, estamos preocupados. Ficamos preocupados com a possibilidade de que nossas defesas nos façam buscar de forma mais enérgica evidências mais focadas nas aspirações do que as outras evidências. Nós nos prendemos a algumas defesas mais do que à neutralidade, crendo que essas parcialidades conscientes são compatíveis com os interesses da profissão, de nossos clientes e da sociedade.

Todos nós somos mais que pesquisadores. Somos seres humanos complexos. Algumas das coisas que fazemos são parte de nosso trabalho e outras não estão relacionadas a ele. Todos temos defesas políticas, espirituais, estéticas e de outros tipos. Parte do panorama da defesa certamente será incluído no relatório final, mesmo que tentemos separar as assertivas da pesquisa do restante de nossas vidas. As percepções e os valores de qualquer setor de nossas vidas podem influenciar as interpretações que fazemos ao elaborar um relatório final.

UMA VOZ PARA OS MENOS FAVORECIDOS

Muitos de nós, pesquisadores qualitativos, desejamos trabalhar com as pessoas cujas vozes têm pouco alcance. Os pobres, as minorias, as pessoas com deficiência, as pessoas que são privadas de seus direitos. Nossos estudos talvez possam esclarecer as condições ruins e as virtudes das pessoas privadas de seus direitos. Como organizadores avançados, expressamos a necessidade por empatia, por assistência, por defesa, às vezes, até mesmo ignorando a ética de pesquisa convencional. Como avaliador de programas, eu me lembro de *atenuar* as falhas de um grupo de professores, pensando que, se fizesse diferente, talvez as "facas da verba" cortassem demais, possivelmente forçando o fim do grupo. E você também conhece histórias como essa. A defesa é abundante. Mesmo em nossa pesquisa mais ética, há defesa, parte dessa defesa tentando ajudar as pessoas "marginalizadas". Ao estudá-las, muitos de nós viram agentes de defesa.

Mas não tenho certeza se realmente ajudamos as pessoas que pesquisamos. Será que nossa leitura sobre suas necessidades, aspirações e limitações é precisa? Somos confiantes, às vezes confiantes demais, de que quanto mais os conhecemos, melhor contaremos suas histórias. Qual é a evidência de que os pobres ganham autonomia quando retratamos sua pobreza? Qual é a evidência de que os rebeldes ganham empatia quando explicamos a sua causa? Eu diria que a evidência é fraca. Durante a Guerra do Iraque, li em um jornal que a pichação em um muro de Bagdá divulgava a pergunta "A ajuda está ajudando?".

Muitas pesquisas são patrocinadas por pessoas que acreditam que o conhecimento dos fatos resulta em uma política melhor, mas sabemos que muitas políticas sociais e educacionais são elaboradas por razões políticas limitadas, de autoperpetuação, nem sempre para criar um mundo mais democrático. Os fatos são usados de forma seletiva e, às vezes, para aumentar as condições ruins da classe baixa. Com ceticismo, devemos continuar questionando nosso raciocínio ao estudar as pessoas que são privadas de seus direitos. E uma dessas questões deve tratar da intromissão dos métodos personalistas da pesquisa qualitativa.

Sim, eu questiono o motivo para invadir a vida das pessoas que queremos ajudar. Queremos diminuir seu sofrimento, mas também estamos ajudando a nós mesmos ao adotarmos sua causa. Servimos ao nosso orgulho, à nossa vaidade. Em nossos círculos, somos admirados por nossas palavras de preocupação, pelas histórias que contamos.

Para obter a melhor descrição, pressionamos mais as pessoas que estudamos. A história surge lentamente. Instigamos, adulamos e conseguimos. Escolhemos os fatos, as citações e o tom que queremos relatar. A expressão está vindo de nossos teclados ou da expressão deles? Ela é uma extração, uma desarticulação, algo proveniente de seus próprios eus?

Como muitas vezes dito neste livro, os métodos da pesquisa qualitativa destacam a importância das várias perspectivas, reconhecendo que existem outras formas de enxergar as coisas, outras formas de explicar as coisas e formas alternativas de mudar as coisas. Precisamos dessa mesma variedade de visões e valores quando refletimos sobre nosso próprio trabalho. O primeiro argumento é de que somos aliados das pessoas com pouca voz. O contra-argumento é que prejudicamos mais que ajudamos.

A ajuda que esperamos dar é que, trabalhando em colaboração, como Linda Tuhiwai Smith (2005) e Antjie Krog (2009) nos fariam trabalhar, vamos instruir os educadores, pais, membros da comunidade e criadores de políticas públicas a oferecer ajuda com respeito e atenção. E, até certo ponto, é isso que fazemos, mas prejudicamos também. Às vezes, contamos suas histórias de forma inadequada. Às vezes, expomos suas condições, e, ao contrário de nossa intenção, algumas pessoas ignoram as pessoas que estudamos como se não pudessem ser salvas. Podemos destruir suas aspirações ao explicar a enormidade dos obstáculos que enfrentam. Podemos fazer com que tentem menos. Tem mais. Há outro dano possível em seguida em minha lista: violação de privacidade.

ÉTICA PESSOAL

O trecho a seguir foi retirado de uma coleção de estudos de caso sobre adolescentes com problemas. Em seu relatório, a pesquisadora Linda Mabry (1991, p. 17) citou uma garota a que chamou de "Nicole":

> Comecei a arranjar confusão provavelmente no verão após a 7ª série. Eu andava com pessoas que estavam no ensino médio. Eu *parecia* ser mais velha, mas eu não era responsável como uma pessoa mais velha. Eu pensava sobre o passado e dizia "Nossa, como isso foi estúpido!". Os pais sempre dizem "Quando você for mais velho, você vai me agradecer por isso". Mas, *na hora*, você nem dá importância.
> No segundo trimestre de meu primeiro ano no colegial, ano passado, fui morar com a minha tia, no norte do estado. Tivemos uma briga sobre minhas notas. Então, no quatro trimestre, saí de lá e fui morar com meu pai. Enquanto eu estava lá, minha madrasta e seus dois filhos fizeram as malas e saíram de casa. Meu pai e eu ficamos sozinhos por cerca de um mês, e ele tentou me molestar. Eu estava de pé, ele me segurou e começou a se esfregar em mim. Eu liguei para uma amiga e pedi para ela me buscar. Fui receber meu pagamento onde eu estava trabalhando, liguei para minha mãe e comprei uma passagem de ônibus pra voltar pra casa. Minha mãe me disse pra ligar para a polícia, e eu liguei, mas eles disseram que não podiam fazer nada porque ele não mexeu dentro da minha roupa.
> Eu fumei maconha umas dez vezes e usei metanfetamina uma vez. Nunca usei cocaína, nem injetei drogas ou algo parecido. Não fumo maconha provavelmente há uns seis meses. Não preciso dessas coisas pra me divertir. Alguns desses adolescentes estão arruinando suas vidas.

O estudo de caso de Nicole fez parte de uma coleção publicada por Phi Delta Kappa para retratar os fracassos dos jovens. Concordo que os profissionais e as pessoas leigas precisam saber sobre esses estudantes com problemas. Não pensei assim na época, mas, hoje, acho que a privacidade de Nicole pode ter sido invadida. É ético um pesquisador entrar na privacidade de um indivíduo anônimo que consente e colabora? Eu não sei. Ainda é invasão de privacidade se a identidade da pessoa é realmente escondida? Não estamos dando voz a uma juventude que precisa ser ouvida? Não sei.

Considero esses três parágrafos como as palavras mais íntimas e autoincriminadoras de um capítulo de 24 páginas. Elas representam bem a grande intimidade de alguns estudos de caso. O cuidado e a preocupação da pesquisadora estavam presentes para todos lerem, mas, só pelo fato de todos nós termos as palavras de Nicole para ler, como não podemos dizer que isso foi uma violação de sua privacidade?

Concordamos que histórias de vida como essa podem ser de grande importância para muitos leitores? Sim. Então, temos um dilema. Em algum momento, aproximar-se mais é invasivo. Em algum momento, saber a informação seguinte sobre uma pessoa é uma violação de sua privacidade. E será que podemos dizer o mesmo sobre a privacidade de uma família, de uma comunidade e de um povo?

Existe um tipo de "zona de privacidade", embora não seja da mesma forma em casos diferentes, nem para o mesmo caso em circunstâncias diferentes, nem para pesquisadores diferentes, nem para públicos diferentes. A privacidade é relativa, situacional. Não podemos esperar que haja limites rígidos nessa zona. Eles podem mudar no decurso de uma hora. O deslocamento e a transparência desses limites não os torna menos reais. É difícil para um pesquisador encontrar a zona de privacidade na qual ele não deve entrar. (E quanto à questão 3, que encerra a seção "Questionário", no Capítulo 5?)

É muito provável que cada pessoa tenha uma zona de privacidade um tanto exclusiva. As zonas de muitas pessoas podem ser similares, mas acho que é necessário que suponhamos que a de cada pessoa é diferente e mutável. Quando uma pessoa se sente ameaçada, a zona será maior. Quando a pessoa está sentada entre pessoas desconhecidas em um voo internacional, a zona pode ser menor. Nós, algumas vezes, estamos dispostos a contar a um estranho algo que não queremos contar a um familiar.

Conheço uma pesquisadora que estava estudando sobre famílias de imigrantes. O pai estava distante e insensível com sua irmã solteira que havia engravidado. Sua esposa admitiu que estava solidária com a situação da cunhada, mas não podia dizer isso na frente do marido. Ela disse tudo isso de forma voluntária e explicou a sequência de eventos que levou à gravidez ilegítima e como os outros membros da família e a comunidade em geral reagiram à situação da família. A esposa também pediu que isso não fosse mencionado para seu marido, que a pesquisadora agisse como se estivesse ouvindo tudo pela primeira vez caso o marido resolvesse falar sobre a irmã. "Ele vai ficar muito bravo comigo por contar isso a você", ela disse. "É muito importante para ele o modo como você enxerga nossa família, e essas notícias não são nada boas." Não era esse tipo de informação que a pesquisadora estava coletando exatamente, então ela não incluiu nada disso em seu relatório.

Você pode estar pensando que não é violação de privacidade se Nicole e a mulher do imigrante revelaram as informações de maneira voluntária, pois os limites da privacidade estabelecidos pelo informante devem ser a lei. Entretanto, às vezes, o pesquisador pode precisar estabelecer um limite com antecedência. Nenhum de nós pode ser confiável para saber, todas as vezes, quais informações devemos manter em segredo.

Em uma avaliação há muito tempo sobre o aprendizado aprimorado por computador, Barry MacDonald estava entrevistando um diretor que disse: "Eu gostaria que eles mandassem todos esses meninos negros de volta para o Caribe". Barry disse que ele não poderia incluir uma citação como essa em seu relatório. O homem respondeu algo como "Bom, você deveria incluir. Essa é realmente minha opinião". Cerca de um ano depois, sem relação com a opinião declarada anteriormente, o homem estava procurando outro emprego. Poderia ser útil para os possíveis empregadores saber o que Barry sabia, mas era responsabilidade dele contar? Ele achou que não. Eu acho que não. O princípio não deveria ser o de que os pesquisadores devem honrar a privacidade mesmo quando nossos informantes não a honram? Ao contrário de médicos e advogados em situações semelhantes, nosso silêncio não está protegido pela lei. Mas nossos princípios éticos não deveriam nos lembrar de permanecer em silêncio? (Para saber muito mais sobre ética de pesquisa, consulte Ryen, 2004, e Mertens e Ginsberg, 2008).

PROTEÇÃO DOS SUJEITOS

Na história da ciência social e da ciência médica, foram realizados alguns estudos que prejudicaram as pessoas seriamente, e muitos mais nos quais o bem-estar das pessoas não foi protegido de forma adequada. As nações e as associações de pesquisa têm tomado medidas para evitar pesquisas prejudiciais e invasivas. Comitês de ética foram criados. Nos *campi* universitários dos Estados Unidos, nós os chamamos de IRB (Institutional Review Boards)*. Eles têm autoridade, têm uma missão, fazem algo bom. Mas, certamente, não são substitutos para o cuidado pessoal dos pesquisadores.

As normas de ética oferecem uma proteção inadequada contra a violação da ética. Só por continuarmos sendo as pessoas boas que somos, já oferece uma proteção inadequada. Os comitês de ética estão muito

---
* N. de R.: No Brasil, esses órgãos são chamados de Comitês de Ética em Pesquisa.

afastados da pesquisa para oferecer uma proteção adequada. Não se pode considerar que as pessoas sendo pesquisadas irão proteger a si mesmas. São os próprios pesquisadores que fornecem o baluarte da proteção. Por meio de empatia, intuição, inteligência e experiência, nós mesmos devemos enxergar os perigos que surgem.

Nas pesquisas sociais, os perigos quase nunca são físicos. Eles são mentais. São os perigos da exposição, da humilhação, do constrangimento, da perda de respeito e do autorrespeito, da perda da permanência no emprego ou da presença no grupo. A probabilidade de danos pode parecer tão baixa que os pesquisadores afirmam que o possível bem dessa pesquisa para a sociedade compensam esses pequenos perigos. Alguns já falaram até mesmo sobre o "direito de saber". É importante descobrir como as coisas funcionam, mas existe algum direito científico, político ou público de saber que possa justificar um caso específico de invasão da privacidade pessoal ou que possa ameaçar sua posição pessoal? Qual é sua opinião?

Os comitês de ética funcionam de forma diferente de um país a outro, até mesmo de um *campus* a outro. Cada país, instituição e equipe de pesquisa deve seguir rígidos procedimentos de revisão para conduzir pesquisas com seres humanos. Procedimentos uniformes foram adotados oficialmente nos Estados Unidos, mas até o momento, na minha opinião, eles são inadequados para a pesquisa qualitativa e incapazes de proteger os sujeitos. Norman Denzin (2002) avaliou bem a situação em seu capítulo sobre "ética de atuação" em *Pedagogy, politics and ethics* (Pedagogia, política e ética), observando a orientação dos IRBs para a pesquisa biomédica e sua confiança excessiva no "termo de consentimento livre e esclarecido". Ao exigir o planejamento completo com antecedência, os IRBs americanos interferem na natureza evolutiva da pesquisa-ação, do estudo de caso e da avaliação participante. A conduta ética nas pesquisas interpessoais depende nem tanto dos formulários de termo de consentimento livre e esclarecido, mas do cuidado deliberado e colaborativo dos pesquisadores, invocando a necessidade de ajuda de seus amigos críticos (McIntosh e Morse, 2008). Esses problemas dos comitês de ética podem ser corrigidos, mas até que isso aconteça, precisamos obedecer à lei enquanto prestamos atenção a nossos próprios padrões superiores.

Para voltar à questão da privacidade, o pesquisador não deve se basear apenas no informante para identificar a invasão, mas deve trabalhar antecipando isso durante todo o estudo. Para evitar a invasão, não deve ser considerado suficiente apenas manter a confidencialidade. O anonimato é uma proteção fraca. A principal forma de respeitar a privacidade de uma pessoa é não saber suas questões particulares. O pesquisador não deve solicitar informações pessoais que não estejam intimamente relacionadas à questão de pesquisa. Para assuntos não pessoais, a investigação pode evoluir espontaneamente. Entretanto, para assuntos extremamente particulares, a solicitação por informações deve ser informada com bastante antecedência.

Nos Estados Unidos, durante o mandato do Presidente Clinton, surgiu um problema sobre como lidar com homens e mulheres homossexuais nas forças armadas. A regra adotada foi "Não pergunte. Não diga.". Talvez em nosso mundo devamos fazer melhor que isso. Em nosso caso, talvez a regra possa ser "Não pergunte. Não diga. Não ouça.". Quando alguém começar a revelar uma informação pessoal, devemos dizer "Esse é um assunto que precisamos adiar no momento"? Devemos dizer "Desculpe, só temos tempo para mais uma pergunta importante"? Ou devemos derrubar uma xícara de café no nosso colo? Quase tudo para evitar a zona de privacidade.

O Quadro 12.2 apresenta algumas possíveis regras para diminuir a intromissão. O pesquisador está incumbido de antecipar isso. Algumas regras possuem mais aspecto de privacidade do que outras. Pensar em uma zona de privacidade como a mencionada anteriormente pode nos ajudar.

O problema da intromissão é importante embora seja pouco discutido como parte do planejamento, da triangulação e do treinamento de pesquisa. As leituras convencionais dos métodos muitas vezes nos fornecem alertas simplistas e não experienciais. Todos nós devemos planejar para todas as situações possíveis. Se deixarmos isso a cargo da intuição, mesmo que geralmente seja uma boa intuição, podemos prejudicar as pessoas. E, pelo lado da triangulação, a qualidade de nossos dados quase sempre se baseia em criar e manter boas relações. Precisamos lembrar que, ao final do estudo, quaisquer que sejam as compreensões que obtenhamos, talvez elas não valham os problemas que causamos.

Quadro 12.2 Regras para reduzir a intromissão

1. Independentemente do lugar em que os dados serão coletados, a "pesquisa personalística" incluirá os "espaços" da experiência pessoal. O pesquisador precisa se aproximar o suficiente para compreender aquela experiência e se afastar o suficiente para evitar intrometer-se no que realmente é sentido como privado.
2. O acesso a esses "espaços" não é feito por meio de um "formulário de consentimento" único, mas de uma negociação contínua de papéis e permissões para investigar as questões, pessoais e de outras naturezas.

continua

Quadro 12.2 *continuação*

3. O acesso pessoal às vezes precisa ser concedido formalmente por alguém com autoridade, mas sempre por uma demonstração contínua de disposição em participar de cada pessoa. O pesquisador precisa desenvolver perspicácia para ler esses sinais.
4. As opções de término da participação devem estar claras. A saída de alguém não deve ser vista como algo natural.
5. Um problema especial ocorre quando o fornecedor dos dados participa por obrigação ou pressão, mas não está totalmente disposto. O pesquisador precisa refletir sobre os custos de seguir em frente, discutindo isso ou não com esse fornecedor de dados.
6. Ao lidar com questões extremamente pessoais, as crianças e outras pessoas dependentes devem ter um defensor presente durante a negociação inicial para obter acesso e, possivelmente, durante a coleta de dados.
7. Logo no início, a proposta de pesquisa (ou uma versão resumida, mas não enganosa) deve ser disponibilizada. Relatórios pertinentes anteriores dos pesquisadores também devem ficar acessíveis. A questão, ou questões, de pesquisa principal e os tópicos específicos que serão discutidos com a pessoa geralmente devem ser indicados.
8. Quando a divulgação do objetivo ou tópico puder alterar o comportamento da pessoa e prejudicar a pesquisa, essas informações devem ser transmitidas para seu defensor com antecedência e para a própria pessoa, como parte da etapa de verificação com os envolvidos, após a coleta de dados, muito antes de escrever a versão final.
9. Por obrigação e demonstração de respeito, o pesquisador deve dar às pessoas motivos para crer que ele é confiável e evitar colocar as pessoas em risco ou sobrecarregá-las.
10. Mesmo além daquilo que é perguntado, o pesquisador deve indicar, por escrito, quem terá acesso aos dados iniciais e como as descobertas interpretadas provavelmente serão usadas.
11. Se o pesquisador estiver sendo financiado ou estiver trabalhando em prol de um esforço de defesa, os patrocinadores e outros associados devem ser identificados.
12. Geralmente, além de presentes simbólicos, o pesquisador não tem muito, além de gratidão, a oferecer como pagamento para um fornecedor de dados. Ele não deve oferecer benefícios que as pesquisas geralmente não conseguem dar. Ele não deve se apresentar como terapeuta ou solucionador de problemas.
13. O papel do pesquisador como (a) desconhecido, (b) visitante, (c) iniciante ou (d) especialista interno ou qualquer outro (consulte Agar, 1980) deve ser pensado e indicado.

continua

Quadro 12.2 *continuação*

14. O pesquisador e a pessoa estudada podem se tornar colaboradores, mas os benefícios e as responsabilidades devem ser cuidadosa e repetidamente explorados – em alguns casos, com acompanhamento jurídico.
15. O pesquisador deve ter um plano para a coleta de dados, intuitivo ou formal, que, mais uma vez, passa por análise detalhada para proteger os sujeitos antes de cada coleta de dados.
16. Apresentar tópicos pessoais novos e inesperados deve ocorrer com algum tipo de aviso.
17. Quando uma pessoa começa a fornecer voluntariamente informações pessoais e particulares não diretamente pertinentes ao estudo, o pesquisador deve interromper essa revelação, conduzir a investigação, e, às vezes, fazer isso mesmo quando as informações são pertinentes.

A EXPOSIÇÃO DAS PESSOAS

A realidade do trabalho de campo pessoal é muito complexa (Lee, 2000). Uma divisão cultural entre o pesquisador e o pesquisado surge mesmo quando estamos coletando pessoalmente dados em uma comunidade vizinha, em uma organização desconhecida ou apenas em uma casa nova no fim da rua, mas estamos menos preocupados sobre como nos comportar entre esses desconhecidos. Com a intenção de aprender em diferentes culturas sobre os padrões de crença e de comportamento, em questões pessoais e particulares, o distanciamento pode ser considerável.

Quando ter a permissão é suficiente? Vou contar um problema de privacidade que enfrentei em 2003, e novamente em 2006, quando estava escrevendo aquele livro sobre a análise de estudos de casos múltiplos (Stake, 2006). O livro inclui três estudos de caso sobre a Step by Step, um deles na Eslováquia. Como você leu anteriormente, em cerca de 30 países, a Step by Step era principalmente um programa de treinamento de professores para jardins de infância centrados nas crianças. Na Eslováquia, entretanto, a atenção principal estava voltada para a inclusão, em especial na educação das crianças romani que não estavam sendo aceitas na 1ª série porque seu histórico cultural não era acadêmico e por falarem romani em vez de eslovaco, o idioma nas escolas. O programa desenvolveu um treinamento para ser realizado em casa, fazendo mães e avós (que também sabiam pouco de eslovaco ou como segurar um lápis e identificar um triângulo) ensinarem as crianças. As mulheres compareciam, traziam as crianças em idade pré-escolar durante um dia inteiro por semana; todas recebiam instrução. E nos outros dias da semana, elas deveriam ensinar as crianças em casa.

Os administradores da Fundação Step by Step na Eslováquia situaram o estudo da pesquisa em um de seus projetos de treinamento em um acampamento romani próximo ao vilarejo de Jarovnice onde os esforços estavam sendo impressionantes. Há mais de um ano, as mães e as crianças estavam frequentando o centro comunitário e o centro pastoral para receber instrução. Elas recebiam instrução de uma equipe muito pequena de professoras da Step by Step. Um dos relatos desse caso está no Quadro 12.3.

Com alguma ajuda minha, as pesquisadoras escreveram um relato de caso de 40 páginas sobre esse projeto em Jarovnice. Ele ficou muito bom, e as pesquisadoras me deram autorização para publicá-lo.

Entretanto, como eu disse, a permissão não é necessariamente suficiente. Publiquei o estudo. Apesar disso, será que eu deveria ter sido uma das partes a descrever a história da miséria e da pobreza dessas famílias romani? Não consigo concordar automaticamente com aqueles que dizem "A história dessas pessoas precisa ser contada". Elas realmente precisavam muito de ajuda. As histórias podem ajudar, mas também as expõem, coloca-as em uma vitrine. E eu faço isso novamente nestas páginas.

Na Eslováquia, estávamos lidando com a violação da privacidade pessoal e a privacidade de um povo. Era o acampamento deles que estava sendo exposto. Nossa ética de pesquisa deveria nos permitir expor suas condições? Como ocorre em quase todos os problemas éticos, há uma escolha entre duas éticas. O que é mais importante aqui, descrever as condições ou evitar o dano da exposição?

Quadro 12.3 Relato de caso

> No centro comunitário, 14 crianças romani entre 6 e 7 anos estavam sentadas em volta de Iveta Fabulová, a professora, em um canto da sala, para ouvir uma história sobre Marika. Nove mães romani juntam-se a elas.
>
> Iveta conta toda história de Marika, esposa de um ferreiro romani. "Ela tinha muito filhos e eles não tinham comida suficiente. Um dia seu marido colocou ferraduras no cavalo de um fazendeiro e o fazendeiro pagou com um saco de farinha. Marika pegou a farinha, acrescentou água e bicarbonato de
>
> *continua*

Quadro 12.2 *continuação*

sódio e fez uma massa. Ela sovou a massa até chegar a um formato redondo e achatado. Ela assou a massa. O delicioso cheiro do pão era sentido em todo o acampamento. Cheirava tão bem que todos foram até a casa de Marika. Ela alimentou todo mundo. Como seu nome era Marika, eles deram ao pão o nome de *marikle*. Desde então, há muito tempo, o povo romani prepara *marikle* para lembrar da generosidade de Marika."

As crianças e as mães ouviam Iveta atentamente. "O que você acha dessa história?". A pergunta da professora foi dirigida a uma das mães sentada próxima a ela. "Ela era uma boa pessoa." "Sim", Iveta responde, "ela era generosa. Ela dividiu o pão com outras pessoas pobres".

"Crianças, qual era o formato do pão? Era como este aqui?". Iveta retira um pão redondo de uma sacola. "Vejam, seu formato é um círculo. Tentem desenhar com o dedo no ar um círculo e repitam comigo 'círculo'." As crianças desenham círculos no ar e repetem em coro "Círculo!".

"Em Presov, as pessoas compram pão de alho neste formato." Iveta aponta para um triângulo amarelo na lousa. "Eu quero que vocês desenhem este triângulo e repitam comigo: 'triângulo'. E, logo depois, vamos fazer pães nesses dois formatos."

Iveta convida as crianças a escolherem seus centros de atividade. As crianças rapidamente se direcionam aos centros com os materiais (argila, papel, lápis, canetas). Algumas escolhem argila, outras, lápis e papel para fazer essas formas. Olga, uma mulher romani, professora assistente, ajuda a dividir a argila. As mães movem as cadeiras para se juntar aos grupos. Iveta pede que elas ajudem as crianças a nomear cada forma. Mais tarde, Iveta diz "Vocês sabem os nomes das formas que fizeram? Dusan, qual é essa?". Dusan desenhou círculos e triângulos com diferentes cores e tamanhos. Ele responde sem hesitação. Muitas crianças precisam da ajuda da professora para pronunciar a palavra em eslovaco para "triângulo".

Fonte: Koncoková e Handzelová (2004). Direitos reservados de Open Society Institute, 2004. Reproduzido com autorização.

Mas existe uma exposição ainda mais pessoal pela qual fui responsável. Uma das fotografias tiradas pela equipe era a de uma mãe e um pai, em casa, ajudando a criança a desenhar. Eu fiquei fascinado com a expressão em seus rostos. Queria usá-la como a foto de capa do meu livro.

O programa da Step by Step já estava usando a foto como uma de muitas outras em suas divulgações. O diretor da fundação prontamente me concedeu autorização. Perguntei "Temos a autorização da família?". Disseram-me que eles estavam muito felizes com nossa ajuda, felizes por mostrarmos eles fazendo as lições, que eles estavam muito orgulhosos por tudo que estavam realizando. Repassei essas palavras para meu editor, mas eu ainda não estava confortável com a situação. E não era somente porque não tinha assinaturas em uma autorização.

Perguntei para uma pesquisadora que tinha experiência com o povo romani na Romênia. Ela disse "A privacidade nunca surgiu como um problema antes". "Mas, às vezes, alguns deles sentem que nós estamos expondo-os?", "Ninguém fala sobre isso." Recebi a mesma resposta de um antropólogo aposentado: "Respeitamos os costumes locais. Não falamos sobre o que eles não escolhem falar. Deixamos que eles nos guiem.". Estamos ajudando ou invadindo? Não sei. Às vezes, ao tentar ajudar a melhorar o funcionamento das coisas, nós as fazemos não funcionar tão bem. Mas não há uma alternativa além de tentar até que haja razão para crer que isso está prejudicando mais que ajudando.

FUNDAMENTOS DA PESQUISA QUALITATIVA

O relatório sobre o ensino em casa na Eslováquia[1] pode ser usado para relembrar o que este livro diz sobre a pesquisa qualitativa, apresentado previamente no Quadro 1.2. Isso vai nos ajudar a pensar sobre as formas características, e também na diversidade de formas, de realizar estudos desse tipo. Vai nos lembrar também das escolhas metodológicas disponíveis, incluindo o fato de muitos estudos qualitativos apresentarem alguns dados e pensamentos quantitativos.

O relatório sobre as mães analfabetas preparando seus filhos para a escola possuía "qualidade da história". Ele falava sobre a experiência das mulheres que planejavam e realizam seu plano. As histórias apresentam sequências de problemas. Nesta comunidade romani, elas olharam para um problema principal: a discriminação social. Os romani quase não tinham um sistema de apoio social. A pesquisa parecia necessária para tornar a pobreza absoluta e a persistência reais, não na linguagem da economia, mas na linguagem da experiência.

O relatório era interpretativo, altamente interpretativo. Ele descrevia as pessoas, os lugares e a atividade, mas falava de todas essas coisas como se fossem interpretadas pelas pessoas romani, por membros da comunidade que não eram romani e pelas pessoas que financiavam o Step by Step e vieram observar as mudanças sociais. Essas interpretações revelaram múltiplas realidades entre os grupos e entre os indivíduos dentro dos grupos.

As pesquisadoras identificaram muitos contextos que deram significado ao que estava acontecendo naquela situação. Os contextos políticos e educacionais incluíram a falta de apoio social e federal para os romani que já acontecia há muito tempo, mas, mais tarde, a alteração da retórica do Ministério da Educação e da União Europeia voltada agora para o apoio e a proteção da diversidade. O empenho das instrutoras da Step by Step foi uma grande parte do panorama contextual.

Os relatos, as fotografias e as citações ajudaram a tornar o estudo pessoal e o relatório empático. Para a maioria dos leitores, a comunidade era singular, quase hipotética, e o ensino irreal, porque era muito diferente de suas próprias experiências de ensino e aprendizado, mas, ainda assim, as mães, as professoras e as crianças eram reais. O estudo ajudou a torná-las reais.

Os esforços das pesquisadoras eslovacas em triangular seus dados e interpretações não eram muito evidentes. Houve pouco empenho em relacionar o estudo a outras literaturas de pesquisa sobre os romani, a educação pós-soviética, as hostilidades étnicas nos Bálcãs, alfabetização, admissão nas escolas e muitos tópicos adjacentes.

Entre as escolhas que as pesquisadoras fizeram estava a de trabalhar mais voltadas para a compreensão prática do que para o desenvolvimento teórico. Elas optaram por não estabelecer a tipicidade da situação do acampamento. Decidiram apoiar suas próprias opiniões sobre a educação das crianças romani do que apenas deixar as descrições se representarem sozinhas. Efimova e Sofiy escolheram reconhecer as múltiplas realidades presentes. Trabalharam com conhecimento particular, mas com frequência o mencionavam como generalizável. Elas não apresentaram nenhuma inclinação de manter o aprimoramento do programa separado da tentativa de entender melhor a situação. Como o próprio programa, a pesquisa não foi perfeita, mas, ainda assim, produziu um estudo bem-sucedido.

As pesquisadoras eslovacas não eram pesquisadoras experientes, eram educadoras do jardim de infância. Elas seguiram seus instintos, seu senso comum, mas também trabalharam para disciplinar o estudo. Repetiram as observações, buscando deliberadamente várias interpretações e refletiram muito sobre as palavras e ideias para incluir no relatório. Transmitiram a experiência das mães romani em uma situação quase sem esperanças trabalhando para ajudar seus filhos. Será que essas educadoras podem se tornar um desafio para o resto de nós, tentando entender como as coisas funcionam?

O FUTURO

Aqui, no fim dessa jornada, você tem muito a relembrar. Mas, como você deve saber, também pode relembrar de muito antes do Capítulo 1. Você tem feito pesquisas qualitativas desde que estava no jardim de infância e antes disso. Obviamente, sua pesquisa hoje é melhor do que era no jardim de infância. Ela é mais disciplinada e vai ficar cada vez mais, conforme você ganha mais experiência.

Desde o jardim de infância, você vivenciou a experiência de todas as coisas a seu redor, como bicicletas, frango ao *curry*, o primeiro encontro, ser um desconhecido em uma terra desconhecida, e você descobriu e redescobriu o significado das coisas e, depois, percebeu que tudo isso significava outra coisa para suas irmãs e ainda outra para seu advogado. E aqui estão elas, as múltiplas realidades, nem mesmo iguais entre suas irmãs.

Obviamente, nem todo mundo fica entusiasmado com as múltiplas realidades, e um dos aspectos importantes da pesquisa qualitativa é que há muitas coisas diferentes com as quais ficar entusiasmado, e muitas pessoas têm uma opinião diferente sobre o que essas coisas significam.

Olhando para o futuro, talvez você esteja pensando que não quer realmente ver as coisas de forma diferente, que quer apenas alcançar um objetivo, passar no exame de qualificação do curso ou conseguir um emprego melhor. Ou em como você pode ficar mais preparado para as entrevistas, já que esperam que você tenha algumas respostas certas. E você ainda não sabe se já encontrou uma quantidade suficiente de respostas certas desde o jardim de infância e, em especial, neste livro.

Então, quando entrevistarem você para aquele emprego dos sonhos, aquele que paga todas as despesas das reuniões profissionais, você imagina que precisa de respostas certas. E as respostas certas são versões de "depende". Tudo depende da situação. E você responderá que os pesquisadores que você leu e admira observaram atentamente várias situações, e você sabe que o que funciona em uma situação não necessariamente funciona em outra, que as complexidades são grandes e que os detentores de poder acabam criando as políticas baseados nas pressões que sofrem e nas experiências que já tiveram. Não apenas os impulsos, embora os impulsos estejam certos algumas vezes. Para saber o que vai funcionar na próxima vez são necessários reflexão, alguns dados novos e muitas associações com os melhores avisos e assertivas que os profissionais e os pesquisadores transmitiram para você.

A pesquisa qualitativa depende de planejamento, mas algo que você deve planejar especialmente bem é ser aberto a novas formas de interpretar as coisas. Ser capaz de esquematizar tudo. Ser capaz de discutir tudo. Trazer novas interpretações relacionadas aos desenvolvimentos econômico, político e comunicacional talvez seja a melhor resposta certa.

As palavras deste livro tentaram contribuir para uma resposta certa à pergunta "O que funciona?". Uma resposta possível é que coisas diferentes funcionam em lugares diferentes. Você sabe como observar atentamente em um lugar específico, melhor agora, espero, do que quando começou o Capítulo 1. As respostas podem ser descobertas, geralmente não para resolver um problema completamente, pelo menos não aquelas que sempre conseguimos manter dentro de uma verba. Mas podemos descobrir como não continuar cometendo os mesmos erros, porque descobrir como algo funciona inclui descobrir como esse algo não funciona na situação que estamos agora.

Os problemas das culturas (como no Quadro 12.4) e os problemas das políticas não são resolvidos com as pesquisas. Eles são abordados e, às vezes, atenuados pelas pessoas que recorrem ao conhecimento profissional e ao conhecimento de pesquisa, que falam sobre isso com outras pessoas e encontram uma solução. Não é como construir uma ponte. Não é como testar um novo medicamento. É pensar muitas vezes sobre o que funciona em algumas situações e tentar encontrar algo melhor para essa situação.

Quadro 12.4 Ana e Issam

> O jardim de infância é uma das três salas de aula no centro de treinamento. Dezoito crianças estão trabalhando e brincando na sala.
>
> Marja, uma mulher de baixa estatura e mais de 40 anos, é professora de jardim de infância com experiência em cuidados infantis. Trabalhando hoje com ela está Luci, uma jovem estagiária estrangeira. As duas estão cientes de que há uma divisão étnica entre as crianças, mas Luci não possui muita experiência com diversidade em sala de aula.
>
> Ana toma o pincel preto de Issam e começa a pintar com ele. Issam chora. Luci diz "Ana, devolva o pincel para Issam". Ana olha para Luci e, em seguida, para Issam. Ela segura o pote de tinta preta e derrama na mão de Issam. Ela diz "Ele é negro!".

É importante aprender que a forma como algo funciona em diversas pequenas situações não agregam para solucionar o problema de uma coisa grande. As respostas para os macroproblemas exigem principalmente o estudo de macrossituações. As respostas para os microproblemas exigem principalmente o estudo de microssituações. Os contextos são diferentes, a ação é diferente, as compreensões são diferentes. As ideias das investigações qualitativas são de grande valor nas duas situações.

A maioria das pesquisas qualitativas foca a microssituação, um evento comum como "o cachorro mordeu o homem", em que as experiências pessoais cuidadosamente coletadas das pessoas e dos cachorros observados assumem significado por meio das experiências passadas das pessoas que estão observando.

> A tarefa não é tanto ver o que as pessoas ainda não viram, mas pensar o que as pessoas ainda não pensaram sobre o que todo mundo vê. (Arthur Schopenhauer, 1818, citado em Athena McLean e Annette Leibing, 2000, p. 20)

E depois escrever sobre isso para que os leitores possam ter uma experiência indireta (vicária). Aprende-se muito mais vendo a experiência de perto do que a encontrando em fontes distantes.

Se você preferir uma retrospectiva mais disciplinada para este livro, você pode voltar mais uma vez no Quadro 1.2, no primeiro capítulo, mas eu e você passamos muito tempo juntos, e achei que poderíamos apenas sentar aqui e pensar sobre tudo isso enquanto ainda temos algum tempo juntos. Então...

NOTA

1 O relatório completo sobre o estudo de caso na Eslováquia escrito por Eva Koncoková e Jana Handzelová pode ser lido em Stake (2006).

Glossário
Definições para este livro

Nunca encontrei um conceito que pudesse ser compreendido em uma única palavra.

Jacques Derrida (2005)

Abrangível: capaz de ser incluído.
Agregativo: coletado numericamente.
Amoroso: sentimento emocionante.
Análise: ato de decompor cuidadosamente as partes de um todo.
Aperfeiçoar: melhorar.
Apócrifo: não verdadeiro, mas com força moral.
Aprimorado por computador: com a ajuda de um computador.
Aproveitável: história detalhada da atividade humana útil para refinar um conceito.
Armadilha: direcionar a conversa para a divulgação de informações.
Assertiva: algo dito com determinação.
Atribuição: especificação da causa.
Atributos: palavras descritivas, variáveis.

Campo (como em "direcionado ao campo"): atenção dada a uma disciplina de pesquisa, como a música.
Campo (como em "trabalho de campo"): ir até onde a ação ocorre.
Campo de atividade: área familiar a alguém.
Caso integrado: pequeno caso incluído no estudo de um caso maior; minicaso.
Ciência forense: preparação de evidências para argumentação formal, como a realizada em um tribunal.
Conceito: interpretação mental deduzida a partir dos acontecimentos.
Conhecimento experiencial: saber algo por meio de experiência real.
Conjunto de dados: grupo de dados, talvez em uma fita, registro de observação, descrição, história, todas as respostas a uma questão, todos os dados sob o mesmo código, etc.

Conjunto de informações: agrupamento dos dados provenientes de um método ou sobre um assunto.
Conteúdo: informações principais, conhecimento essencial.
Contexto: informações complementares.
Contraintuitivo: contrário ao senso comum.
Convergência: reduzir para chegar aos elementos mais importantes a serem ditos.
Coordenação: em parceria.
Correspondência: agir de modo similar.
Costume: habituação ou hábito.

Declarar: afirmar algo como sendo um fato.
Defesa: apoio, promoção, proteção, engajamento.
Desagregação: separação.
Desconstruir: questionar os valores.
Descontextualizado: algo retirado de seu contexto.
Descrição densa: descrição baseada em teoria que enfatiza a experiência das pessoas estudadas.
Dialética: argumentação lógica para decidir entre duas ideias opostas.
Didática: tornar a informação de algo mais direta.
Domínios de informação: assuntos, categorias de conteúdo.
Dualidade: dois lados, opostos polares.

Efeito Hawthorne: efeito sobre os resultados obtidos em razão do aumento da atenção.
Elementalista: alta concentração nas partes.
Elemento: pequena parte constituinte.
Elipse: de forma oval.
Empático: sentir-se conectado a outras pessoas aflitas ou abaladas emocionalmente.
Empírico: baseado em experiências sensoriais.
Entrevista semiestruturada: conjunto de questões, feitas da mesma maneira para todos, facilmente codificadas.
Enumeração: listagem.
Epifania: momento de grande descoberta pessoal.
Episódico: aquilo que ocorre em determinados momentos.
Epistemologia: compreensão sobre o que é o conhecimento.
Escalar: que utiliza medidas.
Estrutura intelectual: qualquer padrão de pensamento de uma pessoa.
Etnográfico: observações culturais.
Evaluand: o objeto avaliado.
Evidência probatória: evidência que comprova um argumento.
Exame de qualificação: abrangente teste pré-dissertação.
Experiência indireta (vicária): viver algo por meio da experiência direta de outra pessoa.
Experimentalismo: crença no aprendizado por meio da realização de experiências.
Explicação: algo declarado com cuidado e precisão.

Fenomenológico: realidade conhecida por meio de experiências sensoriais.
Fenômenos: acontecimentos similares vividos.
Foco progressivo: redirecionamento do estudo durante sua realização.

Fonte de dados: local ou pessoas das quais coletamos as informações.
Fórmula pronta: algo que parece ter sido feito mecanicamente.
Fortuito: determinado pelo acaso.
Fragmento: história, algum texto ou outro item possivelmente digno de inclusão na pesquisa.

Generalização: aplicação de uma afirmação a muitos ou a todos os casos.
Generalização naturalística: conhecimento proveniente de experiência direta.

Habilmente: com habilidade, com destreza.
Háptico: sensação relacionada ao tato.
Hermenêutica: estudo dos significados das ações humanas.
Heurística: guia para o pensamento.
Hipótese rival: explicação alternativa.
Histriônico: teatral.
Holístico: dar mais atenção ao todo do que a uma ou mais partes.

Ícone: imagem com grande significado.
Informações de questionário: dados obtidos com a utilização de um conjunto padronizado de questões.
Informante: alguém que pertence a uma empresa, grupo, etc. disposto a contar informações privilegiadas.
Interpretativo: baseado no raciocínio e julgamento humano.
Interrogativo: por questionamento.
Iterativo: deliberadamente repetitivo.

Limitação: restriçao, proibição.

Macroanálise: análise de enormes coletividades.
Macrocosmo: sistema muito grande.
Métodos mistos: utilização de mais de uma técnica para estudar algo.
Microanálise: estudo atento de pequenos detalhes.
Microcosmo: sistema menor, que, às vezes, reflete um sistema maior.
Microetnografia: investigação elaborada sobre uma atividade ou grupo pequeno.
Minicaso: caso menor dentro do estudo de um caso maior; caso integrado.
Modelo lógico: as etapas de um padrão de correlações.
Múltiplas realidades: perspectivas alternativas.

Não intervencionista: tentar não influenciar as atividades em andamento.
Nível de confiança: grau de segurança, às vezes indicado estatisticamente.

Observação participante: o pesquisador participa da atividade que está sendo estudada para aprender mais sobre a experiência.
Observações: dados coletados, principalmente por meio de observação.
Onipresente: algo que ocorre em todos os lugares.
Organizador avançado: direcionamento das ideias de um leitor para pensar sobre determinados assuntos.

Padrão: repetição de sinais ou atividades vista como um modelo para identificação.
Panteão: grupo de pessoas importantes.
Particularização: prestar atenção ao que é importante sobre os casos disponíveis.
Pensamento "criterioso": crer que a realidade deve ser representada por descrições escalares.
Pensamento objetivo: basear-se em medidas impessoais.
Pensamento sistemático: pensamento formalístico, como ocorre em ordem, listas, categorias.
Pensamento subjetivo: pensamento baseado nos valores pessoais de alguém.
Pequenas generalizações: descoberta que se espera que seja mantida sob condições similares.
Pesquisa: estudo ou investigação deliberada, uma busca por conhecimento.
Pesquisa-ação: estudo de uma pessoa sobre as suas próprias atividades.
Pesquisa-ação participante: quando as pessoas estudadas ajudam a realizar a pesquisa.
Pesquisa naturalística: observação de acontecimentos comuns em seus próprios locais de ocorrência.
Pessoa envolvida: alguém que tem algo a perder caso seu objeto de interesse não tenha sucesso.
Phrónesis: sabedoria prática, conhecimento estratégico, amplo, explicativo e prudente.
Placebo: tratamento falso.
Plágio: utilizar de forma ilícita os textos de outra pessoa como se fossem seus.
Pré-questões: questões preliminares.
Problema: tema controverso que apresenta tensão e defensores.
Problemas *emic*: argumentos opostos apresentados pelas pessoas do local de pesquisa.
Problemas *etic*: argumentos opostos percebidos pelo pesquisador.
Progressivamente: pequenas etapas, uma de cada vez.
Protocolo: procedimento de coleta dos dados.

Quadro: armazenamento virtual de uma reunião de conhecimento por tópicos.
Questão de indicação antecipada: antecipação de uma grande preocupação.
Questão de pesquisa: declaração sobre o objetivo da pesquisa.
Questão expositiva: questão de entrevista que inclui uma imagem ou trecho de um texto relativo à questão sendo feita.
Quintain: tema ou questão de pesquisa que se apresenta em diversos casos.

Rebentos: brotos.
Receio: medo.
Reconsideração: pausa para repensar o caminho a ser seguido.
Redundância: repetição.
Referência às normas: comparar um indivíduo a um grupo de indivíduos.
Registros de entrevista: dados obtidos por meio de questionamento, geralmente realizado frente a frente.

Relação funcional: afirmação formal sobre como um objeto é determinado por outros.
Relativista: decidir com base nas circunstâncias imediatas.
Resolução binocular: percepção de profundidade.

Sabedoria: conhecimento que vem com a experiência.
Semelhança: atributo compartilhado, em comum.
Sequência: série contínua ou conectada, um item após o outro.
Síntese: juntar as partes para formar um todo.
Situacionalidade: ideia de que os significados são influenciados pelos contextos que os cercam.
Social: para o sistema social como um todo.
Substantivo: pertencente ao conteúdo ou conhecimento do tema da pesquisa.

Téchne: conhecimento técnico, saber como fazer algo.
Tema: tópico ou foco de interesse dentro da pesquisa.
Tópico: assunto ou foco de interesse dentro da pesquisa.
Transformador: algo com consequências para toda a vida.
Traumático: prejudicial.
Triangulação: utilização de dados adicionais para verificar ou ampliar as interpretações de alguém.

Verificação com os envolvidos: pedir a uma fonte de dados para confirmar suas descobertas.
Visão construtivista: crença de que a realidade é mais o que supomos do que ela é.
Visceral: consciência mais instintiva que intelectual.

Referências

Nicholas Abercrombie, Stephen Hill, and Bryan Turner, 1984. *Dictionary of sociology*. London: Penguin Books.
Patricia Adler and Peter Adler, 1994. Observation techniques. In Norman Denzin and Yvonna Lincoln, editors, *Handbook of qualitative research*. Thousand Oaks, CA: Sage.
Michael Agar, 1980. *The professional stranger*. New York: Academic Press.
Reginald Arkell, 1916. *All the rumours*. London: Duckworth & Co.
David Ausubel, 1963. *The psychology of meaningful verbal learning*. New York: Grune & Stratton.
Stephen Baker, 2008. *The numerati*. New York: Houghton-Mifflin.
John Bartlett, 1968. *Bartlett's familiar quotations*. 14th edition. Boston: Little, Brown.
Howard Becker, 1998. *Tricks of the trade*. Chicago: University of Chicago Press.
Howard Becker, Blanche Geer, Everett Hughes, and Anselm Strauss, 1961. *Boys in white: Student culture in medical school*. Chicago: University of Chicago Press.
Leonard Bickman and Debra Rog, editors, 1998. *Handbook of applied social research methods*. Thousand Oaks, CA: Sage.
Henry Black, Joseph Nolan, and Jacqueline Nolan-Haley, editors, 1990. *Black's law dictionary*, sixth edition. St. Paul, MN: West.
William Blake, 1982a. Annotations to Sir Joshua Reynolds's "Disclosures." In David Erdman, editor, *The complete poetry and prose of William Blake*. Los Angeles and Berkeley: University of California Press. (Original work published 1808).
William Blake, 1982b. The everlasting Gospel. In David Erdman, editor, *The complete poetry and prose of William Blake*. Los Angeles and Berkeley: University of California Press.
William Blake, 1997. In Walter Feldman, editor, *Auguries of innocence*. Ziggurat Press (Library of Congress).
Ingwer Borg and Patrick Groenen, 2005. *Modern multidimensional scaling: Theory and applications*. New York: Springer.
Kathryn Borman, 1984. *Fitting into a job*. Columbus: Ohio State University.
Paul Bourdieu, 1992. The practice of reflective sociology (the Paris Workshop). In Paul Bourdieu and L. J. D. Wacquant, editors, *An invitation to reflexive sociology*. Chicago: University of Chicago Press.

Ivan Brady, 2006. Poetics for a planet. In Norman Denzin and Yvonna Lincoln, editors, *Handbook of qualitative research*, third edition. Thousand Oaks, CA: Sage.
Ian Brown, 2006. Nurses' attitudes towards adult patients who are obese: Literature review. *Journal of Advanced Nursing, 53*(2), 221–232.
Ian Brown and Aitkaterini Psarou, 2007. Literature review of nursing practice in managing obesity in primary care: Developments in the UK. *Journal of Clinical Nursing, 17*(1), 17–28.
Lucy Candib, 1995. *Medicine and the family: A feminist perspective*. New York: Basic Books.
Bruce Chatwin, 1987. *The songlines*. New York: Elizabeth Sifton Books.
Eleanor Chelimsky, 2007. Factors influencing the choice of methods in federal evaluation practice. In George Julnes and Debra Rog, editors, *Informing federal policies on evaluation methodology: Building the evidence base for method choice in government-sponsored evaluation*. San Francisco: Jossey-Bass.
Robert Coles, 1967. *Children of crisis*. Boston: Little, Brown.
Robert Coles, 1989. *The call of stories: Teaching and the moral imagination*. New York: Houghton Mifflin.
Thomas Cook, 2006. *Using experiments as a causal gold standard to demonstrate that they are not unique as a causal gold standard*. Keynote address presented at the meeting of the Eastern Evaluation Research Society, Abescon, NJ, April.
John Craig, 1993. *The nature of co-operation*. Cheektowaga, NY: Black Rose Books.
John Creswell and Vicki Plano Clark, 2006. *Designing and conducting mixed methods research*. Thousand Oaks, CA: Sage.
Lee Cronbach, 1974. *Beyond the two disciplines of scientific psychology*. Address presented at the annual meeting of the American Psychological Association, September 2, New Orleans, LA.
Sara Delamont, 1992. *Fieldwork in educational settings*. London: Academic Press.
Terry Denny, 1978. *In defense of story telling as a first step in educational research*. Paper presented at the annual meeting of the International Reading Association, Houston, TX, May.
Norman Denzin, 1989. *The research act*, third edition. Upper Saddle River, NJ: Prentice Hall.
Norman Denzin, 2001. *Interpretive interactionism*. Thousand Oaks, CA: Sage.
Norman Denzin, 2002. *Pedagogy, politics, and ethics*. Thousand Oaks, CA: Sage.
Norman Denzin and Michael Giardina, 2008. *Qualitative inquiry and the politics of evidence*. Walnut Creek, CA: Left Coast Press.
Norman Denzin and Yvonna Lincoln, editors, 1994. *Handbook of qualitative research*. Thousand Oaks, CA: Sage.
Norman Denzin and Yvonna Lincoln, editors, 2000. *Handbook of qualitative research*, second edition. Thousand Oaks, CA: Sage
Norman Denzin and Yvonna Lincoln, editors, 2006. *Handbook of qualitative research*, third edition. Thousand Oaks, CA: Sage Jacques Derrida, 2005. *Paper machine*. Palo Alto, CA: Stanford University Press.
William Dilthey, 1910. *The construction of the historical world of the human studies (Der Aufbauder Welt in den Geisteswissenshchaften)*. Gesammelte Schriften I–VII. Leipzig, Germany: Teubner.
Ivan Doig, 1980. *Winter brothers: A season at the edge of America*. New York: Harcourt Brace.

Michael Duneier, 1992. *Slim's table*. Chicago: University of Chicago Press.
Svitlana Efimova and Natalia Sofiy, 2004. *Inclusive education: The Step by Step Program influencing children, teachers, parents and state policies in Ukraine*. Noncirculated document. Budapest: Open Society Institute. Reprinted in Robert Stake, 2006, *Multiple case study analysis*. New York: Guilford Press.
Elliot Eisner, 1991. *The enlightened eye*. New York: Macmillan.
Ralph Waldo Emerson, 1850. *Representative men*. Oxford, UK: Smith, Elder.
Ralph Waldo Emerson, 1860. Worship. In *The conduct of life*. Oxford, UK: Smith, Elder.
Robert Emerson, 2004. Working with "key incidents." In Clive Seale, Giampietro Gobo, Jaber Gubrium, and David Silverman, editors, *Qualitative research practice*. Thousand Oaks, CA: Sage.
Kadriye Ercikan, 2008. Limitations in sample-to-population generalizing. In Kadriye Ercikan and Wolff-Michael Roth, editors, *Generalizing from educational research: Beyond qualitative and quantitative polarization*. London: Taylor & Francis.
Kadriye Ercikan and Wolff-Michael Roth, editors, 2008. *Generalizing from educational research: Beyond qualitative and quantitative polarization*. London: Taylor & Francis.
Frederick Erickson, 1986. Qualitative methods in research on teaching. In Merlin Wittrock, editor, *Handbook of research on teaching*, third edition. New York: Macmillan.
Frederick Erickson, 2008. Four points concerning policy-oriented qualitative research. In Norman Denzin and Michael Giardina, editors, *Qualita tive inquiry and the politics of evidence*. Walnut Creek, CA: Left Coast Press.
Ned Flanders, 1970. *Analyzing teaching behavior*. New York: Addison-Wesley.
Uwe Flick, 2002. *An introduction to qualitative research*. London: Sage.
Bent Flyvbjerg, 2001. *Making social science matter* (translated by S. Sampson). Cambridge, UK: Cambridge University Press.
Bent Flyvbjerg, 2004. Five misunderstandings about case-study research. In Clive Seale, Giampietro Gobo, Jaber Gubrium, and David Silverman, editors, *Qualitative research practice*. London: Sage.
Arthur Foshay, 1993. *Action research: An early history in the United States*. Paper presented at the annual meeting of the American Educational Research Association, April.
R. H. Franke and J. D. Kaul, 1978. The Hawthorne experiments: First statistical interpretation. *American Sociological Review*, 43, 623–643.
Rita Frerichs, 2002. *The producer guild*. Urbana: Center for Instructional Research and Curriculum Evaluation, University of Illinois.
Gabriel García Márquez, 1970. *One hundred years of solitude*. New York: Harper & Row.
Clifford Geertz, 1983. *Local knowledge: Further essays in interpretive anthropology*. New York: Basic Books.
Clifford Geertz, 1988. *Works and lives: The anthropologist as author*. Palo Alto: Stanford University Press.
Clifford Geertz, 1993. *Thick description: Toward an interpretive theory of culture*. New York: Fontana.
Barney Glaser and Anselm Strauss, 1967. *The discovery of grounded theory: strategies for qualitative research*. Chicago: Aldine.
Jennifer Greene, 1996. Qualitative evaluation and scientific citizenship: Reflections and refractions. *Evaluation*, 2, 277–289.

Jennifer Greene, 1997. Participatory evaluation. *Advances in Program Evaluation*, *3*, 171–189.
Jennifer Greene, 2007. *Mixed methods in social inquiry*. San Francisco: Jossey-Bass.
Markus Grutsch, 2001. *From responsive to collaborative evaluation*. Unpublished doctoral dissertation, University of Innsbruck, Austria.
Amy Gutmann, 1999. *Democratic education*. Princeton, NJ: Princeton University Press.
David Halberstam, 2007. *The coldest winter*. New York: Hall.
Bent Hamer, writer/director, and Jörgen Bergmark, writer, 2003. *Kitchen stories* [Motion picture]. Sweden: ICA Projects.
David Hamilton, no date. *In search of structure: Essays from an open plan school* [Mimeograph]. Edinburgh, UK: Scottish Council for Research in Education.
Ian Hodder, 1994. The interpretation of documents and material culture. In Norman Denzin and Yvonna Lincoln, editors, *Handbook of qualitative research*. Thousand Oaks, CA: Sage.
Ernest House, 1980. *Evaluating with validity*. Thousand Oaks, CA: Sage.
Ernest House, 2006. *Democracy and evaluation*. Keynote address presented at the biannual meeting of the European Evaluation Society, Berlin, Germany, October.
Ernest House and Kenneth Howe, 1999. *Values in evaluation and social research*. Thousand Oaks, CA: Sage.
Burke Johnson and Larry Christensen, 2008. *Educational research: Quantitative, qualitative, and mixed approaches*, third edition. Thousand Oaks, CA: Sage.
Iván Jorrín-Abellán, 2006. *Formative portrayals emerged from a Computer Supported Collaborative Learning environment: A case study*. Unpublished doctoral dissertation [in Spanish], College of Education and Social Work, Department of Pedagogy, University of Valladolid, Spain.
Iván Jorrín-Abellán. 2008. Personal communication.
Anthony Kelly and Robert Yin, 2007. Strengthening structured abstracts for education research: The need for claim-based structured abstracts. *Educational Researcher*, *36*(3), 133–138.
Diana Kelly-Byrne, 1989. *A child's play life: An ethnographic study*. New York: Teachers College Press.
Stephen Kemmis, 2007. "Here." Personal communication.
Stephen Kemmis and Matts Mattsson, 2007. Praxis-related research: Serving two masters? *Pedagogy, Culture, and Society*, *15*(2), 185–214.
Stephen Kemmis and Robin McTaggart, 2006. Participative action research. In Norman Denzin and Yvonna Lincoln, editors, *Handbook of qualitative research*, third edition. Thousand Oaks, CA: Sage.
A. L. Kennedy, 1999. *On bullfighting*. New York: Random House.
Mary Kennedy, 2007. Defining a literature. *Educational Researcher*, *36*(3), 139–147.
Eva Koncoková and Jana Handzelová, 2004. *Impact of Step by Step at the Roma settlement Jarovnice-Karice: Slovakia community resource mobilization*. Budapest: Open Society Institute.
Jonathan Kozol, 1992. *Savage inequities*. New York: Harper Perennial.
Antjie Krog, 2009. " *...if it means he gets his humanity back... "*: The worldview underpinning the South African Truth and Reconciliation Commission*. Keynote address presented at the Fifth International Congress of Qualitative Inquiry, University of Illinois at Urbana-Champaign, May 20.

Milan Kundera, 1984. *The unbearable lightness of being.* New York: Harper & Row.
Akira Kurosawa, director, 1951. *Rashomon* [Motion picture]. Japan: Daiei Motion Picture Company.
Saville Kushner, 1992. *A musical education: Innovation in the conservatoire.* East Geelong, Australia: Deakin University Press.
Saville Kushner, 2008. *Chair's introduction.* Paper presented at the United Kingdom Evaluation Society Annual Conference, Bristol, October.
Ellen Condliffe Lagemann, 2002. *An elusive science: The troubling history of educational research.* Chicago: University of Chicago Press.
Halldor Laxness, 1968. *Under the glacier.* Reykjavik, Iceland: Vaka-Helgafell.
Raymond Lee, 2000. *Unobtrusive methods in social research.* Milton Keynes, UK: Open University Press.
You-Jin Lee, 2008. Personal communication.
Annette Leibing and Athena McLean, 2000. "Learn to value your shadow!" An introduction to the margins of fieldwork. In Athena McLean and Annette Leibing, editors, *The shadow side of fieldwork: Exploring the blurred borders between ethnography and life.* Chichester, UK: Blackwell.
Elliot Leibow, 1967. *Talley's corner.* Boston: Little, Brown.
Kurt Lewin, Ronald Lippitt, and Ralph White, 1939. Patterns of aggressive behavior in an experimentally created social climate. *Journal of Social Psychology, 10,* 271–301.
Oscar Lewis, 1966. *La vida.* New York: Random House.
Sarah Lightfoot, 1983. *The good high school.* New York: Basic Books.
Mark Lipsey and David Cordray, 2000. Evaluation methods for social intervention. *Annual Review of Psychology, 51,* 345–375.
Donileen Loseke and Spencer Cahill, 2004. Publishing qualitative manuscripts: Lessons learned. In Clive Seale, Giampietro Gobo, Jaber Gubrium, and David Silverman, editors, *Qualitative research practice.* London: Sage.
Linda Mabry, 1991. Nicole, seeking attention. In *Students who fail.* Bloomington, In: Phi Delta Kappa.
Barry MacDonald and Rob Walker, 1977. Case study and the social philosophy of educational research. In David Hamilton, David Jenkins, Christina King, Barry MacDonald, and Malcolm Parlett, editors, *Beyond the numbers game.* London: Macmillan.
John Mackie, 1974. *The cement of the universe: A study of causation.* Oxford, UK: Clarendon Press.
Bronislaw Malinowski, 1984. *Argonauts of the Western Pacific.* Prospect Heights, IL: Waveland Press. (Original work published 1922)
George Marcus, 2003. On the unbearable slowness of being an anthropologist now. *Cross-Cultural Poetics, 12,* 7.
Annette Markham, 2004. The Internet as research context. In Clive Seale, Giampietro Gobo, Jaber Gubrium, and David Silverman, editors, *Qualitative research practice.* London: Sage.
Barry McGaw, 2007. *International comparisons of quality.* Paper presented at the annual meeting of the American Educational Research Association, Chicago, April.
Michele McIntosh and Janice Morse, 2008. Institutional review boards and the ethics of emotion. In Norman Denzin and Michael Giardina, editors, *Qualitative inquiry and the politics of evidence.* Walnut Creek, CA: Left Coast Press.

John McPhee, 1966. *The headmaster.* New York: Farrar, Strauss, & Giroux.
Sharon Merriam, 2009. *Qualitative research.* San Francisco: Jossey-Bass.
Donna Mertens and Pauline Ginsberg, 2008. *The handbook of social research ethics.* Thousand Oaks, CA: Sage.
Matthew Miles and Michael Huberman, 1984. *Qualitative data analysis: A sourcebook of new methods.* Thousand Oaks, CA: Sage.
John Stuart Mill, 1984. A system of logic: Ratiocinative and inductive. New York: Longmans, Green. (Original work published 1843)
Robert Mislevy, Pamela Moss, and James Gee, 2008. On qualitative and quantitative reasoning in validity. In Kadriye Ercikan and Wolff-Michael Roth, editors, *Generalizing from educational research: Beyond qualitative and quantitative polarization.* London: Taylor & Francis.
John Moffitt, 1961. To look at any thing. In *The Living Seed.* Orlando, FL: Houghton Mifflin Harcourt.
Juny Montoya, 2004. Responsive and democratic evaluation of a law school curriculum: A case study. Doctoral dissertation (Urbana, IL: University of Illinois).
Juny Montoya Vargas, 2008. *The case for active learning in legal education: An evaluative case study of the curriculum reform at Los Andes University.* Saarbrücken, Germany: VDM Verlag Dr. Müller Aktiengesellschaft & Co. KG. April Munson, 2009. Personal communication.
Joseph Novak, Retrieved September 1, 2008. *Concept maps: What the heck is this?* [Excerpted, rearranged, and annotated from an online manuscript.] www.msu.edu/~luckie/ctools/.
Joseph Novak and Bob Gowin, 1984. *Learning how to learn.* Cambridge, UK: Cambridge University Press.
Malcolm Parlett and David Hamilton, 1977. Evaluation as illumination: A new approach to the study of innovatory programmes. In David Hamilton, David Jenkins, Christina King, Barry MacDonald, and Malcolm Parlett, editors, *Beyond the numbers game.* London: Macmillan.
Michael Patton, 1997. *Utilization-focused evaluation.* Thousand Oaks, CA: Sage.
Ivan Pavlov, 1936. *Bequest to the academic youth of Soviet Russia.* Quoted in John Bartlett, *Bartlett's familiar quotations,* 14th edition (p. 818). Boston: Little, Brown.
Alan Peshkin, 1986. *God's choice.* Chicago: University of Chicago Press.
Michael Polanyi, 1958. *Personal knowledge.* New York: Harper & Row.
Michael Polanyi, 1966. *The tacit dimension.* New York: Doubleday.
Pierre Poreieu, 1990. The scholastic point of view. *Cultural Anthropology,* 5, 380–391.
Lindsay Prior, 2004. Documents. In Clive Seale, Giampietro Gobo, Jaber Gubrium, and David Silverman, editors, *Qualitative research practice.* London: Sage.
Paul Rabinow, 2008. *Marking time.* Princeton, NJ: Princeton University Press.
Luisa Rosu, 2009. Thinking and creativity in learning mathematics teaching. Doctoral dissertation. Urbana, IL: University of Illinois. Wolff-Michael Roth, 2008. Phenomenological and dialectical perspectives on the relation between the general and the particular. In Kadriye Ercikan and Wolff-Michael Roth, editors, *Generalizing from educational research: Beyond qualitative and quantitative polarization.* London: Taylor & Francis.
Anne Ryen, 2004. Ethical issues. In Clive Seale, Giampietro Gobo, Jaber Gubrium, and David Silverman, editors, *Qualitative research practice.* London: Sage.

Harvey Sacks, 1984. On doing "being ordinary." In J. M. Atkinson and J. Heritage, editors, *Structures of social action: Studies in conversational analysis*. Cambridge, UK: Cambridge University Press.
William Saroyan, 1972. *Places where I've done time*. New York: Praeger.
Donald Schön, 1983. *The reflective practitioner: How professionals think in action*. New York: Basic Books.
Arthur Schopenhauer, 1818. The world as will and representation. Quoted in "Learn to love your shadow!" In Athena McLean and Annette Leibing, editors, An introduction to the margins of fieldwork, 2000, *The shadow side of fieldwork: Exploring the blurred areas between ethnography and life* (p. 20). Chichester, UK: Blackwell.
Thomas Schwandt, 1997. *Qualitative inquiry: A dictionary of terms*. Thousand Oaks, CA: Sage.
Michael Scriven, 1976. Maximizing the power of causal investigation. The *modus operandi* method. In Gene Glass, editor, *Evaluation Studies Review Annual*, Volume 1. Thousand Oaks, CA: Sage.
Michael Scriven, 1994. The final synthesis. *Evaluation Practice, 15*(3), 367–382.
Michael Scriven, 1998. Bias. In Rita Davis, editor, *Proceedings of the Stake Symposium on Educational Evaluation* (Champaign, Illinois, May 8–9, 1998.) Urbana, IL: Center for Instructional Research and Curriculum Evaluation, College of Education, University of Illinois.
Clive Seale, Giampietro Gobo, Jaber Gubrium, and David Silverman, editors, 2004. *Qualitative research practice*. London: Sage.
Thomas Seals, 1985. *A theoretical construction of gender issues in marital therapy*. Unpublished doctoral dissertation, University of Illinois.
Walênia Silva, 2007. *Urban music: A case study of communities of learning in a music school*. Unpublished doctoral dissertation, University of Illinois.
David Silverman, 2000. *Doing qualitative research*. London: Sage.
David Silverman, 2007. *A very short, fairly interesting and reasonably cheap book about qualitative research*. London: Sage.
Finbarr Sloane, 2008. Comments on Slavin: Through the looking glass: Experiments, quasi-experiments, and the medical model. *Educational Researcher, 37*(1), 41–46.
Linda Tuhiwai Smith, 2005. *On tricky ground: Researching the native in the Age of Uncertainty*. Keynote address presented at the Congress of Qualitative Inquiry, Urbana, IL, May 5.
Louis Smith, 2008. The culture of Cambridge: Found and constructed. *Perspectives in Education, 24*(4), 197–220.
Louis Smith and William Geoffrey, 1968. *The complexities of an urban classroom: An analysis toward a general theory of teaching*. New York: Holt, Rinehart, & Winston.
Terry Solomonson, 2005. Corps values: A case study. Urbana, IL: Center for Instructional Research and Curriculum Evaluation, College of Education, University of Illinois.
Robert Stake, 1961. Learning parameters, aptitudes, and achievements. *Psychometric Monographs*, no. 9. Richmond, VA: Psychometric Society.
Robert Stake, 1986. *Quieting reform: Social science and social action in an urban youth program*. Urbana, IL: University of Illinois Press.
Robert Stake, 1995. *The art of case study research*. Thousand Oaks, CA: Sage.
Robert Stake, 2000. Kimberly Grogan, a newly affiliated teacher. In Robert Stake and Marya Burke, 2000. Evaluating teaching. (An evaluation report) Urbana, IL: Center for

Instructional Research and Curriculum Evaluation, College of Education, University of Illinois.
Robert Stake, 2006. *Multiple case study analysis.* New York: Guilford Press.
Robert Stake, Lizanne DeStefano, Delwyn Harnisch, Kathryn Sloane, and Rita Davis, 1997. *Evaluation of the National Youth Sports Program.* Urbana, IL: Center for Instructional Research and Curriculum Evaluation, College of Education, University of Illinois.
Robert Stake and Jack Easley, 1978. *Case studies in science education.* Urbana, IL: Center for Instructional Research and Curriculum Evaluation, College of Education, University of Illinois.
Robert Stake, William Platt, Rita Davis, Neil Vanderveen, and Khalil Dirani, 2003. *Integrating Veterans Benefits Association training and evaluation.* Urbana, IL: Center for Instructional Research and Curriculum Evaluation, College of Education, University of Illinois.
Robert Stake and Deborah Trumbull, 1982. Naturalistic generalizations. *Review Journal of Philosophy and Social Science, 7,* 1–12.
Anselm Strauss and Juliet Corbin, 1990. *Basics of qualitative research: Grounded theory procedures and techniques.* Thousand Oaks, CA: Sage.
Daniel Stufflebeam, 1968. *Evaluation as enlightenment for decision making.* Columbus, OH: Evaluation Center, Ohio State University.
Daniel Stufflebeam, 1971. The relevance of the CIPP evaluation model for educational accountability. *Journal of Research and Development in Education, 1,* 19–25.
Daniel Stufflebeam and Anthony Shinkfield, 2007. *Theories, approaches, and practices of evaluation.* Thousand Oaks, CA: Sage.
Sun Yat-Sen, 1986. *Chung-shan Ch'uan-shu* [*The complete works of Sun Yat-Sen,* Volume II]. Beijing: Chung Hwa.
Louis (Studs) Terkel, 1975. *Working: People talk about what they do all day and how they feel about what they do.* New York: Avon.
Joseph Tobin, David Wu, and Dana Davidson, 1991. *Preschool in three cultures: Japan, China, and the United States.* New Haven, CT: Yale University Press.
Leo Tolstoy, 1978. *War and peace* (translated by Rosemary Edmonds). London: Penguin. (Original work published 1869)
William Trochim, 1989. Concept mapping: Soft science or hard art? *Evaluation and Program Planning, 12,* 87–110.
Megan Tschannen-Moran and Wayne Hoy, 2000. A multidisciplinary analysis of the nature, meaning, and measurement of trust. *Review of Educational Research, 70*(4), 547–593.
Ralph Turner and Lewis Killian, 1987. *Collective behavior.* Englewood Cliffs, NJ: Prentice Hall.
John van Maanen, 1988. *Tales of the field: On writing ethnography.* Chicago: University of Chicago Press.
Georg Henrik von Wright, 1971. *Explanation and understanding.* Ithaca, NY: Cornell University Press.
Rob Walker, 1978. Case studies in science education: Boston. In Robert Stake and John Easley, editors, *Case Studies in Science Education.* Urbana, IL: Center for Instructional Research and Curriculum Evaluation, University of Illinois.

Robert Walker, Lesley Hoggart, and Gayle Hamilton, 2008. Random assignment and informed consent: A case study of multiple perspectives. *American Journal of Evaluation, 29*, 156–174.
James Watson, 1969. *The double helix.* London: Signet Books.
Eugene Webb, Donald Campbell, R. D. Schwartz, and Lee Sechrest, 1966. *Unobtrusive methods: Nonreactive research in the social sciences.* Chicago: Rand McNally.
Aaron Wildavsky, 1995. *But is it true?* Cambridge, MA: Harvard University Press.
Jerry Willis, 2009. *Qualitative research methods in education and educational technology.* New York: Information Age.
Harry Wolcott, 1973. *The man in the principal's office: An ethnography.* New York: Holt, Rinehart, & Winston.
Robert K. Yin, 1981. The case study as a serious research strategy. *Knowledge: Creation, Diffusion, Utilization, 3*, 97–114.
Mandawuy (formerly Bakamana) Yunupingu, 1991. A plan for Ganma research. In Rhonda Bunbury, Warren Hastings, John Henry, and Robin McTaggart, editors, *Aboriginal pedagogy: Aboriginal teachers speak out* (pp. 98–106). East Geelong, Australia: Deakin University Press.

Índice onomástico

Abercrombie, Nicholas, 217, 243
Adams, Henry, 14
Adams, John, 136
Adler, Patricia, 116
Adler, Peter, 116
Agar, Michael, 227, 243
Aristófanes, 131
Aristóteles, 22, 212, 213
Arkell, Reginald, 132, 243
Atkinson, J. M., 249
Ausubel, David, 145, 243

Baker, Stephen, 116, 243
Barlow, Nora, 173
Bartlett, John, 132, 136, 145, 243, 248
Becker, Howard, 14, 153, 205, 243
Bergmark, Jörgen, 246
Bettez, Silvia, v
Bickman, Leonard, 114, 243
Black, Henry, 133, 243
Blake, William, 211, 213, 243
Blythe, Ronald, 14
Borg, Ingwer, 121
Borman, Kathryn, 243
Bourdieu, Paul, 128, 201, 243
Brady, Ivan, 57, 69, 244
Brevig, Holly, v
Brown, Ian, 129, 244
Bruce, Susan, v

Bush, George, 123
Cahill, Spencer, 217, 247
Campbell, Donald, 22, 116, 251
Candib, Lucy, 56
Ceglowski, Deborah, v
Chatwin, Bruce, 14, 244
Chelimsky, Eleanor, 244
Christensen, Larry, 103, 114, 142, 246
Cicourel, Aaron, 128
Coles, Robert, 14, 191, 244
Conlon, Joy, v
Cook, Thomas, 135, 244
Corbin, Juliet, 27, 250
Cordray, David, 135, 247
Craig, John, 186, 244
Creswell, John, 29, 142, 244
Crick, Francis, 21
Cronbach, Lee, 137, 214
Curie, Marie, 21

Darwin, Charles, 173
Davidson, Dana, 250
Davis, Rita, v, 178, 249
Delamont, Sara, 244
Denny, Terry, v, 85, 147, 191, 244
Denzin, Norman, v, 47, 48, 103, 135, 225, 244, 246, 248
Derrida, Jacques, 237, 244

DeStefano, Lizanne, v, 178, 250
Dewey, John, 127
Dilthey, Wilhelm, 58
Dirani, Khalil, 250
Doig, Ivan, 14, 244
Drucker, Peter, 119
Duneier, Mitchell, 14, 245

Easley, John, 146, 250
Eddy, Elizabeth, 15
Edgerton, Robert, 15
Edmonds, Rosemary, 250
Efimova, Svitlana, v, 75, 193, 195, 196, 205, 206, 208, 232, 245
Eisner, Elliot, 245
Emerson, Robert, 204
Emerson, Ralph Waldo, 31, 245
Ercikan, Kadriye, 29, 215, 245, 247
Erdman, David, 243
Erickson, Frederick, v, 64, 65, 138, 189, 245
Evans, Bernadine, v

Feldman, Walter, 211, 243
Flanders, Ned, 245
Flick, Uwe, 107, 139
Flyvbjerg, Bent, v, 20, 22, 76, 212-214, 245
Foshay, Arthur, 175, 246
Foucault, Michel, 127
Franke, R. H., 131, 245
Frerichs, Rita, v, 186, 246

Galileu, 21, 22, 27, 41, 85
García Márquez, Gabriel, 58, 245
Gee, James, 40, 248
Geer, Blanche, 243
Geertz, Clifford, 59, 65, 107, 245
Geoffrey, William, 15, 249
Giardina, Michael, 135, 244, 247
Giddens, Anthony, 22
Gilman, Deborah, v
Ginsberg, Pauline, 224, 248
Glaser, Barney, 81, 245
Glass, Gene, 249

Gobo, Giampietro, 103, 245, 247, 249
Gowin, Bob, 121, 248
Greene, Jennifer, 141, 175, 245
Groenen, Patrick, 121, 243
Grutsch, Markus, 175, 246
Gubrium, Jaber, 103, 245, 247, 248
Gutmann, Amy, 120, 126, 246

Habermas, Jürgen, 127
Halberstam, David, 15, 246
Hamilton, David, v, 16, 20, 50, 51, 56, 76, 81, 145, 246
Hamilton, Frank, 188
Hamilton, Gayle, 135, 251
Handzelová, Jana, 230, 231, 246
Harnisch, Delwin, 178, 250
Harr, Jonathan, 15
Harrison, John, 33
Hastings, Thomas, v
Heritage, J., 249
Hill, Stephen, 217, 243
Hodder, Ian, 102, 246
Hoggart, Lesley, 134, 251
Hoke, Gordon, v
House, Ernest, v, 45, 134, 214, 246
Howe, Kenneth, 214, 246
Hoy, Wayne, 129, 250
Huberman, Michael, 144, 248
Hughes, Everett, 243
Hussein, Makir, 104, 105, 106

James, William, 154, 171
Jegatheesan, Brinda, v
Jenkins, David, 248
Johnson, Burke, 103, 114, 142
Jorrín-Abellán, Iván, v, 85, 176, 201, 246
Julnes, George, 244

Kaul, J. D., 131, 245
Keillor, Garrison, 100
Kelly, Anthony, 135, 246
Kelly-Byrne, Diana, 15, 246
Kemmis, Stephen, v, 69, 71, 175, 176, 178, 246
Kennedy, A. L., 15, 246

Índice onomástico

Kennedy, Mary, 123, 125, 246
Killian, Lewis, 186, 250
Kinchloe, Joseph, 126
King, Christina, 247, 248
Klaus, Sarah, v
Klee, Paul, 127
Koncoková, Eva, v, 230, 231, 246
Kozol, Jonathan, 15
Krog, Antjie, 221, 246
Kryzhanivskiy, Volodymyr, 195
Kundera, Milan, 136, 247
Kurosawa, Akira, 78, 247
Kushner, Saville, v, 15, 125, 247

Lagemann, Ellen, 39, 247
Laughton, C. Deborah, v
Laxness, Halldor, 15, 247
Lee, Raymond, 228, 247
Lee, You-Jin, v, 150-155, 170, 171, 247
Leibing, Annette, 235, 248, 249
Leibow, Elliot, 15, 247
Lewin, Kurt, 175, 247
Lewis, Oscar, 15, 247
Lightfoot, Sarah, 15, 247
Lincoln, Yvonna, 65, 103, 244, 246
Lippitt, Ronald, 175, 247
Lipsey, Mark, 135, 247
Loseke, Donileen, 217, 247
Louisell, Robert, v
Luhmann, Niklas, 127

Mabry, Linda, v, 222, 247
MacDonald, Barry, v, 15, 213, 219, 224, 247
Maciente, Ivanete, v
Mackie, John, 248
Malinowski, Bronislaw, 107, 146, 248
Marcus, George, 127, 128, 248
Markham, Annette, 131, 248
Mattsson, Matts, 246
McGaw, Barry, 38, 248
McIntosh, Michele, 225, 248
McLaren, Peter, 126
McLean, Athena, 235, 247
McPhee, John, 15, 248

McTaggart, Robin, v, 175, 176, 178, 246
Merriam, Sharon, 107, 248
Mertens, Donna, 224, 248
Miles, Matthew, 144, 248
Mill, John Stuart, 32, 248
Mislevy, Robert, 40, 248
Moffitt, John, 83, 84, 248
Montoya Vargas, Juny, vi, 119, 125, 126, 248
Morse, Janice, 225, 248
Moss, Pamela, 40, 248
Munson, April, v, 94, 95, 248

Newton, Isaac, 21
Nolan, Joseph, 133, 243
Nolan-Haley, Jacqueline, 133, 243
Novak, Joseph, 121, 248

Parlett, Malcolm, 20, 81, 145, 248
Patton, Michael, 176, 248
Pavlov, Ivan, 144, 248
Peshkin, Alan, 15, 248
Plano Clark, 29, 142, 244
Platão, 128, 129, 211
Platt, William, 250
Polanyi, Michael, 152, 248
Poreieu, Pierre, 127, 128, 248
Prior, Lindsay, 116, 248

Rabinow, Paul, 127, 129, 130, 248
Redman, Eric, 15
Reichart, Charles, v, 45
Reston, James, 58
Reynolds, Joshua, 213, 243
Richter, Gerhard, 127
Rog, Debra, 114, 243, 244
Rosu, Luisa, v, 89, 248
Roth, Wolff-Michael, 23, 29, 245, 248, 249
Rowell, Margit, 15
Ryen, Anne, 224, 248

Sacks, Harvey, 29, 249
Sampson, S., 245
Saroyan, William, 181, 249
Schön, Donald, 175, 249

Schopenhauer, Arthur, 235, 249
Schwandt, Thomas, 66, 249
Schwartz, R. D., 116, 249
Scriven, Michael, v, 33, 133, 145, 181-184, 249
Seale, Clyde, 103, 245, 249
Seals, Thomas, v, 80, 81, 143, 249
Sechrest, Lee, 116, 251
Shanker, Albert, 119
Shinkfield, Anthony, 69, 250
Silva, Walênia, v, 187, 188, 249
Silverman, David, 39, 42, 103, 117, 112, 217, 248, 249
Simons, Helen, v
Slavin, Robert, 249
Sloane, Finbarr, 134, 249
Sloane, Kathryn, 178, 250
Smith, Louis, 15, 173, 249
Smith, Linda Tuhiwai, 221, 249
Sócrates, 211
Sofiy, Natalia, v, 75, 75, 193, 195, 196, 206, 208, 232, 245
Solomonson, Terry, v, 185, 249
Stake, Robert, 40, 62, 68, 96, 100, 146, 155, 178, 184, 193, 199, 212, 229, 235, 245, 249, 250
Strauss, Anselm, 27, 81, 243, 245, 250
Stufflebeam, Daniel, 69, 137, 250
Sun Yat-sen, 90, 250

Terkel, Louis (Studs), 86, 250
Themessl-Huber, Markus, 175
Tobin, Joseph, 100, 250
Tolstói, Leon, 35, 250
Trochim, William, 121, 250
Trumbull, Deborah, 68, 202, 250
Tschannen-Moran, Megan, 129, 250
Turner, Bryan, 217, 243
Turner, Ralph, 186, 250

Usinger, Janet, v

van Maanen, John, 210, 250
Vanderveen, Neil, 250
von Wright, Georg Henrik, 67, 212, 250

Walker, Rob, 59, 60, 213, 247
Walker, Robert, 135, 251
Watson, James, 15, 21, 251
Webb, Eugene, 116, 251
White, Ralph, 175, 247
Wildavsky, Aaron, 251
Willis, Jerry, 251
Wittrock, Merlin, 245
Wolcott, Harry, 15, 251
Wu, David, 250

Yin, Robert, 136, 246, 251
Yunupingu, Mandawuy, 178, 178, 251

Índice remissivo

A coisa, 35-36, 38, 91-92
A insustentável leveza do ser (Kundera), 137-138
Agências de pesquisa, 40, 90, 176, 178
Amigos críticos, 144, 179-180, 183
Amostragem de itens, 112
Análise
  estatística, 21, 199
  planos para organização e, 172
  relatório final e, 210, 213-214
  visão geral, 121, 149-153
Annotations to Sir Joshua Reynold's Disclosures (Blake), 212-214
Anonimato, 54, 225
Aprendizado especializado, 147
Apresentação dos resultados; *veja também* Relatório final
  armazenamento de dados e, 167-168
  fragmentos e, 197
  plano para organização e, 169
  visão geral, 165-172
"Aproveitável", 89, 237
Assertivas
  evidência e 132
  planos para organização e, 172
  questões de pesquisa e, 87
  relatório final e, 200, 210-214
  visão geral, 18-19, 26, 65, 80, 140, 149, 184-186

Atividade humana, 68-69
Atribuição, 31-35, 136
Atributos lineares, 21, 69, 133
Auguries of Innocence (Feldman), 210-211
Autoavaliação, 174
Autoestudo, 119, 174, 180-181, 219
Avaliação, 100, 178-180
  baseada na utilização, 176
  dos professores, 124
  participante, 225
  responsiva, 72

Black's Law Dictionary (Black, Nolan e Nolan-Haley), 133-134

Cadeiras, 15, 50-56
Caixas de April, 94-96, 119, 126, 167; *veja também* Quadros
Campo, 25, 123, 125-126
Case Studies in Science Education, 146
Causalidade, 31-35, 67, 122
Cem anos de solidão (García-Marquez), 58-60
Ceticismo
  parcialidade e, 183
  triangulação e, 138
  os menos favorecidos e, 221
  visão geral, 26, 63-64
Chernobyl, 206

Cidade do México, 43-44
Ciência
  autoestudo e, 181
  descrição baseada em critérios e, 72
  do particular, 23
  experiência pessoal e, 76
  narração de histórias e, 199
  visão geral, 21
Classificação, 166-172
Codificação, 166-172,
Coleta de dados, 101, 107-108
Comitês de ética (Institutional Review Boards, IRBs), 224; *veja também* Painéis de revisão
Comparações
  mapa de conceito e, 122
  questões de pesquisa e, 100
  visão geral, 25, 36-39
Compreensão, 29-30, 67, 218; *veja também* Explicações
  experiencial, 67-68, 82, 200, 209
Comunidades de prática, 18, 26, 69, 92-93, 95, 120, 179, 213-214
Confiança, 133, 135-136, 140-142
Confidencialidade, 54, 225
Confirmação, 31-35, 138-139
Conhecimento
  científico, 23, 128, 175, 209
  clínico 24, 215
  coletivo, 27-29, 209
  conectado, 57
  de pesquisa, 193, 234
  geral, 40, 209-214
  individual, 27-28, 209
  pessoal, 67
  profissional,
    mapa de conceito e, 122
    narração de histórias e, 193
    relatório final e, 209
    visão geral, 23-27, 43, 175, 234
Construtivismo, 25, 41-42, 77, 127
Consumers report, 182-183
Contexto
  comparações e, 37
  definição do livro para, 238
  experimento do chiclete e, 165-166
  mapa de conceito e, 122
  narração de histórias e, 198
  plano circular e, 96
  relatório final e, 206
  visão geral, 24, 25, 60-63, 125, 232
Correspondência, 98-100
Credenciamento, 176
Critérios, 69-74, 133-134
Cronologia, 191, 196-197

Dados agregativos, 90, 93-94, 150, 209
Dados interpretativos, 90, 93-94, 150, 209, 232, 239
Defesa
  mapa de conceito e, 122
  os menos favorecidos e, 220, 221
  proteção dos sujeitos e, 225-228
  visão geral, 26, 218-220
Democracia, 35, 88, 120, 134, 219
Depósito de dados, 167-168
Desconfirmação, 26, 47, 232
Descrição, 29, 42, 57, 71, 166-172, 214
  densa
    definição do livro para, 238
    experimento do chiclete e, 165-166
    visão geral, 57-60, 65
Dialética
  definição do livro para, 238
  relatório final e, 209-210
  visão geral, 85, 104, 201-203
Diálogos, 95-96, 150, 171, 189
Diário
  assertivas e, 185
  importância de manter um, 14
  registro dos dados e, 112-116
Diário de pesquisa, 185; *veja também* Diário
"Direito de saber", 224
Dissertação, 125, 143-144, 176, 181
Diversidade, 25, 184, 193, 234
Documentação, 102, 165-172
Doing Qualitative Research (Silverman), 200
Dualidades, 209-211, 238
Dúvida, 22, 63-64; *veja também* Ceticismo

Educação em casa domiciliar, 229, 231
Efeito Hawthorne, 123, 238

Efeitos contextuais, 43, 62, 199
Elementalista, 25, 133, 238
Empatia
  definição do livro para, 238
  mapa de conceito e, 122
  narração de histórias e, 191
  os menos favorecidos e, 220
  visão geral, 56-57
Empiricismo, 25, 122
Entrevista, 12, 18, 74, 93-94, 108-110, 197
Entrevista semiestruturada, 108
Episódios, 69, 80, 149, 153
Epistéme, 212-214
Epistemologia, 27, 45, 67-68, 76, 127, 212-213: *veja também* Construtivismo
Escala Likert, 112
Escala multidimensional, 121
Eslováquia, 229
Esquema de distribuição de páginas, 206
Estereótipos, 13, 38-39
Estrutura conceitual, 15
Estudo abrangível, 92-93, 198, 237
Estudo da Ucrânia
  narração de histórias e, 193, 197, 198
  relatório final e, 19, 203, 205-209
  visão geral, 74
Estudo de caso
  ética e, 222
  experiência pessoal e, 76
  plano circular e, 95-96, 98
  proteção dos sujeitos e, 225
  sensibilidades hápticas e, 152-153
  visão geral, 37, 219, 229
Estudos comparativos, 38-39
Estudos correlacionais, 33, 37, 98-100
Estudos críticos
  mapa de conceito e, 122
  visão geral, 13, 48, 119, 218
"Ética de atuação" (Denzin), 225
Ética; *veja também* Proteção dos sujeitos
  experimento do chiclete e, 62
  os menos favorecidos e, 220
  relatório final e, 206
  visão geral, 25, 119, 218, 222-224
  visão profissional e, 216

Evaluand, 133, 179, 238
Evidência
  defesa e, 220
  justificativa, 135
  métodos mistos e confiança e, 140-142
  probatória, 133, 238
  relatório final e, 200, 210-211
  tomada de decisões e, 135-136
  triangulação e, 138-142
  visão geral, 26, 80, 132-135
Exercício dos Quatro Cantos, 194
Existencial, 41-42
Experiência
  coletiva, 28; *veja também* Experiência indireta
  de outras pessoas, 78-82
  empatia e, 57
  ênfase na, 74-76
  indireta
    avaliação e, 178-180
    definição do livro para, 238
    relatório final e, 210-213, 216-217
    visão geral, 25, 27, 29, 33, 75, 76, 80, 149, 188, 232, 235
  mapa de conceito e, 122
  narração de histórias e, 198
  proteção dos sujeitos e, 224
Experiencial, 25, 69-74, 238
Experimento, 155, 165; *veja também* Experimento do chiclete
Experimento do chiclete, 19, 61, 155-165
Explicações, 21, 29-30, 67, 183, 218, 238; *veja também* Generalizações

Falsificação, 22, 214
Fenomenológico, 238
Foco progressivo, 19-20, 81, 144-148, 238
Formulário de consentimento, 226-227
Formulário de observação de estudo háptico, 151
Formulários de observação, 151
Fragmentos
  assertivas e, 185
  comparação com uma história, 196-198
  definição do livro para, 238
  experimento do chiclete e, 165

observação e, 104
relatório final e, 200, 201
sensibilidades hápticas e, 153
visão geral, 95, 113-114, 149, 153-165

Generalização
autoestudo e, 181
definição do livro para, 239
descrição baseada em criterios, 72
mapa de conceito e, 122
narração de histórias e, 199
naturalísticas, 212-213, 239
questões de pesquisa e, 87
relatório final e, 214-215
resumidas, 215
sensibilidades hápticas e, 152-153
visão geral, 12, 26, 33, 232
Google, 130
Grandes teorias, 27, 199, 211, 232
Gravações de áudio, 107-108, 167-168
Gravações de vídeo, 107-108, 167-168
Guerra e paz (Tolstói), 32, 33-34

Háptico, 28, 150-153
Hipótese rival, 144
Histórias, 86, 95-96, 108, 188-190, 231
História oral, 187
Histórias de cozinha, filme, 16, 98-100
Histórias de vida, 222
Holístico, 25, 191, 239

Influências culturais, 31, 57, 125, 228-229, 234
Informantes, 80
Insituto de Música Urbana, 188
Instrumentos
observação e, 104-105, 106-107
visão geral, 46, 76, 89-90, 113-114
Interacionismo interpretativo, 47, 48
International Step by Step Association, 191-193, 198
Internet, 130
Interpretação
dos dados, 35
ênfase na, 65-65
experimento do chiclete e, 165

foco progressivo e, 147
mapa de conceito e, 122
métodos de entrevista e, 108-110
observação e, 104
relatório final e, 216-217
visão geral, 24, 41-42, 46, 165-172
Intervencionista, 41-43
Intuição
experiência pessoal e, 76
parcialidade e, 183
proteção dos sujeitos e, 228
relatório final e, 200
tomada de decisões com base em evidência e, 135
visão geral, 25, 89, 150, 219
IRBs *veja* Comitês de ética, 224; *veja também* Painéis de revisão
Iteração
caixas de April e, 95-96
relatório final e, 200-204, 209-210
visão geral, 119, 219

Julgamento pessoal, 74
Julgamento, 133-134; *veja também* Interpretação

Lei de Gresham, 131
Liubchyk, 203
Lugar, 69, 180-181, 203, 234

Macroanálise
definição do livro para, 235, 239
macrointerpretação e, 49-50
narração de histórias e, 199
questões de pesquisa e, 100
visão geral, 28, 43
Macrointerpretação e, 49-50, 209, 210
Macropesquisa, 28, 165-166
Making Social Science Matter (Flyvbjerg), 212-213
Mapa de conceito
sensibilidades hápticas e, 152
visão geral, 18, 120-124
Marking Time (Rabinow), 127
Medidas discretas, 102

Medidas
  ciência e, 21
  descrição baseada em critérios e, 72
  experiência pessoal e, 74
  microinterpretação e, 49
  narração de histórias e, 199
  relatório final e, 209
Métodos da pesquisa qualitativa
  entrevista e, 108-110
  mapa de conceito e, 122
  mistos, 29, 100, 140-142
  observação e, 103-108
  planejamento e, 89-90
  questões de pesquisa e, 84-89
  visão geral, 29-30
Microanálise
  definição do livro para, 235, 239
  microinterpretação e, 49
  sensibilidades hápticas e, 153
  visão geral, 28, 43
Microinterpretação, 49-50, 209
Micropesquisa, 28, 165-166
Minicasos, 95-97, 198
Modelo causal, 33
Múltiplas realidades, pontos de vista
  definição do livro para, 139, 179, 239
  experiência pessoal e, 74
  mapa de conceito e, 122
  relatório final e, 210
  visão geral, 18, 26, 65, 77, 232, 233
Multiple Case Study Analysis (Stake), 193

Não intervencionista, 25, 41-43
Narração de histórias
  elementos da história e, 191-196
  mapa de conceito e, 122
  narrativas e, 188-190
  pesquisa de casos múltiplos e, 198-199
  visão geral, 187-188
Narrativa, 18, 43, 122, 188-190, 229, 232
Narrativa de Anna e Issam, 19, 234
Narrativa de Nicole, 222-224
National Collegiate Athletic Association (NCAA), 106, 184
National Science Foundation, 146

National Youth Sports Program (NYSP) 17, 178-180
  assertivas e, 184
  métodos de entrevista e, 108-110
  observações em campo e, 114-116
  questionários e, 112, 113
No Child Left Behing, 123, 125

"O caso das cadeiras desaparecidas" (Hamilton), 15, 50-56
O problema, 118-120; *veja também* Questão de pesquisa
Objetividade
  definição do livro para, 239
  descrição baseada em critérios e, 72
  parcialidade e, 181-182
  visão geral, 30
Observação, 15, 25, 43, 103-108
Observação participante, 107
Observações em campo, 114-115-116; *veja também* Diário
Organizadores avançados, 146, 203, 213-214, 220
Órgão de credenciamento, 176

Padrão ouro, 31-31, 135
Padrões, 29, 41, 73, 147, 183
Padronização, 13
Painéis, 39, 80, 126; *veja também* Painéis de revisão
Painéis de revisão, 142, 143-144, 224; *veja também* Painéis
Papel do pesquisador, 29-30, 185; *veja também* Planejamento, Interpretação
Parcialidade
  em "The Case of the Missing Chairs", 15
  vidência e, 133
  visão geral, 181-183
Particular
  a ciência do, 23
  narração de histórias e, 199
  relatório final e, 209, 210-215
  visão geral, 12
Particularização
  definição do livro para, 240

mapa de conceito e, 122
sensibilidades hápticas e, 152-153
visão geral, 26, 27
Pedagogy, Politics and ethics (Denzin), 225
Pensamento
   "criterioso", 69-70, 240
   sistemático, 121, 213-214
   subjetivo, 240
Pequenas generalizações, 215
Personalístico, 25
Pesquisa
   de causalidade, 31-35
   farmacêutica, 134-135
   interpretativa, 46-48
   naturalística, 25, 43, 100, 147, 204
Pesquisa-ação
   participante, 175, 176-178
   proteção dos sujeitos e, 225
   visão geral, 119, 174, 219
Pesquisas de casos múltiplos, 21, 193, 198-199
Phrónesis, 212-214, 240
Planejamento, 15, 46, 90, 120, 183, 204, 225, 234
Plano para organização, 169-172, 207
Plano gráfico
   fragmentos e, 197
   narração de histórias e, 193, 193
   projeto circular e, 95-96-98
   relatório final e, 210
   visão geral, 166, 169, 183
Política, 48, 69, 100, 123, 206, 220, 232
Políticas, 100
   assertivas e, 184-185
   descrição baseada em critérios e, 72
   narração de histórias e, 199
   os menos favorecidos e, 220-221
   questões de pesquisa e, 100
   relatório final e, 211
   visão geral, 234
Pontos fracos da pesquisa qualitativa, 39-41
Povo romani, 229, 229-232
Prática, 13, 24, 36, 76, 134, 179, 213-214
Privacidade
   experimento do chiclete e, 165
   visão geral, 102, 114-115
   os menos favorecidos e, 221

pontos fracos da pesquisa qualitativa e, 39-40
ética e, 19-20, 25, 41, 222-223
Problemas, 85, 153, 201, 205, 240
emic, 25, 64, 108, 240
ethic, 25, 86, 108, 240
Program International for Student Assessment (PISA), teste do; *veja* Teste do PISA
Projeto circular, 95-98, 205
Proposta, 17, 103, 118, 203
Proteção dos sujeitos; *veja também* Ética
   evidência e, 142-143
   métodos de observação e, 107
   projeto circular e, 96-97
   visão geral, 224-231
"Publishing Qualitative Manuscripts" (Loseke e Cahill), 200

Quadros, 200, 204, 217; *veja também* Caixas de April
Qualitative Inquiry (periódico), 103
Questão de pesquisa
   assertivas e, 184, 186
   caixas de April e, 95-96
   definição do livro para, 86, 240
   exemplos de, 88
   expositiva, 18-19, 110-111, 240
   métodos e, 84-89
   narrativas e, 189
   níveis de, 88
   preparação de proposta e, 17
   relatório final e, 201
   visão geral, 83-84, 86-89, 98-100, 219
Questionários, 112, 113
Questões de indicação antecipada, 17, 43, 146, 240
Quintain, 198-199, 240

Racionalidade, 219
Rashomon (Kurosawa), 78
Reconhecimento, 144, 200
Referência às normas, 180
Registro dos dados, 112, 116, 165-172; *veja também* Diário
Relações funcionais, 36-37, 213-214, 240
Relativismo, 73, 240

Relatório final; *veja também* Apresentação dos resultados
dualidades e a dialética, 209-210
estudo da Ucrânia e, 205-209
fragmentos e, 197
generalização e, 214-215
o particular e o geral e, 210-214
síntese iterativa e, 201-204
visão geral, 200-201
visão profissional e, 216-217
Resolução binocular, 77
Revisão da literatura, 48, 118, 129-130
Riscos para os seres humanos, 25, 224

Seção de metodologia, 101-108
Senso comum, 89, 174-185, 232
Seres humanos, proteção; *veja* Proteção dos sujeitos
Shans, 195, 198
Simpatia, 57
Singularidade, 41-42, 147; *veja também* Particularização
Síntese
relatório final e, 201-204, 210
visão geral e, 133, 149-153, 166
Sistema de informações ERIC, 131
Situação, 23, 25, 60-63, 233; *veja também* Contexto
Situacionalidade, 43, 62, 214-215, 241
Sondagem, 110
Step by Step International, 229
Subjetividade
descrição baseada em critérios e, 72
experiência pessoal e, 76
foco progressivo e, 147
mapa de conceito e, 122
parcialidade e, 183
pesquisa qualitativa e, 39-40
visão geral, 26, 30

Teachers Academy, Chicago, 165
Téchne, 212-214, 241
Teoria, 59, 199, 232
Teoria fundamentada, 27, 204

Termo de consentimento livre e esclarecido, 225
Teste do PISA, 38
Teste-piloto, 107, 108, 114-115, 152, 183; *veja também* Testes preliminares
Testes
preliminares, 90, 183; *veja também* Teste-piloto
randômicos controlados (RCT), 33, 134-135
"The everlasting gospel" (Blake), 210-211
The numerati (Baker), 102
The Reflective Practitioner (Schön) 175
Tomada de decisões com base em evidência, 135-136
Tomada de decisões, 130, 135-136; *veja também* Particularização, Generalização
Tópicos, 197
relatório final e, 201, 205
Transcrição, 107-108, 167-168
Triangulação
ceticismo e, 64
definição de, 138-142, 241
mapa de conceito e, 122
parcialidade e, 183
proteção dos sujeitos e, 228
visão geral, 26, 47, 232

União Europeia, 196, 232

Validação, 138-139; *veja também* Triangulação
Valores, 14, 73, 119, 178-180, 220; *veja também* Painéis de revisão
Verdade, 60, 127, 182, 199, 213-214
Verificação com os envolvidos, 138, 142-143, 241
Verstehen, 29-30, 57-60
Visão científica, 199, 209
Visão profissional, 24, 68-69, 199, 209, 216-217

Wikipédia, 130
Yirrkala, Austrália, 176, 178